普通高等教育"十一五"国家级规划教材

生物分离与纯化技术

主　编　辛秀兰

副主编　兰　蓉　丁玉萍

参　编　徐　晶　陈红梅　王晓杰　邵玲莉

科学出版社

北　京

内 容 简 介

本书是在第一版基础上，结合教学改革需要和同行建议修订而成。本书从基础理论和实验技术两个角度介绍生物分离与纯化技术。首先介绍了生物分离与纯化技术的概况，然后介绍了生物制品的预处理及固-液分离、萃取、固相析出分离、吸附分离、离子交换分离、色谱分离、膜分离、液膜分离技术，最后介绍了浓缩及成品干燥技术，同时还附有20个实验以巩固学生对基础理论知识的学习。全书力求将生物分离工程理论与实践有机融合。

本书适合高等职业院校生物化学、药物化学等专业的学生选用。

图书在版编目(CIP)数据

生物分离与纯化技术/辛秀兰主编. —北京：科学出版社，2008
普通高等教育"十一五"国家级规划教材
ISBN 978-7-03-020922-1

Ⅰ.生… Ⅱ.辛… Ⅲ.①生物制品-分离法(化学)-高等学校-教材 ②生物制品-化学成分-提纯-高等学校-教材 Ⅳ.TQ464

中国版本图书馆CIP数据核字(2008)第012017号

责任编辑：任俊红/ 责任校对：宋玲玲
责任印制：张 伟/封面设计：耕者设计工作室

科学出版社出版
北京东黄城根北街16号
邮政编码：100717
http://www.sciencep.com
北京虎彩文化传播有限公司 印刷
科学出版社发行 各地新华书店经销
*
2008年2月第 一 版 开本：787×1092 1/16
2023年1月第十四次印刷 印张：16 1/2
字数：380 000

定价：53.00元

(如有印装质量问题，我社负责调换)

前　言

本书为教育部职业教育与成人教育司推荐教材之一，同时被北京市教育委员会评为北京市高等教育精品教材立项项目。2006 年被教育部评为“普通高等教育‘十一五’国家级规划教材”。

“生物分离与纯化技术”是生物工程与新医药类专业的必修课程之一，本书编写的宗旨是使本教材与国际接轨，在国内领先，密切结合企业实际，具有高职特色。本书主要内容以社会需求为导向，及时地吸纳行业的新知识、新工艺、新技术和新方法；教材的设计与传统的本科教材有所不同，理论知识的选择以“必需、够用”为原则，不仅阐述了基本原理，详细说明了生物分离与纯化技术的实验方法，而且每一章都有配套的、针对性强的实验，以利于理论与实践的密切结合。

全书共分两篇：第一篇是基础理论，重点介绍了预处理及固-液分离技术、萃取技术、固相析出分离技术、吸附分离技术、离子交换分离技术、色谱分离技术、膜分离技术、液膜分离技术、浓缩及成品干燥等常用的生物分离与纯化技术；第二篇是实验技术，根据第一篇基础理论的要求，共设计了 20 个操作性强、实验效果好的分离与纯化实验，以利于学生巩固基础理论知识。

为了使本书适应行业发展及高职教育的需要，我们参考了大量国内外有关书籍和文献，并结合自己的教学和实验经验进行了编撰，但由于作者水平有限，难免会有错误与不妥之处，敬请广大读者与同仁批评指正。

目　录

第二篇 实验技术

第一篇
基础理论

第 1 章

绪　论

学习目标

1. 生物分离与纯化技术的基本概念。
2. 生物材料的来源和加工特性。
3. 生物分离与纯化的一般工艺过程。
4. 生物分离与纯化方法的选择依据。

生物分离与纯化是生物工程产品生产中的基本技术环节。如图 1-1 所示，生物产品生产流程的主要步骤是各类分离操作。生物产品的自身特征、生产过程的条件限制以及产品的特殊性对产品纯度及杂质含量方面提出了很高的要求，发展高效生物分离和纯化技术成为生物工程技术领域的一个重要研究方向。生物分离与纯化的目的是从微生物发酵液、酶反应产物、动植物细胞培养和生物体本身分离并纯化对人类有用的、符合质量要求的各种生物药物和生物制品。药品和生物制品的质量优劣直接关系到人们的身体健康和生命安全，同时也是衡量生物制品工业生产水平的重要标志之一。进入 20 世纪 90 年代，生物科学、生物技术基础研究与化工分离科学、材料科学等相关学科的进步极大推动了新型高效生物分离技术的发展，同时生物分离过程特性的研究也逐渐被人们所重视。本章主要介绍生物分离与纯化的研究概况，并对其发展方向和前景进行讨论。

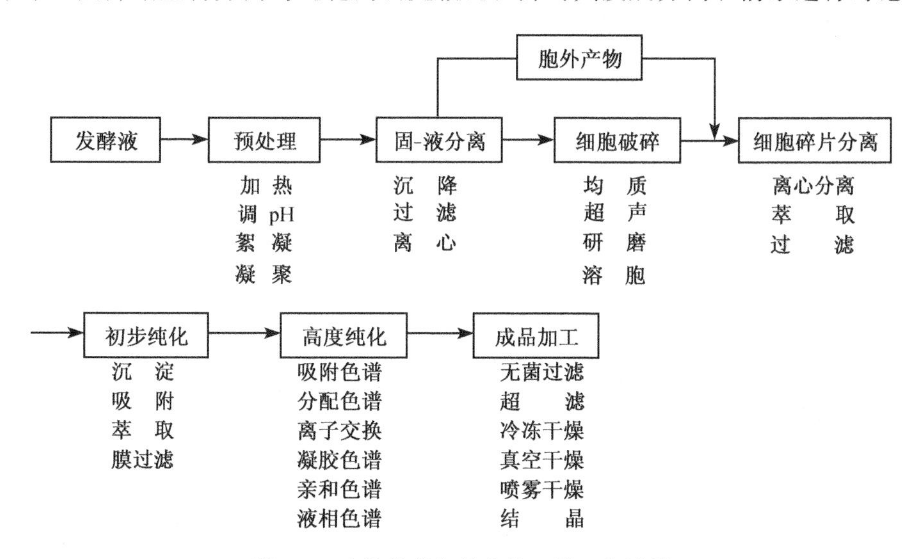

图 1-1　生物分离与纯化的一般工艺过程

1. 生物分离与纯化技术的发展史及其应用

生物分离与纯化技术至今已有几百年的历史。16 世纪人们就发明了用水蒸气蒸馏从鲜花与香草中提取天然香料的方法，而从牛奶中提取奶酪的历史则更早。近代生物分离与纯化技术是在欧洲工业革命以后逐步发展形成的，最早的开发是由于发酵乙醇以及有机酸分离提取的需要。到20世纪40年代初，大规模深层发酵生产抗生素，反应粗产物的纯度较低，而最终产品要求的纯度却较高。近年来发展的生物技术包括利用基因工程菌生产人造胰岛素、人与动物疫苗等产品，粗产物的含量极低，而对分离所得的最终产物的要求却更高了。因而，对生物分离与纯化技术与装备的要求越来越高。

生物分离与纯化处理的是复杂的多相体系，含有微生物细胞、菌体、代谢产物、未耗用的培养基以及各种降解产物等。其中生物活性物质的浓度通常很低，如抗生素的质量浓度为10～30 kg/m^3、维生素B_{12}为0.12 kg/m^3、酶为2～5 kg/m^3，而杂质含量却很高，加之生物活性物质通常很不稳定，分离与纯化条件要求苛刻，因此分离与纯化在生物制品的生产过程中所占产品总成本的比例很大。对于抗生素而言，分离与纯化部分的投资费用约为发酵部分的4倍，对于基因工程药物，分离与纯化所占的费用可达到生产费用的80%～90%。因此，生物分离与纯化对生物制品的质量控制和生产成本控制起着十分关键的作用。

2. 生物材料的来源

生产生物药物和生物制品的主要生物资源是动物、植物、微生物的组织、器官、细胞与代谢产物。其种类主要有以下几种。

1）动物脏器

以动物组织或器官为原料可制备多种生物药物及生物制品。动物组织或器官的主要来源是猪，其次是牛、羊、家禽和鱼类等的脏器。

2）血液、分泌物和其他代谢物

血液占体重的6%～10%，血液中水分占80%，干物质占20%。血液资源丰富，可用于生产药品、生化试剂、营养食品、医用化妆品及饲料添加剂等。以人血为原料生产的制品有人血制剂、免疫球蛋白、血纤溶酶原、人血白蛋白、SOD等。以动物为原料生产的制品有凝血酶、血活素、原卟啉、血红蛋白、血红素、SOD等。

尿液、胆汁、蜂毒等也是重要的生物材料。由尿液可制备尿激酶、激肽释放酶、蛋白抑制剂等。由胆汁可生产胆酸、胆红素等。

3）海洋生物

海洋生物是开发防治常见病、多发病和疑难病的重要生物材料。用于生产生物制品的海洋生物主要有海藻、腔肠动物、鱼类、软体动物等。

4）植物

药用植物种类繁多，除含有生物碱、强心苷、黄酮、皂苷、挥发油、树脂等有效药理成分外，还含有氨基酸、蛋白质、酶、激素、核酸、糖类、脂类等众多生化成分。由植物材料寻找有效生物药物已逐渐引起重视，品种逐年增加，如伴刀豆蛋白、天花粉蛋白、人参多糖等。

5）微生物

微生物种类繁多，资源丰富，其代谢产物有1 300多种，应用前景很广。以微生物为资源，除了可生产初级代谢产物，如氨基酸和维生素以外，还可用于生产许多次级代谢产物，如在抗菌治疗方面有青霉素和四环素等，在抗癌、抗真菌感染方面有丝裂霉素、灰黄霉素等。生物工程中应用的微生物主要有细菌、放线菌、真菌和酵母菌。

3. 生物分离与纯化技术的特点

生物分离与纯化是指从动植物组织、微生物培养产物或细胞培养产物中分离及纯化目的产物的过程。例如，从牛乳中分离乳清、单克隆抗体以及生产疫苗等。这些看似互不关联的产品，其生产过程却有很多共同点。大部分的产物都存在于液相溶液中，而且与其他杂质共存。正是由于存在这一共同特点，才产生了生物分离与纯化这一技术。系统地研究生物分离与纯化过程，能够揭示其内在的分离原理。利用这些原理，我们可以设计目的产物的分离与纯化方法。

由于生物物质具有生理活性或药理作用，因此在分离与纯化的过程中必须根据目标产物的特点，在保持其生物机能的前提下进行分离与纯化操作。生物分离与纯化的特点主要体现在以下几个方面。

1）目的产物浓度低，纯化难度大

原料液中目的产物的浓度一般都很低，有时甚至是极微量的，如胰腺中脱氧核糖核酸酶的含量为0.04%、胰岛素含量为0.002%，胆红素在胆汁中含量为0.05%～0.08%，但杂质的含量却相对较高，这样就有必要对原料液进行高度浓缩。

2）活性物质性质不稳定，操作过程容易失活

生物物质的生理活性大多是在生物体内的温和条件下维持并发挥作用的，目的产物大多数对热、酸、碱、重金属、pH以及多种理化因素都比较敏感，容易失活。外部条件不稳定或急剧发生变化，容易引起生物活性的降低或丧失。因此，为维持生物物质的活性，对分离与纯化过程的操作条件有严格的限制。

3）生物材料中的生化组分数量大，分离困难

目的产物与杂质的理化性质如溶解度、相对分子质量、等电点等往往比较相近，所以分离与纯化比较困难。

4）生物材料容易变质，保存困难

生物材料容易腐败、染菌、被微生物的活动所分解或被自身的酶所破坏，甚至机械搅拌、金属器械、空气、日光等对生物物质的活性都会发生影响。因此，生物分离与纯

化方法的正确选择，对维持目的产物的稳定性起着至关重要的作用。

5）生物产品质量标准高

生物产品一般用作医药、食品和化妆品，与人类生命息息相关。因此，要求分离与纯化过程必须除去原料液中的热原及具有免疫原性的异体蛋白等有害人体健康的物质，并且防止这些物质在操作过程中从外界混入。

4. 生物分离与纯化的一般工艺过程

由于生物原料明显带有生物物质的特征，因此分离与纯化工艺不能简单地应用化工单元操作。按照生产过程，生物分离与纯化一般包括原料的选取和预处理、分离提取、精制和成品制作四个过程。

生物分离与纯化应选取来源丰富的材料，尽量做到一物多用，综合利用。首先要根据目的产物的分布，选择富含有效成分的生物品种。例如，制备催乳素，首先，不要选用鱼类、禽类和微生物，应以哺乳动物为材料；其次，要选择合适的组织器官，如制备胃蛋白酶最好选用胃为原料，免疫球蛋白应从血液或富含血液的胎盘组织中提取；此外，生物的生长期也是选择材料需要考虑的因素，因为生长期对生物活性物质的含量影响很大，如凝乳酶只能用哺乳期的小牛、仔羊的第四胃为材料，提取胸腺素以幼年动物胸腺为原料。

原料的预处理主要用过滤、离心等固-液分离技术。过滤和离心相比，无论是投资费用还是运转费用，前者都小得多，因而首选方法应是过滤。但因发酵液中的不溶性固形物和菌体细胞都是柔性体，细胞个体很小，特别是细菌，过滤时形成的滤饼是高度可压缩的，所以容易造成过滤困难。因此，凝聚和絮凝等是生物原料固-液分离时常用的辅助手段。

提取也称初步分离，其目的是利用制备目的物的溶解特性，将目的物与细胞的固形成分或其他结合成分分离，使其由固相转入液相或从细胞内的生理状态转入特定溶液环境的过程。提取可以除去与产物性质差异较大的杂质，为纯化操作创造有利条件。提取可选用的技术较多，如萃取、固相析出、膜过滤、吸附等单元操作。提取分为固-液提取和液-液提取两种。固-液提取包括浸渍（用冷溶剂溶出固体材料中的物质）与浸煮（用热溶剂溶于目的物）。液-液提取是将目的物从某一溶剂系统转入另一溶剂系统，即萃取。

精制也称高度纯化，其目的是去除与目的产物的物理化学性质比较接近的杂质。通常采用对产物有高度选择性的技术，如色谱分离和结晶技术通常能获得高纯度的目的产物。

成品制作主要是根据产品的最终用途把产品加工成一定的形式。浓缩和干燥是成品制作常用的单元操作。生物分离与纯化的一般工艺过程可用图 1-1 表示。

5. 生物分离与纯化方法的选择依据

生物分离与纯化的工艺过程首先取决于产品是胞内产物还是胞外产物。胞内产物是指不被分泌到体外的产品，如胰岛素、干扰素、重组蛋白质产品。胞外产物是在细胞内产生，然后又分泌到胞外的产物，如抗生素、α-淀粉酶等。另外，选择分离与纯化方法时还要考虑产品的类型、分子大小、产品的溶解度等。

相对分子质量较大的生物产品，如蛋白质、酶、多糖、核酸等，所需分离过程不同于化学工业中的传统单元操作；相对分子质量较小的生物产品包括类脂、氨基酸和次级代谢产物（如抗生素），所需分离过程在许多方面可以借鉴传统单元操作进行设计，或根据分子本身和所处系统的特殊性。在选择、设计生化产品的分离纯化工艺时，主要应考虑以下因素。

1）生产成本

据各种资料统计，分离与纯化过程所需的费用占产品总成本的很大比例，尤其对于基因工程药物，有时分离与纯化费用占生产成本的比例可达 80%～90%。因此，为了提高经济效益，产率和成本是生产企业要考虑的首要因素。

2）原料的组成和性质

目的物在原料中的浓度高低、目的物是胞内产物还是胞外产物以及目的物的溶解性等理化性质是影响工艺条件的重要因素。生化物质的分离都是在液相中进行的，所以在选择分离方法时首先要考虑物质的分配系数、相对分子质量、离子电荷性质及数量、挥发性等因素。如果某些杂质在各种条件下带电荷性质与目的物相似，但相对分子质量、形状和大小与目的物差别大，可以考虑用离心或膜过滤或凝胶色谱法分离除去相对分子质量相差较大的杂质，然后在一定 pH 和离子强度范围下，使目的物变成有利的离子状态，便能有效地进行色谱分离。

3）分离与纯化的步骤

任何产品的分离与纯化都不可能一步完成，都是多种步骤的组合。在实际生产中，要尽可能采用最少步骤，因为步骤的多少，不仅影响到产品的回收率，而且还会影响到投资和操作成本。为了提高总回收率，可以采用两种方法：一是提高各步的回收率；二是减少回收流程所需的步骤。对于某些生物大分子产品，分离与纯化可采用离子交换色谱、凝胶过滤等多种单元操作的组合，但如果采用亲和层析，虽然分离材料的投资成本会增加，但产品的一次纯化效率很高，这样会大大地降低生产成本，提高生产效率。

4）各种分离与纯化方法的使用程序

在对生物产品进行分离与纯化时，要根据产品的特点设计各个步骤的先后次序。例如，在盐析后采取吸附法，必然会因离子过多而影响吸附效果，如果增加透析除盐，使操作复杂化。如果将步骤倒过来进行，即先吸附后盐析就比较合理。从植物材料中提取极性较大的天然活性成分，可先考虑用极性小的有机溶剂进行回流，除去低极性的脂溶性杂质，然后选择合适的有机溶剂进行萃取，分离水溶性杂质和脂溶性目的物，最后选择合适的吸附介质，采用色谱分离技术进一步纯化目的产物。在分离和纯化过程中，各个单元操作的特点各异。例如，对于一些胞外的离子型化合物，我们可以采用以下次序进行纯化：固-液分离、沉淀、离子交换、亲和吸附、凝胶过滤。采用这个程序的原因是：①沉淀能处理大量的物质，并且它受干扰物质影响的程度比吸附色谱分离小；②离子交换用来除去对后续分离产生影响的化合物；③亲和色谱的纯化效率很高，对目的物纯度也有较高的要求，通常在流程的后阶段使用，以避免因非专一性作用而引起亲和系统性能的降低；④凝胶过滤用于蛋白质聚积体的分离和脱盐，由于凝胶过滤介质的容量比较小，故分离过程的处理量也比较小，一般常在纯化过程的最后一步程序中使用。

5）产品的稳定性

通常用调节操作条件的方法，使由于热、pH 或氧化所造成的产品降解减到最小程度。例如，对于一些热不稳定生物产品，可以采用冷冻干燥工艺进行成品加工。对于蛋白质产品，往往存在巯基，故蛋白质容易被氧化，因此必须排除空气并使用抗氧化剂，以便使氧化作用减小到最低程度，并且必须仔细地设计以减少空气进入系统，使氧化的可能性减小。

6）产品的技术规范

产品的规格是用成品中各类杂质的最低存量来表示的，它是确定纯化要求的程度以及由此产生的下游加工过程方案选择的主要依据。如果对产品的纯度要求不高，则用简单的分离流程即可达到分离要求，但对于纯度要求高的产品，如注射类药物，不仅要除去一般杂质，而且要除去热原。热原是存在于微生物细胞壁中的能够引起抗原反应的物质，是蛋白质、脂质、脂多糖等的总称。在纯化过程中必须将它们除去，以满足注射药品规格的要求。在药物生产过程中，一般采用凝胶色谱方法，利用分子大小的差别，实现除去热原的目的，并且常放在纯化过程的最后一步。

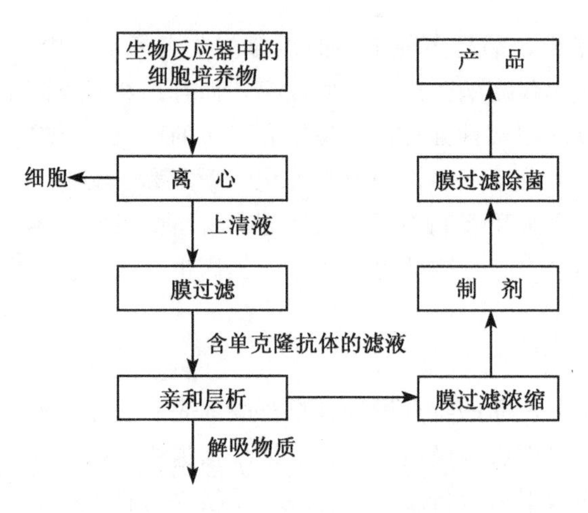

图 1-2　单克隆抗体的分离与纯化流程

7）产品的形式

最终产品的外形特征是一个重要的指标，必须与实际应用要求或规范相一致。对于固体产品，为了能有足够的保质期，必须控制水分的含量。如果生产的是结晶产品，那么必须具备特有的晶体形态和特定的晶体大小。对于生物分离与纯化工艺，晶体形态是很重要的，因为某种晶体形态比其他形态易于过滤和洗涤，如针状晶体过滤和洗涤都很困难。如果所需的是液体产品，则必须在分离纯化的最后一步进行浓缩，还有可能需要过滤除菌等操作。

下面以单克隆抗体为例说明分离与纯化方法的选择依据，见图 1-2。

价格昂贵、疗效显著的生物制剂通常都是小批量生产的。一般情况日处理量不超过 1 m^3。单克隆抗体是此类产品之一，同时，它也是临床和实验室研究的一种重要产品。抗体通常根据其特性和功能分为不同的种类。免疫球蛋白是一种相对分子质量大约为 160 000 Da 的大分子，是由具有产生抗体能力的脾细胞和血癌细胞产生的。细胞生长在含血清成分的悬浮培养基中。批量放大生产通常体积可达 35 L。由于产量低，产品的纯度要求高，单克隆抗体的生产必须经过如图 1-2 所示的一系列纯化过程。当生物反应器中的细胞达到一定浓度后，用离心的方法把细胞和含有免疫球蛋白的培养液分离。通过超滤除去生化物质和相对分子质量小于 100 000 Da 的蛋白质，然后让含有免疫球蛋白溶液通过亲和层析柱，固定相含有蛋白质 A 或 G，这种蛋白质的功能是选择性地吸附免疫球蛋白。调整 pH，使其低于生理 pH，便可洗脱免疫球蛋白，然后通过膜过滤对洗脱液进行浓缩。在浓缩过程中，利用膜过滤可除去调整 pH 的缓冲液，从而使含免疫球蛋白溶液的 pH 恢复到正常水平。经过制剂工序后，超滤除菌能够保证产品的质量，延长其保质期，防止细菌污染。

6. 生物分离与纯化技术的发展前景

随着生物技术产业迅速发展，新的分离与纯化方法不断涌现，解决了许多以前无法解决的实际问题，并且提供了一大批生物技术产品。但无论是传统的生物技术产品，还是附加值高的现代生物技术产品，随着生产规模扩大和竞争的激烈，产品的竞争优势最终归结于低成本和高纯度。降低生产成本和提高产品质量是生物分离与纯化技术的发展方向。目前，生物分离与纯化的发展方向主要体现在以下几个方面。

1）研究和开发新型和经济高效的分离纯化技术

（1）新型分离介质的研制　分离介质的性能对提高分离效率起到关键的作用，特别是工业大生产，介质的机械强度是工艺设计时要考虑的重要因素。在色谱分离技术中使用的凝胶和天然糖类为骨架的分离介质，由于其强度较弱，实现工业化的大规模生产还有一定的困难。因此，进行新型、高效的分离介质的研制是生物分离与纯化工艺改进的一个热点。

（2）膜分离的推广应用　随着膜质量的改进和膜装置性能的改善，在生物分离与纯化工艺中，将会越来越多地使用膜技术。膜分离具有选择性好、分离效率高、节约能耗等优点。因此，在分离纯化过程中充分利用膜分离的优势是今后的发展方向之一。

（3）提高分离过程的选择性　主要是应用分子识别与亲和作用来提高大规模分离技术的精度，利用生物亲和作用的高度特异性与其他分离技术如膜分离、双水相萃取、反胶团萃取、亲和沉淀、亲和色谱和亲和电泳等亲和纯化技术。亲和色谱技术开始用于蛋白质，特别是酶的分离和精制上，后来发展到大规模地应用在酶抑制剂、抗体和干扰素的分离精制上以及小规模地应用在核酸、细胞、细胞器和整个细胞的分离纯化上。目前，除了已知的亲和层析外，还有亲和过滤、亲和分配、亲和沉淀、利用亲和膜分离等。利用单克隆抗体的免疫吸附层析，选择性是最理想的，但介质的价格太高，急需研究和改进。

(4) 强化生物分离过程的研究　生物分离过程的优化能产生显著的经济效益，但大多数生物分离过程目前尚处于经验状态，对其机理缺乏必要的认识。此外，分离过程还存在失活问题，且新的分离手段不断出现，这就使得准确描述和控制生物分离过程变得很困难。生物分离是一个边缘学科问题，需要综合运用化学、工程、生物、数学、计算机等多学科知识和工具，学科间的联合将有助于在该领域取得突破。

2) 生物工程上游技术与下游技术相结合

生物工程作为一个整体，上、中、下游要互相配合。为了利于目的产物的分离与纯化，上游的工艺设计应尽量为下游的分离纯化创造条件。例如，可以通过工艺条件的优化，减少非目的产物的分泌（如色素、毒素、降解酶和其他干扰性杂质等）；利用基因工程方法，使尿抑胃素上接上几个精氨酸残基，使其碱性增强，而容易为阳离子交换剂所吸附。此外，对于发酵工程产品，在加工过程中如果采用液体培养基，不用酵母膏、玉米浆等有色物质为原料，会使下游加工过程更方便、经济。例如，在发酵过程中利用半透膜的发酵罐，在发酵罐中加入吸附树脂等都可简化产物分离纯化的过程。

自从 1982 年第一个生物技术医药产品——DNA 重组人胰岛素问世以来，越来越多的生物医药产品不断涌现。生物产品的分离与纯化在应用基因工程、酶工程、细胞工程、发酵工程和蛋白质技术方面的应用日益广泛。进一步研究和开发高效、低成本的分离与纯化手段必将推动生物技术产业的发展。

难点自测

1. 生物制品的加工一般包括几个过程？其目的是什么？
2. 生物原料的特点对分离纯化工艺有何影响？

第 2 章

预处理及固-液分离

微生物发酵或动、植物细胞培养结束后，发酵液（或培养液）中除含有所需要的生物活性物质外，还存在大量的菌体、细胞、胞内外代谢产物及剩余的培养基残分等。常规的处理方法是首先将菌体或细胞、固态培养基等固体悬浮颗粒与可溶性组分分离（即固-液分离），然后再进行后续的分离纯化操作单元。如果发酵液（或培养液）中的固态悬浮颗粒较大，发酵液（或培养液）可不经预处理，直接进行固-液分离；若发酵液（或培养液）中固态悬浮颗粒较小，常规的固-液分离方法很难将它们分离完全，则应先将发酵液（或培养液）进行预处理再进行固-液分离。对于胞内产物来说，还应先经细胞破碎，使生物活性物质转移到液相后，再经固-液分离除去细胞碎片等固体杂质。

2.1 发酵液（培养液）的预处理

学习目标

1. 发酵液预处理的目的和主要方法及其原理。
2. 除原料中的蛋白、多糖和金属离子等杂质的原理和方法。

预处理的目的主要有两个：①改变发酵液（培养液）的物理性质，以利于固-液分离。主要方法有加热、凝聚和絮凝；②去除发酵液（培养液）中部分杂质以利于后续各步操作。发酵液中有些杂质，如可溶性黏胶状物质（主要是杂蛋白）和不溶性多糖会使发酵液的黏度提高。另外，还有些对后续操作有影响的无机离子，特别是高价金属无机离子如 Fe^{3+}、Ca^{2+}、Mg^{2+}，这些杂质在预处理时应尽量除去。

2.1.1 常用的预处理方法

1. 加热

加热是最简单和经济的预处理方法，即把发酵液（或培养液）加热到所需温度并保温适当时间。加热能使杂蛋白变性凝固，从而降低发酵液（或培养液）的黏度，使固-液分离变得容易。但加热的方法只适合对热稳定的生物活性物质。

2. 凝聚和絮凝

凝聚和絮凝在预处理中，常用于细小菌体或细胞、细胞的碎片以及蛋白质等胶体粒子的去除。其处理过程就是将一定的化学药剂预先投加到发酵液（或培养液）中，改变细胞、菌体和蛋白质等胶体粒子的分散状态，破坏其稳定性，使它们聚集成可分离的絮凝体，再进行分离。但是应当注意，凝聚和絮凝是两种方法、两个概念，其具体处理过程也是有差别的。

1）凝聚

（1）凝聚的概念和原理　凝聚是指在某些电解质作用下，破坏细胞、菌体和蛋白质等胶体粒子的分散状态，使胶体粒子聚集的过程。

发酵液（或培养液）中细胞、菌体或蛋白质等胶体粒子的表面都带有同种电荷，使得这些胶体粒子之间相互排斥，保持一定距离而不互相凝聚。另外，这些胶体粒子和水有高度的亲和性，其表面很容易吸住水分，形成一层水膜，从而使胶体粒子呈分散状态。在发酵液（或培养液）中加入电解质，就能中和胶体粒子的电性，夺取胶体粒子表面的水分子，破坏其表面的水膜，从而使胶体粒子能直接碰撞而聚集起来。

（2）常用的凝聚剂　凝聚剂主要是一些无机类电解质，由于大部分被处理的物质带负电荷（如细胞或菌体），因此工业上常用的凝聚剂大多为阳离子型，可分为无机盐类和金属氧化物类。常用的无机盐类凝聚剂有 $KAl(SO_4)_2 \cdot 12H_2O$（明矾）、$AlCl_3 \cdot 6H_2O$、$FeCl_3$、$ZnSO_4$、$MgCO_3$等；常用的金属氧化物类凝聚剂有 $Al(OH)_3$、Fe_3O_4、$Ca(OH)_2$或石灰等。阳离子对带负电荷的胶粒凝聚能力的次序为：$Al^{3+} > Fe^{3+} > H^+ > Ca^{2+} > Mg^{2+} > K^+ > Na^+ > Li^+$。

2）絮凝

（1）絮凝的概念和原理　絮凝是指使用絮凝剂（通常是天然或合成的大相对分子质量物质），在悬浮粒子之间产生架桥作用而使胶粒形成粗大的絮凝团的过程。

絮凝剂一般为高分子聚合物，具有长链线状结构，容易溶于水，其相对分子质量高达数万至 1 000 万以上，在长的链节上含有相当多的活性功能团。絮凝剂的功能团能强烈地吸附在胶粒的表面，由于一个高分子絮凝剂的长链节上含有相当多的活性功能团，所以一个絮凝剂分子可分别吸附在不同颗粒的表面，从而产生架桥连接。高分子絮凝剂在胶粒表面上的吸附机理是基于各种物理化学作用，如范德华力、静电引力、氢键和配位键等。

（2）常用的絮凝剂　絮凝剂根据活性功能团所带电性不同，可以分为阴离子型、阳离子型和非离子型三类。熟知的聚丙烯酰胺絮凝剂，经不同改性可以成为上述三种类型之一。除此之外，人工合成的高分子絮凝剂还有非离子型的聚氧化乙烯、阴离子型的聚丙烯酸钠和聚苯乙烯磺酸、阳离子型的聚丙烯酸二烷基胺乙酯和聚二烯丙基四胺盐等。天然和生物絮凝剂目前使用较少。

（3）絮凝的影响因素　影响絮凝效果的因素很多，主要是絮凝剂的相对分子质量和种类、絮凝剂用量、溶液的 pH、搅拌速度和时间等。有机高分子絮凝剂的相对分子质量越大，链越长，吸附架桥效果就越明显。但是随相对分子质量增大，絮凝剂在水中溶解度减少，因此相对分子质量的选择应适当。絮凝剂的用量是一个重要因素，当絮凝剂浓度较低时，增加用量有助于架桥充分，絮凝效果提高，但用量过多反而会引起吸附饱和，在胶粒表面上形成覆盖层而使絮凝剂失去与其他胶粒架桥的作用，造成胶粒再次稳定的现象，絮凝效果反而降低。絮凝剂用量过多，残留在液体中的细胞含量反而增多。

溶液 pH 的变化会影响离子型絮凝剂功能团的电离度，从而影响链的伸展形态，提高电离度可使分子链上同种电荷间的电排斥作用增大，链就从卷曲状态变为伸展状态，因而能发挥最佳的架桥能力。絮凝过程中，剪切应力的大小对絮凝团的作用十分重要，在加入絮凝剂时，液体的湍动（如搅拌）能使絮凝剂迅速分散，但是絮团形成后，高的剪切力会打碎絮团。因此，操作时搅拌转速和搅拌时间都应控制，在絮凝后的料液输送和液固分离中也应尽量选择剪切力小的操作方式和设备。

由此可见，絮凝剂的选择、用量及处理条件（溶液 pH、搅拌速度和时间）必须经过广泛的试验研究才能确定。

2.1.2 杂质的去除方法

1. 杂蛋白的去除方法

1）等电沉淀法

蛋白质在等电点时溶解度最小，能沉淀而除去。因为羧基的电离度比氨基大，蛋白质的酸性性质常强于碱性，因而很多蛋白质的等电点都在酸性范围内（pH 为 4.0～5.5）。有些蛋白质在等电点时仍有一定的溶解度，单靠等电点的方法还不能将其大部分沉淀除去，通常可结合其他方法。

2）变性沉淀

蛋白质从有规则的排列变成不规则结构的过程称变性，变性蛋白质在水中的溶解度较小而产生沉淀。使蛋白质变性的方法有：加热、大幅度改变 pH、加有机溶剂（丙酮、乙醇等）、加重金属离子（Ag^{+}、Cu^{2+}、Pb^{2+}等）、加有机酸（三氯乙酸、水杨酸、苦味酸、鞣酸等）以及加表面活性剂。加有机溶剂使蛋白质变性的方法价格较贵，只适用于处理量较小或浓缩的情况。

3）吸附

利用吸附作用常能有效地除去杂蛋白质。在发酵液中加入一些反应剂，它们互相反应生成的沉淀物对蛋白质具吸附作用而使其凝固。例如，在枯草杆菌的碱性蛋白酶发酵液中，常利用氯化钙和磷酸盐的反应而生成磷酸钙盐沉淀物，后者不仅能吸附杂蛋白质和菌体等胶状悬浮物，还能起助滤剂作用，大大加快过滤速度。

2. 不溶性多糖的去除方法

当发酵液中含有较多不溶性多糖时，黏度增大，液固分离困难，可用酶将它转化为单糖以提高过滤速度。例如，在蛋白酶发酵液中加 α-淀粉酶，能将培养基中多余的淀粉水解成单糖，降低发酵液黏度，提高滤速。

3. 高价金属离子的去除方法

对成品质量影响较大的无机杂质主要有 Ca^{2+}、Mg^{2+}、Fe^{3+} 等高价金属离子，预处理中应将它们除去。

去除钙离子，常采用草酸钠或草酸，反应后生成的草酸钙在水中溶解度很小，因此能将钙离子较完全去除，生成的草酸钙沉淀还能促使杂蛋白质凝固，提高过滤速度和滤液质量。

镁离子的去除也可用草酸，但草酸镁溶解度较大，故沉淀不完全。此外，还可采用磷酸盐，使生成磷酸钙盐和磷酸镁盐沉淀而除去。

除去铁离子，可采用黄血盐，形成普鲁士蓝沉淀

$$4Fe^{3+} + 3K_4Fe(CN)_6 \longrightarrow Fe_4[Fe(CN)_6]_3\downarrow + 12K^+$$

难点自测

1. 改变发酵液过滤特性的主要方法有哪些？其简要机理如何？
2. 除去发酵液中杂蛋白质的常用方法有哪些？
3. 凝聚和絮凝有哪些不同之处？

2.2 细胞破碎

学习目标

1. 常用的细胞破碎方法及其原理。
2. 细胞破碎率的评价方法。
3. 细胞破碎的选择依据。

一些生物活性物质在细胞培养（或发酵）过程中能分泌到细胞外的培养液（或发酵液）中，如细菌产生的碱性蛋白酶、霉菌产生的糖化酶等胞外酶，不需要预处理或经过简单预处理后就能进行固-液分离，然后将获得的澄清的滤液再进一步纯化即可。但是，还有许多生物活性物质位于细胞内部，在细胞培养（或发酵）过程中不能分泌到细胞外的培养液（或发酵液）中，如青霉素酰化酶、碱性磷脂酶等胞内酶，必须在固-液分离以前先将细胞破碎，使细胞内产物释放到液相中，然后再进行固-液分离。

细胞破碎是指选用物理、化学、酶或机械的方法来破坏细胞壁或细胞膜。通常细胞壁较坚韧，细胞膜强度较差，容易受渗透压冲击而破碎，因此破碎的阻力来自于细胞壁。各种生物的细胞壁的结构和组成不完全相同，主要取决于遗传和环境等因素，因此细胞破碎的难易程度不同。另外，不同的生化物质，其稳定性也存在很大差异，在破碎过程中应防止其变性或被细胞内存在的酶水解，因此选择适宜的破碎方法十分重要。

2.2.1 细胞壁成分和结构

细胞壁是包在细胞质膜表面的非常坚韧和复杂的结构，具有保护细胞、抵御外界环境破坏、保持细胞形状、提供稳定渗透压、执行生化功能、控制营养和代谢产物交换的功能。细胞壁的化学组成非常复杂，尽管所有细胞壁中的主要组分都包含有多糖、脂质和蛋白质，但细胞壁的成分和结构按细胞种类不同有很大差异。

细菌细胞壁的主要成分是肽聚糖，它是一种难溶性的多聚物，由*N*-乙酰葡萄糖胺、

N-乙酰胞壁酸和短肽聚合而成的多层网络结构。几乎所有的细菌都具有上述肽聚糖的基本结构，但是不同细菌的细胞壁结构差别很大。例如，革兰阳性菌的细胞壁主要由肽聚糖层（20～80 nm）组成，此外细胞壁还含有大量的磷壁酸；革兰阴性菌细胞壁的肽聚糖层较薄，仅 2～3 nm，在肽聚糖层外还有两层外壁层（图 2-1）。外壁层 8～10 nm 厚，主要为脂蛋白、脂多糖和其他脂类。可见革兰阳性菌细胞壁较厚，较难破碎。

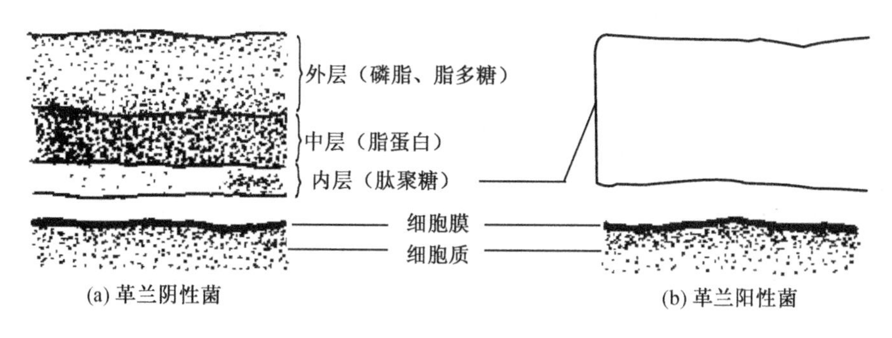

图 2-1　细菌的细胞壁结构

霉菌的细胞壁较厚，为 100～250 nm。大多数霉菌由几丁质和葡聚糖构成，此外还含有少量蛋白质和脂类。几丁质是由数百个 N-乙酰葡萄糖胺分子以 β-1，4-葡萄糖苷链连接而成的多聚糖。少量低等水生霉菌的细胞壁由纤维素构成。

酵母细胞壁的主要成分是葡聚糖，甘露糖、蛋白质和几丁质也是重要成分。酵母的细胞壁幼龄时较薄，具有弹性，以后逐渐变硬。酵母的细胞壁比革兰阳性菌的细胞壁厚，更难破碎。其他真菌的细胞壁也由多糖构成，另外还有少量蛋白质和脂类成分。

藻类的细胞壁非常复杂，其主要结构成分是纤维状的多糖物质。

一般地说，细胞壁的强度主要取决于这些聚合物网状结构的交联程度，交联程度大、网状结构紧密，强度就高。此外，聚合物的种类以及细胞壁的厚度，细胞生长的条件也影响细胞壁的成分合成和细胞壁的强度的因素。例如，生长在复合培养基中的大肠杆菌其细胞壁要比生长在简单培养基中的强度要高。细胞壁的强度还与细胞的生长阶段有关。在对数生长期阶段的细胞壁较弱，在转入稳定生长期后细胞壁变得强壮，这主要是胞壁酸厚度增加且交联程度得到加强所致。较高的生长速度，如连续培养，产生的细胞壁较弱；相反，较低的生长速度，如分批次培养，则使细胞合成强度更高的细胞壁。

2.2.2　细胞破碎率的评价

细胞破碎率定义为被破碎细胞的数量占原始细胞数量的百分数，即

$$Y(\%) = [(N_0 - N)/N_0] \times 100$$

由于 N_0（原始细胞数量）和 N（经 t 时间操作后保留下来的未损害完整细胞数量）不能很清楚地确定，因此破碎率的评价非常困难。目前 N_0 和 N 主要通过下面的方法获得：

1. 直接计数法

直接对适当稀释后的样品进行计数，可以通过平板计数技术或在血球计数板上用显

微镜观察来实现染色细胞的计数。

平板计数技术所需时间长，而且只有活细胞才能被计数，死亡的完整细胞虽大量存在却未能计数，会产生很大的误差。如果细胞有团聚的现象，则误差更大。

显微镜计数相对来说快速而简单，但非常小的细胞，不仅给计数过程带来困难，而且在未损害细胞和稍有损害的细胞之间进行区分也是很困难的。这时可采用涂片染色的办法来解决计数问题。例如，如果是酵母，采用 Bianchi 所提出的方法，就能对完整细胞、破碎细胞和空细胞碎片进行识别和计数，该方法是用革兰氏试剂染色。在 1 000 倍放大下观察，发现完整细胞呈红色或无色，细胞碎片呈绿色。该方法主要的困难是寻找一种合适、可用的细胞染色技术。

2. 间接计数法

间接计数法是在细胞破碎后，测定悬浮液中细胞释放出来的化合物的量（如可溶性蛋白、酶等）。破碎率可通过被释放出来化合物的量 R 与所有细胞的理论最大释放量 R_m 之比进行计算。通常的做法是将破碎后的细胞悬浮液离心分离去掉固体（完整细胞和碎片），然后对清液进行含量或活性分析。

间接计数法最常用的细胞内含物是蛋白质，特别是释放到基质中的酶活性，是破碎程度很好的指示参数。

用 Lowry 法测量细胞破碎后上清液中的蛋白质含量也可以评估细胞的破碎程度。

另外，还可以用离心细胞破碎液观察沉淀模型的方法来确定细胞破碎率，完整的细胞要比细胞碎片先沉淀下来，并显示不同的颜色和纹理。对比两项，可以算出细胞破碎率。

2.2.3 细胞破碎的方法

细胞破碎的方法很多，可分为机械法和非机械法。机械破碎法主要有高压匀浆法、高速珠磨法和超声波法；非机械破碎法主要有化学法、酶解法、渗透压冲击法、冻结-融化法和干燥法。

1. 高压匀浆法

高压匀浆法所需的设备是高压匀浆机，它是由可产生高压的正向排代泵和排出阀（图 2-2）组成，排出阀具有大小可调节的狭窄小孔，可控制放料速度。高压匀浆机的破碎原理是：细胞悬浮液在高压作用下从阀座与阀之间的环隙高速（可达到 450 m/s）喷出后撞击到碰撞环上，细胞在受到高速撞击作用后，急剧释放到低压环境，从而在撞击力和剪切力等综合作用下破碎。

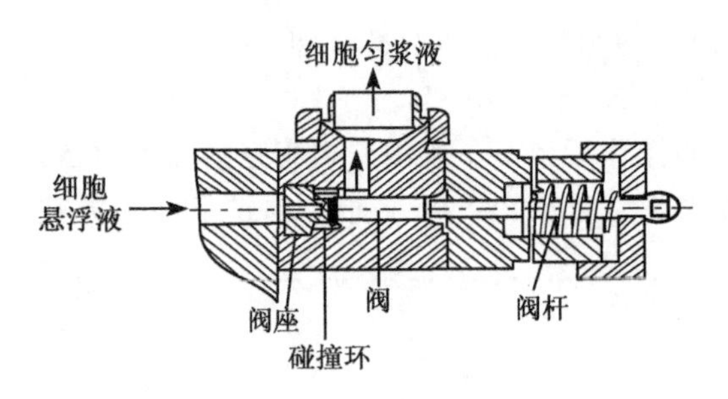

图 2-2 高压匀浆器结构简图

高压匀浆法中影响细胞破碎的因素主要有压力、循环操作次数和温度。高压匀浆机的操作压力通常为 50～70 MPa，工业上所用的高压匀浆机的操作压力一般为 55 MPa。菌悬液一次通过高压匀浆机的细胞破碎率在 12%～67%，要达到 90%以上的细胞破碎率，起码要将菌悬液通过高压匀浆机两次。最好是提高操作压力，减少操作次数。但当压力超过 70 MPa 时，细胞破碎率上升较为缓慢，而且提高操作压力会增加能耗，压力过高还会引起阀座的剧烈磨损，所以不能单纯追求高破碎率。当悬浮液中酵母浓度在 450～750 kg/m^3 时，破碎率随温度的增加而增加。当操作温度由 5℃提高到 30℃时，破碎率约提高 1.5 倍。但高温破碎只适用于非热变性产物。

高压匀浆机的操作条件因细胞种类、生长环境、生长速率和产物所处位置而异。例如，大肠杆菌比酵母容易破碎；生长在复杂培养基中的大肠杆菌比生长在合成培养基中大肠杆菌难破碎；非结合酶，压力为 54.5 MPa，菌体浓度为 10%～20%，处理一次即可，而膜结合酶，则需进行 3 次破碎。大肠杆菌的破碎效率随细胞生长效率的减少而降低。

高压匀浆法适用于酵母和大多数细菌细胞的破碎，料液细胞浓度可达到 20%左右。对某些高度分枝的微生物，由于它们会堵塞匀浆机的阀，使操作发生困难，故该法不适用。

2. 高速珠磨法

高速珠磨法也是一种有效的细胞破碎方法。珠磨机是该法所用的设备，有多种形式，见图 2-3。珠磨机的主体一般是立式或卧式圆筒形腔体，由电动机带动。研磨腔内装钢珠或小玻璃珠以提高研磨能力。其破碎机理是利用细胞悬浮液与珠子在搅拌桨作用下充分混合，珠子之间以及珠子和细胞之间的互相剪切、碰撞，促使细胞壁破裂，释放内含物。在珠液分离器的协助下，珠子被滞留在研磨腔内，浆液流出，从而实现连续操作。破碎中产生的热量由夹套中的冷却液带走。

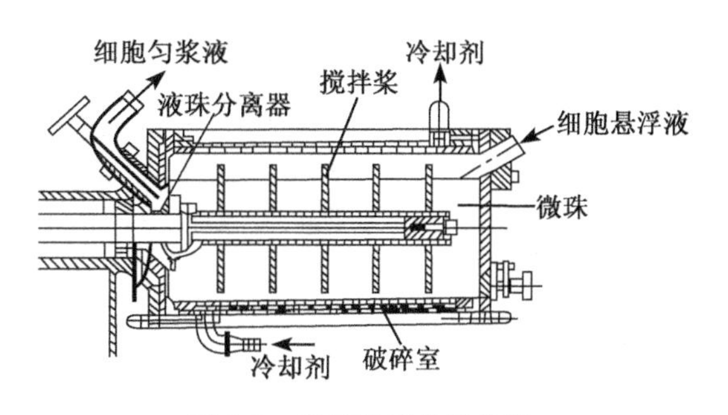

图 2-3　高速珠磨机结构图

高速珠磨法中影响细胞破碎的因素主要有搅拌速度、料液的循环速度、细胞悬浮液的浓度、珠粒大小和数量、温度等。在面包酵母的破碎中，提高搅拌速度、降低酵母浓度和通过珠磨机的速度、增加小珠装量均可增大破碎效率。但在实际操作中，各种参数的变化必须适当，如过大的搅拌速度和过多的玻璃小珠会增大能耗，使研磨室内温度迅速升高。一般地说，磨珠越小，细胞破碎速度也越快，但磨珠太小易于漂浮，并难以保留在研磨机的腔体中，所以它的尺寸不能太小。

Schutte 等在研究了几种酵母和细菌菌株的破碎后，提出破碎条件在下列范围内较适宜：搅拌器的转速为 700～1 450 r/min；流速为 50～500 L/h；细胞悬浮液质量浓度为 0.3～0.5 g/mL；玻璃小珠装量（珠粒体积占研磨腔体自由体积的百分数）为 70%～90%；玻璃小珠直径为 0.45～1 mm。

在大规模操作中，虽然珠磨机也可用于酵母和细菌，但通常认为珠磨机对真菌菌丝和藻类的细胞破碎效果较好。

3. 超声波法

频率超过 15～20 kHz（千赫）的超声波是人耳难以听到的一种声音，在较高的输入功率下，可破碎细胞。超声波破碎细胞的机理尚不清楚，可能与空穴现象引起的冲击波和剪切力有关。

影响超声波破碎的因素主要有超声波的声强、频率、破碎时间，另外，细胞浓度和细胞种类等对破碎效果也会有影响。超声波破碎时的频率一般为 20 kHz，功率在 100～250 W。各种细胞所需破碎时间主要靠经验来决定，有些细胞仅需 2～3 次的 1 min 超声即可破碎，而另一些则需多达 10 次的超声处理。超声波破碎对不同种类细胞的破碎效果不同，杆菌比球菌容易破碎，革兰阴性细菌比革兰阳性细菌容易破碎，对酵母的破碎效果最差。超声波破碎时细胞浓度一般在 20%左右，高浓度和高黏度会降低破碎速度。

在超声波破碎细胞时会产生生成游离基的化学效应，有时可能对目标蛋白带来破坏作用，这个问题可通过添加游离基清除剂（如胱氨酸或谷胱甘肽）或者用氢气预吹细胞悬浮液来缓解。

超声波破碎法最适合实验室规模的细胞破碎。它处理的样品体积为 1～400 mL。超声波破碎效果受液体的共振反应影响，在操作时可以调整频率找到最大共振频率。超声波破碎最主要的问题是热量的产生，破碎器都带有冷却夹层系统，以保证蛋白质不会因过热引起变性。通常细胞是放在冰浴中进行短时间破碎的，且破碎 1 min，冷却 1 min。

超声波破碎也可以进行连续细胞破碎，图 2-4 给出实验室连续破碎池结构示意图。其核心部分是由一个带夹套的烧杯组成，在这个超声波反应器内，有 4 根内环管，由于声波振荡能量会泵送细胞悬浮液循环，将细胞悬浮液进出口管插入到烧杯内部去，就可以实现连续操作。在破碎时，对于刚性细胞可以添加细小的珠粒，以产生辅助的“研磨”效应。

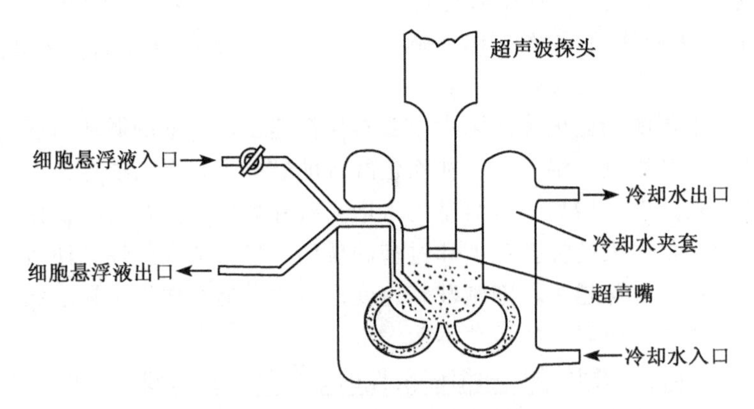

图 2-4　连续破碎池的结构简图

由于超声波破碎时产生大量的热，所以超声波破碎法不适合大规模生产使用。

4. 化学法

采用化学试剂处理微生物细胞可以溶解细胞或抽提某些细胞组分。

用碱处理细胞，可以溶解除去细胞壁以外的大部分组分。酸处理可以使蛋白质水解成游离氨基酸，通常采用 6 mol/L HCl 处理。此外，某些表面活性剂（如洗涤剂）也常能引起细胞溶解或使某些组分从细胞内渗透出来，如对胞内的异淀粉酶可加入 0.1% 十二烷基硫酸钠于酶液中，在 30℃ 振荡 30 h，就能较完全地将异淀粉酶抽提出来，且酶的比活较机械破碎法的高。

除上述酸、碱及表面活性剂外，也可采用某些脂溶性有机溶剂，如丁醇、丙酮、氯仿等，它们能溶解细胞膜上的脂类化合物，使细胞结构破坏，而将胞内产物抽提出来。但是，这些溶剂容易引起生物物质破坏，使用时应考虑其稳定性，操作要在低温下进行，处理后，还必须将抽提液中的有机溶剂从生化物质中分离回收。

5. 酶解法

酶解法是利用酶反应分解破坏细胞壁上特殊的键，以达到破壁的目的。酶解的方法可以在细胞悬浮液中加入特定的酶，也可采用自溶作用。

应用酶解需要选择适宜的酶和酶系统，并要控制特定的反应条件，某些微生物体可能仅在生长的某一阶段或生长处于特定的情况下，对酶解才是最灵敏的。有时，还需附加其他的处理，如辐射、渗透压冲击、反复冻融等或加金属螯合剂 EDTA，除去与膜蛋白结合的金属离子，暴露出对酶解敏感的结构部分，也可利用生物因素以促进活性，变得对酶解作用敏感。

对于微生物细胞，常用的酶是溶菌酶，它能专一地分解细胞壁上糖蛋白分子的 β-1，4-糖苷键，使脂多糖分解，经溶菌酶处理后的细胞移至低渗溶液中，细胞就会破裂。例如，在巨大芽孢杆菌或小球菌悬浮液中加入溶菌酶，很快就产生溶菌现象。除溶菌酶外，还可选用蛋白酶、脂肪酶、核酸酶、透明质酸酶等。

自溶作用是利用微生物自身产生的酶来溶菌，而不需外加其他的酶。在微生物代谢过程中，大多数都能产生一种水解细胞壁上聚合物的酶，以便生长过程继续下去。有时改变其生长的环境，可以诱发产生过剩的这种酶或激发产生其他的自溶酶，以达到自溶目的。影响自溶过程的因素有温度、时间、pH、缓冲液浓度、细胞代谢途径等。微生物细胞的自溶常采用加热法或干燥法。例如，谷氨酸产生菌，可加入 0.028 mol/L Na_2CO_3 和 0.018 mol/L $NaHCO_3$（pH 为 10）的缓冲液，制成 3% 的悬浮液，加热至 70℃，保温搅拌 20 min，菌体即自溶。又如酵母细胞的自溶需要在 45～50℃ 下保持 12～24 h。

采用抑制细胞壁合成的方法能导致类似于酶解的结果。某些抗生素如青霉素或环丝氨酸等，能阻止新细胞物质的合成。但是抑制剂加入的时间很重要，应在发酵过程中细胞生长的后期加入，只有当抑制剂加入后，生物合成和再生还在继续进行，溶胞的条件才是有利的，因为在细胞分裂阶段，细胞壁就造成缺陷，即达到溶胞作用。

6. 渗透压冲击法

先把细胞放在高渗溶液中（例如，一定浓度的甘油或蔗糖溶液），由于渗透压的作用，细胞内水分便向外渗出，细胞发生收缩，当达到平衡后，将介质快速稀释或将细胞转入水或缓冲液中，由于渗透压发生突然变化，胞外的水分迅速渗入胞内，使细胞快速膨胀而破裂。

7. 冻结-融化法

将细胞放在低温下冷冻（约－15℃），然后在室温中融化，如此反复多次，就能使细胞壁破裂。冻结-融化法破壁的机理有两个方面：一方面在冷冻过程中会促使细胞膜的疏水键结构破裂，从而增加细胞的亲水性能；另一方面，冷冻时胞内水结晶，形成冰晶粒，引起细胞膨胀而破裂。

8. 干燥法

经干燥后的菌体，其细胞膜的渗透性发生变化，同时部分菌体会产生自溶，然后用丙酮、丁醇或缓冲液等溶剂处理时，胞内物质就会被抽提出来。

干燥法的操作可分空气干燥、真空干燥、喷雾干燥和冷冻干燥等。酵母菌常在空气中干燥，在25～30℃的热空气流中吹干，部分酵母产生自溶，再用水、缓冲液或其他溶剂抽提时，效果较好。真空干燥适用于细菌，把干燥成块的菌体磨碎再进行抽提。冷冻干燥适用于制备不稳定的生化物质，在冷冻条件下磨成粉，再用缓冲液抽提。

2.2.4　各种破碎方法的评述和选择依据

由上述可见，细胞破碎的方法很多，但是它们的破碎效率和适用范围不同（表2-1）。其中许多方法仅适用于实验室和小规模的破碎。迄今为止，能适用于工业化的大规模破碎方法还很少。高压匀浆和珠磨两种机械破碎方法，处理量大，速度非常快，目前在工业生产上应用最广泛。

表2-1　常用的细胞破碎方法

方法	技　术	原　理	效果	成本	举　例
非机械法	渗透冲击	渗透压破坏细胞壁	温和	便宜	血红细胞的破坏
	酶消化法	细胞壁被消化，使细胞破碎	温和	昂贵	
	增溶法	表面活性剂溶解细胞壁	温和	适中	胆盐作用于大肠杆菌
	脂溶法	有机溶剂溶解细胞壁并使之失稳	适中	便宜	甲苯破碎酵母细胞
	碱处理法	碱的皂化作用使细胞壁溶解	激烈	便宜	
机械法	匀浆法(片型)	细胞被搅拌器劈碎	适中	适中	动物组织及动物细胞
	研磨法	细胞被研磨物破碎	适中	便宜	
	超声波法	用超声波的空穴作用使细胞破碎	激烈	昂贵	细胞悬浮液小规模处理
	匀浆法(孔型)	需使细胞通过小孔，使细胞受到剪切力而破坏	激烈	适中	细胞悬浮液大规模处理
	珠磨破碎法	细胞被玻璃珠或铁珠捣碎	激烈	便宜	细胞悬浮液和植物细胞的大规模处理

在机械法破碎过程中，由于消耗机械能而产生大量的热量，料液温度升高，而容易造成生化物质的破坏，这是机械法破碎中存在的共同问题。因此，在大多数情况下都要采取冷却措施，对于较小的设备，可采用冷却夹套或直接投入冰块冷却，但是在大型设备中热量的除去是必须考虑的一个主要问题。特别在超声波处理时，热量的驱散不太容易，很容易引起介质温度的迅速上升，这就限制了它的放大使用，因为要输入很高的能量来提供必要的冷却，在经济上是不合算的。因此，超声波振荡法主要适用于实验室或小规模的细胞破碎。

非机械法中的化学法和酶法应用最广泛。采用化学法时，特别应注意的问题是所选择的溶剂（酸、碱、表面活性剂和有机溶剂等）对生化物质不能具有损害作用，在操作后，还必须采用常规的分离手段，从产物中除去这些试剂，以保证产品的纯净。酶解法的优点是专一性强，发生酶解的条件温和，采用该法时必须选择好特定的酶和适宜的操作条件。由于溶菌酶价格较高，一般仅适用于小规模应用。但是对于酵母细胞壁的破碎，已有应用于工业规模的报道。自溶法价格较低，在一定程度上能用于工业规模，但是，对不稳定的微生物容易引起所需蛋白质的变性，自溶后的细胞培养液过滤速度也会降低。抑制细胞壁合成的方法由于要加入抗生素，费用也很高。

渗透压冲击和冻结-融解法都属于较温和的方法，但破碎作用较弱，它们只适用于细胞壁较脆弱的微生物菌体或者细胞壁合成受抑制、强度减弱了的微生物，它们常与酶解法结合起来使用，提高破碎效果。

干燥法属于较激烈的一种破碎方法，容易引起蛋白质或其他组分变性，当提取不稳定的生化物质时，常加入一些试剂进行保护，如可加入少量还原剂如半胱氨酸、巯基乙醇、亚硫酸钠等。

选择破碎方法时，需要考虑下列因素：细胞的数量和细胞壁的强度；产物对破碎条件（温度、化学试剂、酶等）的敏感性；要达到的破碎程度及破碎所必要的速度等，具有大规模应用潜力的生化产品应选择适合于放大的破碎技术。同时还应把破碎条件和后面的提取步骤结合起来考虑。在固-液分离中，细胞碎片的大小是重要因素，太小的碎片很难分离除去。因此，破碎时既要获得高的产物释放率又不能使细胞碎片太小，如果在碎片很小的情况下才能获得高的产物释放率，这种操作条件仍不是合适的。适宜的细胞破碎条件应该从高的产物释放率、低的能耗和便于后步提取这三方面进行权衡。

难点自测

1. 简述常用细胞破碎方法的原理、特点及适用性。
2. 简述破碎方法的选择依据。

2.3　固-液分离

学习目标

1. 常用固-液分离技术的工作原理。
2. 常用固-液分离设备的构造及应用。

生物分离的第一步往往是把不溶性的固体从发酵液中除去，即固-液分离。固-液分离是指将发酵液（或培养液）中的悬浮固体，如细胞、菌体、细胞碎片以及蛋白质等的沉淀物或它们的絮凝体分离除去。固-液分离常用的方法为过滤、沉降和离心分离。通过这几个过程均可得到清液和固态浓缩物两部分。在进行分离时，有些反应体系可以采用沉降或过滤的方式加以分离，有些则需要经过加热、凝聚、絮凝及添加助滤剂等辅助操作才能进行过滤。但对于那些固体颗粒小、溶液黏度大的发酵液和细胞培养液或生物材料的大分子抽提液及其过滤难实现的固-液分离，必须采用离心技术才能达到分离的目的。

离心分离是基于固体颗粒和周围液体密度存在差异，在离心力场中使不同密度的固体颗粒加速沉降的分离过程。当静置悬浮液时，密度较大的固体颗粒在重力作用下逐渐下沉，这一过程称为沉降。当颗粒较细，溶液黏度较大时，沉降速度缓慢。若采用离心技术则可加速颗粒沉降过程，缩短沉降时间，因此离心分离是生物物质固-液分离的重要手段之一。通过离心产生的固体浓缩物和过滤产生的固体浓缩物不相同，通常情况下离心只能得到一种较为浓缩的悬浮液或浆体，而过滤可获得水分含量较低的滤饼。与过滤设备相比，离心设备的价格昂贵，但当固体颗粒细小、溶液黏度大而难以过滤时，离心操作往往十分有效。

2.3.1 过滤

利用多孔性介质（如滤布）截留固-液悬浮液中的固体粒子，进行固-液分离的方法称为过滤。按料液流动方向不同，过滤可分为常规过滤和错流过滤。常规过滤时，料液流动方向与过滤介质垂直；错流过滤时，料液流向平行于过滤介质。

1. 常规过滤

1）过滤的原理

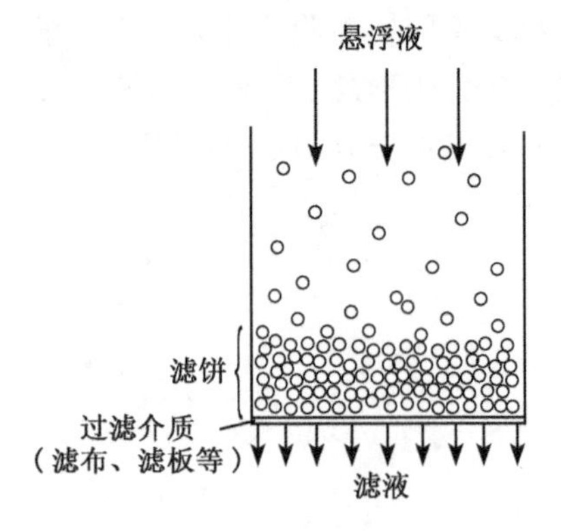

图 2-5 过滤操作示意图

常规过滤操作如图 2-5 所示，固体颗粒被过滤介质截留，在介质表面形成滤饼，滤液则透过过滤介质的微孔。滤液的透过阻力来自两个方面，即过滤介质和介质表面不断堆积的滤饼。过滤操作中，滤饼的阻力占主导地位。

滤饼阻力与滤饼干重 m(kg) 之间有如下关系

$$R_c = \frac{\alpha m}{A} \tag{2.1}$$

式中：R_c 为滤饼的阻力，1/m；α 为滤饼的质量比阻，m/kg；m 为滤饼干重，kg；A 为过滤面积，m^2。

比阻值 α 是衡量各种物质过滤特性的主要指标，它表示单位滤饼厚度的阻力系数，与滤饼的结构特性有关。对于不可压缩性滤饼，比阻值为常数；对于可压缩性滤饼（大多数的生物滤饼），比阻值 α 是操作压力差的函数，随着压力差的升高而增大。因此，在过滤操作中，压力差是非常敏感和重要的操作参数，特别是可压缩性强的滤饼。一般需要缓慢增大操作压力，最终操作压力差不能超过0.3～0.4 MPa。

提高过滤速度和过滤质量是过滤操作的目标。由于滤饼阻力是影响过滤速度的主要因素，因此在过滤操作以前，一般要对滤液进行絮凝或凝聚等预处理，改变料液的性质，降低滤饼的阻力。此外，可在料液中加入助滤剂提高过滤速度。但是，当以菌体细胞的收集为目的时，使用助滤剂会给以后的分离纯化操作带来麻烦，故需要慎重行事。

2）过滤设备及其结构

在生物分离中应用较广并有工业意义的过滤设备主要有加压过滤机（如板框压滤机）和真空过滤机（如转鼓真空过滤机）。

（1）板框压滤机　板框压滤机是一种传统的过滤设备，在许多领域中有广泛的应用，发酵工业中以抗菌素工厂用得最多，其设备结构见图2-6。板框压滤机的过滤面积大，能耐受较高压力差，对不同过滤特性的料液适应性强，同时还具有结构简单、造价较低、动力消耗少等优点。但这种设备不能连续操作，设备笨重、占地面积大、非生产的辅助时间长（包括解框、卸饼、洗滤布、重新压紧板框等）。自动板框过滤机是一种较新型的压滤设备，其板框的拆装、滤渣的卸落和滤布的清洗等操作都能自动进行，大大缩短了非生产的辅助时间，并减轻了劳动强度。

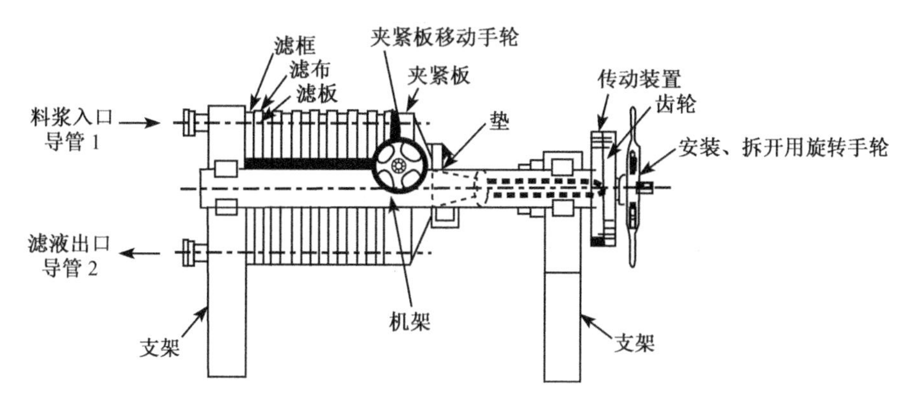

图2-6　板框压滤机的外形

（2）转鼓真空过滤机　转鼓真空过滤机在减压条件下工作，它形式很多，最典型和最常用的是外滤面多室式转鼓真空过滤机。

转鼓真空过滤机的结构如图2-7所示。转鼓真空过滤机的过滤面是一个以很低转速旋转的、开有许多小孔或用筛板组成的转鼓，过滤面外覆有金属网及滤布，转鼓的下部浸没在悬浮液中，转鼓的内部抽真空。鼓内的真空使液体通过滤布并进入转鼓，滤液经中间的管路和分配阀流出。固体黏附在滤布表面形成滤饼，当滤饼转出液面后，再经洗涤、脱水和卸料从转鼓上脱落下来。

转鼓真空过滤机的整个工作周期是在转鼓旋转一周内完成的，转鼓旋转一周可以分为四个区。为了使各个工作区不互相干扰，用径向隔板将其分隔成若干过滤室（故称多

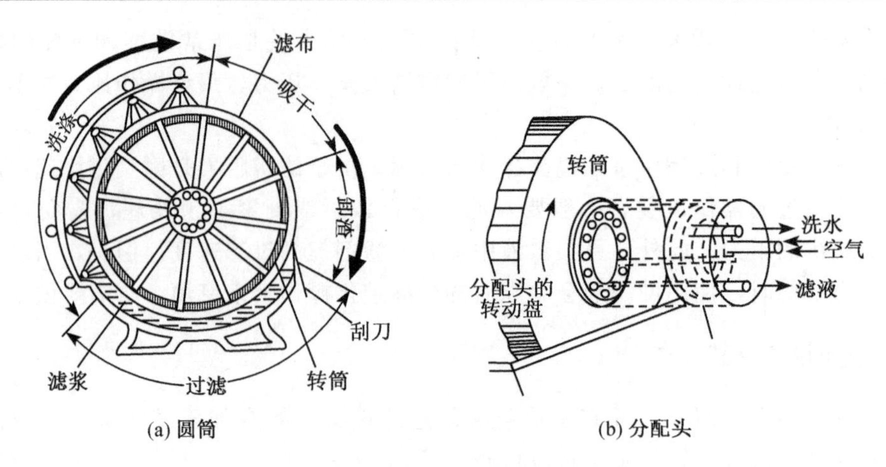

图 2-7　转鼓真空过滤机的结构

室式)，每个过滤室都有单独的通道与轴颈端面相连通，而分配阀则平装在此端面上。分配阀分成四个室，分别与真空和压缩空气管路相连。转鼓旋转时，每个过滤室相继与分配阀的各室相接通，这样就使过滤面形成四个工作区：①过滤区。浸没在料液槽中的区域，在真空下，料液槽中悬浮液的液相部分透过过滤层进入过滤室，经分配阀流出机外进入储槽中，而悬浮液中的固相部分则被阻挡在滤布表面形成滤饼。②洗涤区。在此区内用洗涤液将滤饼洗涤，以进一步降低滤饼中溶质的含量。洗涤液用喷嘴均匀喷洒在滤饼层上，以透过滤饼置换其中的滤液。③吸干区。在此区内将滤饼进行吸干。④卸渣区。通入压缩空气，促使滤饼与滤布分离，然后用刮刀将滤饼清除。

因为转鼓不断旋转，每个滤室相继通过各区即构成了连续操作的一个工作循环。分配阀控制着连续操作的各工序。

转鼓真空过滤机能连续操作，并能实现自动控制，但是压差较小，主要适用于霉菌发酵液的过滤，如过滤青霉素的速度可达 800 L/(m^2 · h)。对菌体较细或黏稠的发酵液则需在转鼓面上预铺一层助滤剂，操作时，用一把缓慢向鼓面移动的刮刀将滤饼连同极薄的一层助滤剂一起刮去，使过滤面积不断更新，以维持正常的过滤速度。放线菌发酵液可采用这种方式过滤，当预涂的助滤剂为硅藻土，转鼓的转速为 0.5～1.0 r/min 时，过滤链霉素发酵液（pH 为 2.0～2.2，25～30℃）的滤速达 90 L/(m^2 · h)。

2. 错流过滤

由于错流过滤中料液流动的方向与过滤介质平行，因此能清除过滤介质表面的滞留物，使滤饼不容易形成，保持较高的滤速。错流过滤的过滤介质通常为微孔膜或超滤膜(原理详见本书第 8 章膜分离技术)。错流过滤主要适用于十分细小的悬浮固体颗粒（如细菌)、采用常规过滤速度很慢、滤液浑浊的发酵液。对于细菌悬浮液，错流过滤的滤速可达 67～118 L/(m^2 · h)。但是采用这种方式过滤时，液固两相的分离不太完全，固相中约有 70%～80%的滞留液体，而用常规过滤或离心分离，固相中只有 30%～40%的滞留液体。

3. 惰性助滤剂的使用

1）惰性助滤剂基本概念和使用方法

惰性助滤剂是一种颗粒均匀、质地坚硬、不可压缩的粒状物质，具有吸附胶体的能力。由助滤剂颗粒形成的滤饼具有格子形结构，不可压缩，滤孔不会被全部堵塞，可以保持良好的渗透性，既能使发酵液（培养液）中细小颗粒状胶体物质截留在格子骨架上，又能使清液有流畅的沟道。常用的惰性助滤剂有硅藻土、珍珠岩、混合助滤剂、纤维素和活性炭。

助滤剂的使用方法有两种：①在过滤前先在过滤介质表面预涂一层助滤剂；②助滤剂按一定比例均匀加入待过滤的料液中。

2）助滤剂的选择要点

（1）粒度选择　这要根据料液中的颗粒和滤出液的澄清度决定。当粒度一定时，过滤速度与澄清度成反比，即过滤速度大，澄清度差；过滤速度小，澄清度好。颗粒较小的，应采取细的助滤剂。在试验时，可先取中等粒度的助滤剂进行，如能达到所要求的澄清度可取再粗一档的做试验，如此数次即可决定。

（2）根据过滤介质和过滤情况选择助滤剂的品种　当使用粗目滤网时容易泄漏，过滤时间长或压力有波动时也容易泄漏，这时加入石棉粉或纤维素或两者的混合物，就可以有效地防止泄漏。采用细目滤布时可采用细硅藻土，如采用粗粒硅藻土，则料液中的细微颗粒仍将透过预涂层到达滤布表面，从而使过滤阻力增大。

采用纤维素预涂层可使滤饼易于拨开并可防止堵塞毛细孔（例如，用于烧结或黏结材料的过滤介质）。

滤饼较厚时（50～100 mm），为了防止龟裂，可加入 1%～5%纤维素或活性炭。

（3）用量选择　间歇操作时助滤剂预涂层的最小厚度是 2 mm。在连续过滤机中要根据所需过滤速度来确定。

加入料液的量：使用硅藻土时，通常细粒用 500 g/m^3；粗粒用 700～1 000 g/m^3；中等粒度用 700 g/m^3。使用时要求在料液中均匀分散，不允许有沉淀，故一般设置搅拌混合槽。

助滤剂中某些成分会溶于酸性或碱性液体中，故对产品要求严格时，还需将助滤剂预先进行酸洗（用于酸性液体）或碱洗（用于碱性液体）。

4. 过滤技术在生物技术中的应用

在生物反应领域，几乎所有的发酵液均存在或多或少的悬浮固体，如生物细胞、固态培养基或代谢产物中的不溶性物质。在原料处理过程中也常采用过滤操作，如谷氨酸发酵用糖液的脱色过滤处理和啤酒生产中麦汁的过滤澄清。不少目的产物存在于细胞内，如胞内酶、微生物多糖等；有时产物就是菌体本身，如酵母、单细胞蛋白等，往往都需要进行过滤分离操作。过滤技术常用于生物制药行业中对组织、细胞匀浆和粗制提取液的澄清以及半成品乃至成品等液体的除菌。过滤澄清是用物理阻留的方法去除组织细胞匀浆或粗制提取液中的细胞碎片等各种颗粒性杂质。过滤除菌能去除溶液中的微生物，而不影响溶液中药物成分的活性。生物药品中的血液制剂、免疫血清、细胞营养液及基因工程纯化产品等不耐高温的液体只有通过过滤才能达到除菌目的。近年来，过滤除菌方法在生物制药行业正逐渐代替液体高压蒸气灭菌法。过滤除菌方法还是发酵罐细胞供氧、管道压缩空气除菌的有效手段。过滤除菌技术目前已广泛应用于生物技术制药的许多领域。

2.3.2 沉降

1. 颗粒沉降的原理

重力沉降是由地球引力作用而发生的颗粒沉降过程。重力沉降是常用的气-固、液-固和液-液分离手段，在生物分离过程中有一定程度的应用。以液-固沉降为例，重力沉降过程中固体颗粒受到重力、浮力和摩擦阻力的作用。考虑球形的固体颗粒，当浮力、摩擦阻力和重力达到平衡时，固体颗粒匀速沉降。

菌体和动植物细胞的重力沉降虽然简便易行，但菌体细胞体积很小，沉降速度很慢。因此，实用上需使菌体细胞聚合成较大凝聚体颗粒后进行沉降操作，提高沉降速度。在中性盐的作用下，可使菌体表面双电层排斥电位降低，有利于菌体之间产生凝聚。另外，向含菌体的料液中加入聚丙烯酰胺或聚乙烯亚胺等高分子絮凝剂，可使菌体之间产生架桥作用而形成较大的凝聚颗粒。凝聚或絮凝不仅有利于重力沉降，而且还可以在过滤分离中大大提高过滤速度和质量。当培养液中含有蛋白质时，可使部分蛋白质凝聚并过滤除去。

2. 重力沉降的常用设备

沉降法分离液-固两相的设备，根据沉降力的不同分成重力沉降式和离心沉降式两大类。虽然重力沉降设备体积庞大、分离效率低，但具有设备简单、制造容易且运行成本低、能耗低等优点，因而得到广泛应用。传统的沉降设备主要有矩形水平流动池、圆形径向流动池、垂直上流式圆形池与方形池；新的池形为斜板与斜管式沉降池。

2.3.3 离心分离

离心分离对那些固体颗粒很小或液体黏度很大，过滤速度很慢，甚至难以过滤的悬浮液十分有效，对那些忌用助滤剂或助滤剂使用无效的悬浮液的分离，也能得到满意的结果。离心分离不但可用于悬浮液中液体或固体的直接回收，而且可用于两种不相溶液体的分离（如液-液萃取）和不同密度固体或乳浊液的分离（如制备超离心技术）。离心分离可分为离心沉降、离心过滤和超离心三种形式。

1. 离心沉降

离心沉降是利用固-液两相的相对密度差，在离心机无孔转鼓或管子中进行悬浮液的分离操作。离心沉降是科学研究与生产实践中广泛使用的非均相分离手段，不仅适用于菌体和细胞的回收或除去，而且可用于血球、病毒以及蛋白质的分离，还广泛应用于液-液相分离。

1）影响物质颗粒沉降的因素

由于生物环境特殊的复杂性，生物技术中生产规模的离心分离基本都是在极复杂液态环境下进行的。环境中影响物质颗粒沉降的因素大体上可分为以下几个方面：

（1）固相颗粒与液相密度差　离心分离中，液相因分离纯化需要可能不断增减某些物质，使固相颗粒与液相密度差发生变化。例如，盐析时盐浓度变化或密度梯度离心时梯度液密度的变化。

（2）固相颗粒形状和浓度　相对分子质量相同、形状不同的固相颗粒物质在离心力的作用下可有不同的沉降速度，假定同一颗粒在对称轴向比发生变化，其沉降系数 S 相应变化见表 2-2。实际上不同蛋白质相对分子质量与沉降系数之间的关系还受其他因素影响，所以表现为不同的相关性。球状、纤维状及棒状蛋白质的测定结果见表 2-3，在 6 mol/L 盐酸胍、0.1 mol/L 巯基乙醇中对无规则形状蛋白质和复杂巨大分子的测定结果见表 2-4。

表 2-2　假定对称物质颗粒轴向比变化与沉降系数变化关系

轴向比	1∶1	3∶1	5∶1	10∶1	20∶1
S	1	0.9	0.8	0.7	0.5

表 2-3　球状、纤维状及棒状蛋白质的相对分子质量和沉降系数

物　质	相对分子质量	沉降系数
球状蛋白质		
核糖核酸酶	13 680	1.64
溶菌酶	14 100	1.87
糜蛋白酶原	23 200	2.54
β-乳球蛋白	35 000	2.83
卵白蛋白	45 000	3.55
血清白蛋白	65 000	4.31
血红蛋白	68 000	4.54
过氧化氢酶	250 000	11.3
脲　酶	480 000	18.6
纤维状及棒状蛋白质		
弹性硬朊	6830	0.71
细胞色素 b_5	14 750	1.31
原肌球朊	72 000	2.59
胶　原	280 000	3.0
肌球朊	596 000	5.5
纤维蛋白原	339 700	7.63
丝纤朊	1 200 000	22.3

表 2-4　无规则形状蛋白质、复杂巨大分子的相对分子质量和沉降系数

物　质	相对分子质量	沉降系数
无规则形状蛋白质		
血红蛋白	15 500	1.04
肌红朊	17 320	1.06
核糖核酸酶	13 680	1.36
β-乳球蛋白	18 400	1.40
糜蛋白酶原	25 700	1.5
醛缩酶	40 000	1.7
免疫球蛋白	40 000	1.7
血清白蛋白	69 000	2.4
肌球朊	197 000	4.3
复杂巨大分子		
噬菌体 fd	11 800 000	40
番茄丛矮病毒	10 600 000	132
烟草花叶病毒	31 300 000	185
T7 噬菌体	37 500 000	487

由于物质颗粒的对称性、直径和形状不同，有些不对称性的物质颗粒浓度变化，可以对其沉降速度造成很大影响。此外，料液浓度增加至一定程度，物质颗粒的沉降还会出现浓度阻滞即拖尾现象，其沉降系数减小，分离纯化效果下降。

(3) 液相黏度与离心分离工作温度　液体黏度是沉降过程中产生摩擦阻力的主要原因，其变化既受液体中溶质性质及含量影响也受环境温度影响。物质含量对液体黏度的影响程度随物质浓度增加而递增。温度则对水的黏度产生很大影响。如 0℃水的黏度约为 20℃水的 1.8 倍，5℃水的黏度是 20℃水的 1.5 倍。

(4) 液相影响固相沉降的其他因素　固相物质离心分离受液相化学环境因素影响很大，其中主要包括 pH、盐种类及浓度、有机化合物种类及浓度等。

2) 离心沉降设备

离心沉降设备按操作方式来分，可分为间歇（分批）操作和连续操作；按型式来分，可分为管式、碟片式等；按出渣方式来分，可分为人工间歇出渣和自动出渣等方式。离心分离设备根据其离心力（转数）的大小，可分为低速离心机、高速离心机和超离心机。生化用离心机一般为冷却式，可低温下操作，称为冷冻离心机。各种离心机的离心力范围和分离对象列于表 2-5。此外，旋液分离器也属于离心沉降设备。

表 2-5　离心机的种类和适用范围

	种　类	低速离心机	高速离心机	超离心机
	转数/(r/min)	2 000～6 000	10 000～26 000	30 000 ～120 000
	离心力	2 000 *g*～7 000 *g*	8 000 *g*～80 000 *g*	100 000 *g*～600 000 *g*
适用范围	细　胞	适用	适用	适用
	细胞核	适用	适用	适用
	细胞器	—	适用	适用
	蛋白质	—	—	适用

注：表中 *g* 为重力加速度。

低速大容量冷冻离心机适用于生物制药过程中多种细胞分离及人血浆蛋白质的沉淀。在设定温度范围内，离心机最高转速工作时料液温度可以保证低至 4℃。

高速冷冻离心机适用于生物制药过程中多种微生物发酵产物分离及多种病毒和蛋白质的沉淀，可用于多种离心方法的离心分离，在设定温度范围内，离心机高速工作时料液温度可以保证低至 4℃。

2. 离心过滤

1) 离心过滤的原理

所谓离心过滤，就是应用离心力代替压力差作为过滤推动力的分离方法。工业上常用篮式过滤离心机，其操作原理见图 2-8，过滤离心机的转鼓为一多孔圆筒，圆筒转鼓内表面铺有滤布。操作时，被处理的料液由圆筒口连续进入筒内，在离心力的作用下，清液透过滤布及鼓壁小孔被收集排出，固体微粒则被截留于滤布表面形成滤饼。因为操作是在高速离心力的作用下进行的，所以料液在转鼓圆筒内壁面几乎分布成一中空圆柱面，其中，R_1 和 R_0 分别为中空柱状料液的

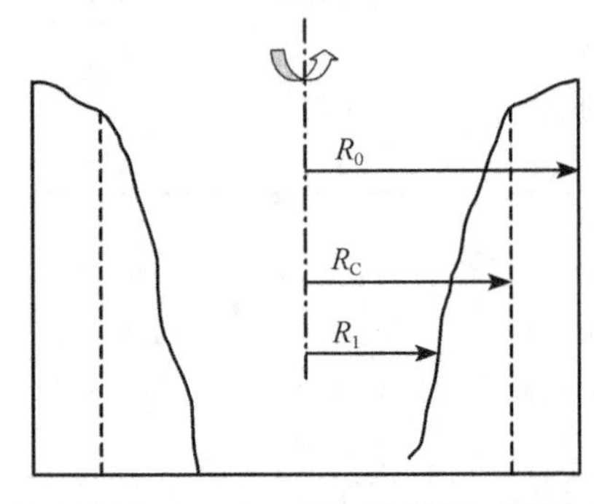

图 2-8　篮式过滤离心机分离原理图

内径和外径，对某一离心机在一定转速下这两个值基本是不变的；R_C为滤饼内径，其值随时间延长而增大。

2）离心过滤设备

常用离心过滤设备主要有三足式离心机、螺旋卸料离心机和卧式刮刀离心机三种。三足式离心机是目前最常用的过滤式离心机，立式有孔转鼓悬挂三根支足上，所以习惯上称为三足式。与三足式离心机相比，卧式刮刀离心机实现自动化较为方便，各工序中间不需要停车，使用效率较高、功率消耗较小、使用范围大。卧式刮刀离心机的转鼓直径为240～2 500 mm；分离因数250～3 000，转速450～3 500 r/min，适用于5～10 mm的固相颗粒，固相浓度为5%～60%。螺旋卸料离心机有以下特点：①对料液浓度的适应范围大。低可用于1%以下的稀薄悬浮液，高可用于50%的浓悬浮液。在操作过程中浓度有变化时不需特殊调整。②对颗粒直径的适应范围大。③进料液浓度变化时几乎不影响分离效率，能确保产品的均一性。④占地面积小，处理量大。

3. 超离心法

根据物质的沉降系数、质量和形状不同，应用强大的离心力，将混合物中各组分分离、浓缩、提纯的方法称为超离心法。它在生物化学、分子生物学以及细胞生物学的发展中起着非常重要的作用。应用超离心技术中的差速离心、等密度梯度离心等方法，已经成功地分离制取各种亚细胞物质，如线粒体、微粒体、溶酶体、肿瘤病毒等。用$5\times 10^5 g$以上的强大离心力，长时间的离心（如17 h以上），可获得具有生物活性的脱氧核糖核酸（DNA）、各种与蛋白质合成有关的酶系、各种信使核糖核酸（mRNA）和转移核糖核酸（tRNA）等，这为遗传工程、酶工程的发展提供了基础。超离心法是现代生物技术领域研究中不可缺少的实验室分析和制备手段。

1）超离心技术的原理

超离心技术中，由于使用的离心机类型是无孔转鼓，所以也属于离心沉降。一个球形颗粒的沉降速度不但取决于所提供的离心力，也取决于粒子的密度和直径以及介质的密度。当粒子直径和密度不同时，移动同样距离所需的时间不同，在同样的沉降时间，其沉降的位置也不同。利用超离心技术可以从组织匀浆中分离细胞器，其主要细胞成分的沉降顺序一般先是整细胞和细胞碎片，然后是细胞核、叶绿体、线粒体、溶酶体、微粒体和核蛋白体。

2）超离心技术的分类

超离心技术按处理要求和规模分为制备性超离心和分析性超离心两类。

（1）制备性超离心　制备性超离心的主要目的是最大限度地从样品中分离高纯度目标组分，进行深入的生物化学研究。制备性超离心分离和纯化生物样品一般用三种方法：差速离心法、速率区带离心法、等密度离心法。

差速离心法：差速离心法是采用逐渐增加离心速度或交替使用低速和高速进行离心，用不同强度的离心力使具有不同质量的物质分级分离的方法。此法适用于混合样品

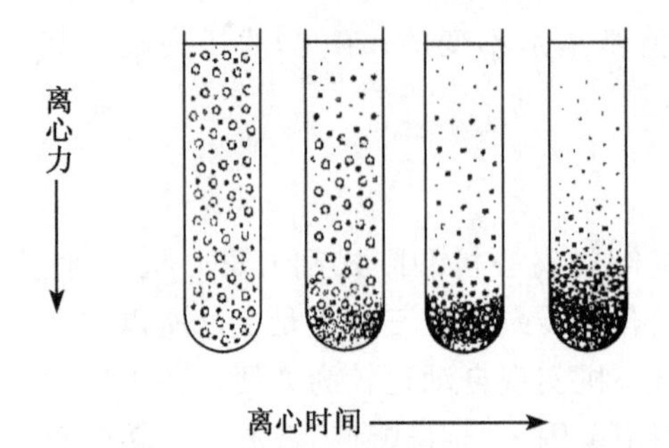

图 2-9　差速离心使颗粒分级沉淀

中各沉降系数差别较大组分的分离。

它利用不同的粒子在离心力场中沉降的差别，在同一离心条件下，沉降速度不同，通过不断增加相对离心力，使一个非均匀混合液内的大小、形状不同的粒子分部沉淀。操作过程中一般是在离心后用倾倒的办法把上清液与沉淀分开，然后将上清液加高转速离心，分离出第二部分沉淀，如此往复加高转速，逐级分离出所需要的物质，见图 2-9。

差速离心的分辨率不高，沉降系数在同一个数量级内的各种粒子不容易分开，常用于其他分离手段之前的粗制品提取，如细胞匀浆中细胞器的分离，见图 2-10。

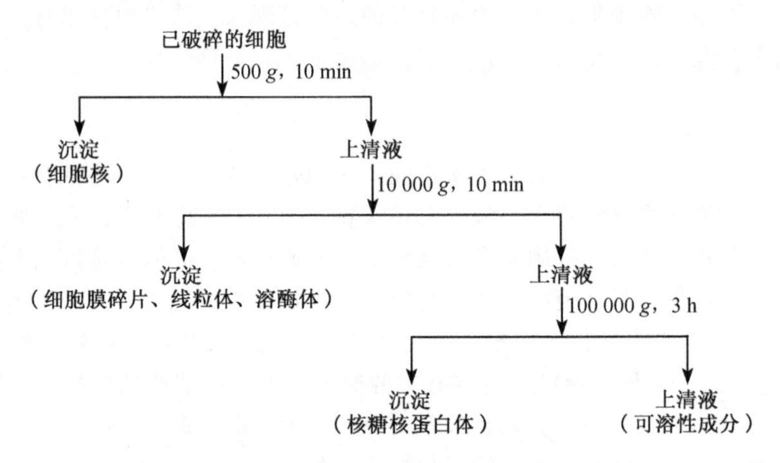

图 2-10　用差速离心法分离已破碎的细胞各组分

速率区带离心法：速率区带离心法也称一般密度梯度离心法，它是在离心前于离心管内先装入密度梯度介质（如蔗糖、甘油、KBr、CsCl 等），待分离的样品铺在梯度液的顶部、离心管底部或梯度层中间，同梯度液一起离心。根据分离的粒子在梯度液中沉降速度的不同，使具有不同沉降速度的粒子处于不同的密度梯度层内分成一系列区带，达到彼此分离的目的，见图 2-11。梯度液在离心过程中以及离心完毕后，取样时起着支持介质和稳定剂的作用，避免因机械振动而引起已分层的粒子再混合。

该法仅用于分离有一定沉降系数差的粒子，与粒子密度无关。因此大小相同，密度不同的粒子（如线粒体、溶酶体、过氧物酶体）不能用此法分离。一般是应用在物质大小相异而密度相同的情况。这种方法已用于 RNA-DNA 混合物、核蛋白体亚单位和其他细胞成分的分离。常用的梯度液有 Ficoll、Percoll 及蔗糖。

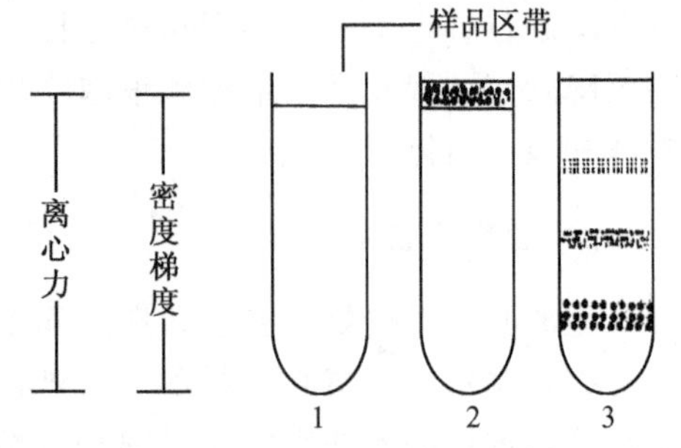

图 2-11　颗粒在水平转头中的速率区带分离

1. 装满密度梯度液的离心管；2. 把样品装在梯度液的顶部；3. 在离心力的作用下颗粒根据各自的质量按不同的速度移动

等密度离心法：这种方法使用一种密度能形成梯度（在离心管中，其密度从上到下连续增高）又不会使所分离的生物活性物质凝聚或失活的溶剂系统，离心后各物质颗粒能按其各自的相对密度平衡在相应的溶剂密度中形成区带。

等密度离心法是在离心前预先配制介质的密度梯度，此种密度梯度液包含了被分离样品中所有粒子的密度，待分离的样品铺在梯度液顶上或和梯度液先混合，离心开始后，当梯度液由于离心力的作用逐渐形成底浓而管顶稀的密度梯度，与此同时原来分布均匀的粒子也发生重新分布，见图 2-12。

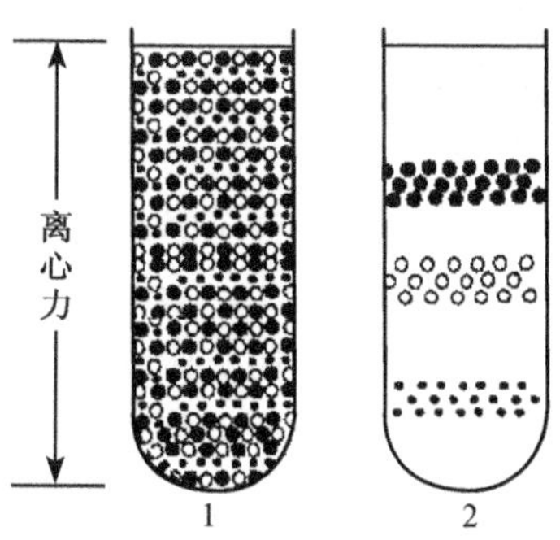

图 2-12　等密度梯度离心时颗粒的分离

1. 样品和梯度的均匀混合液；2. 在离心力的作用下，梯度重新分配，样品区带呈现在各自的等密度处

此法一般应用于物质的大小相近，而密度差异较大时。常用的梯度液是 CsCl 或蔗糖溶液。用蔗糖时，先将蔗糖溶液制成密度梯度溶液，再在其顶端加样品。离心后，如欲收集所分离的组分，可在离心管的下端刺一小洞，然后分部收集。如用 CsCl 这种密度大又扩散迅速的溶剂系统时，可将样品均匀地混合于溶剂中。离心达到平衡后，CsCl 溶液形成密度梯度，样品中各组分也在相应密度处形成区带。

（2）分析性超离心　分析性超速离心主要是为了研究生物大分子的沉降特性和结构，而不是专门收集某一特定组分。因此它使用了特殊的转子和检测手段，以便连续监视物质在一个离心场中的沉降过程。

分析性超速离心的工作原理及设备：分析性超速离心机主要由一个椭圆形的转子、一套真空系统和一套光学系统所组成。离心机中装有的光学系统可保证在整个离心期间都能观察小室中正在沉降的物质，可以通过对紫外光的吸收（如对蛋白质和 DNA）或折射率的不同对沉降物进行监视。图 2-13 为分析性超速离心系统的示意图。

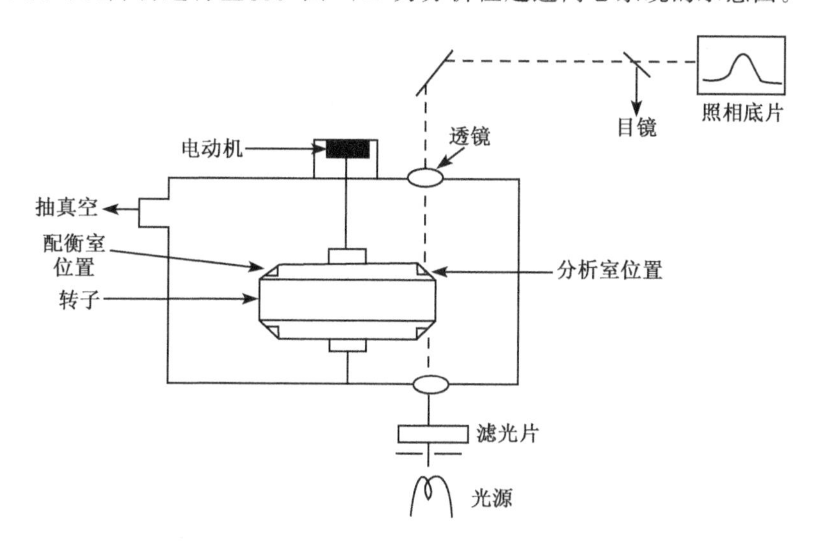

图 2-13　分析性超速离心系统示意图

分析性超速离心的应用：①测定生物大分子的相对分子质量。测定相对分子质量主要有沉降速度、沉降平衡和接近沉降平衡三种方法，其中应用最广的是沉降速度。超速离心在高速中进行，这个速度使得任意分布的粒子通过溶剂从旋转的中心辐射地向外移动，在清除了粒子的那部分溶剂和尚含有沉降物的那部分溶剂之间形成一个明显的界面，该界面随时间的移动而移动，这就是粒子沉降速度的一个指标，然后用照相记录，即可求出粒子的沉降系数。②生物大分子的纯度估计。分析性超速离心已广泛地应用于研究DNA制剂、病毒和蛋白质的纯度。③分析生物大分子中的构象变化。分析性超速离心已成功地用于检测大分子构象的变化。例如，DNA可能以单股或双股出现，其中每一股在本质上可能是线性的，也可能是环状的，如果遇到某种因素（温度或有机溶剂），DNA分子可能发生一些构象上的变化，这些变化也许可逆、也许不可逆，这些构象上的变化可以通过检查样品在沉降速度上的差异来证实。

（3）超离心的常用设备　选择离心分离机需根据悬浮液（或乳浊液）中固体颗粒的大小和浓度、固体与液体（或两种液体）的密度差、液体黏度、滤渣（或沉渣）的特性，以及分离的要求等进行综合分析，满足对滤渣（沉渣）含湿量和滤液（分离液）澄清度的要求，初步选择采用哪一类离心分离机（表2-6）。然后按处理量和对操作的自动化要求，确定离心机的类型和规格，最后经实际试验验证。

表2-6　离心机的类型

性能指标	普通离心机	高速离心机	超速离心机
最大转速/(r/min)	6 000	25 000	可达75 000以上
最大RCF	6 000 *g*	89 000 *g*	可达510 000 *g*以上
分离形式	固-液沉淀分离	固-液沉淀分离	密度梯度区带分离或差速沉降分离
转子	角式和外摆式转子	角式、外摆式转子等	角式、外摆式、区带转子等
仪器结构性能和特点	速率不能严格控制，多数室温下操作	有消除空气和转子间摩擦热的制冷装置，速率和温度控制较准确、严格	备有消除转子与空气摩擦热的真空和冷却系统，有更为精确的温度和速度控制、监测系统、有保证转子正常运转的传动和制动装置等
应用	收集容易沉降的大颗粒（如RBC、酵母细胞等）	收集微生物、细胞碎片、大细胞器、硫酸铵沉淀物和免疫沉淀物等。但不能有效沉淀病毒、小细胞器（如核糖体）、蛋白质等大分子	主要分离细胞器、病毒、核酸、蛋白质、多糖等，甚至能分开分子大小相近的同位素标记物^{15}N-DNA和未标记的DNA

通常，对于含有粒度大于0.01 mm颗粒的悬浮液，可选用过滤离心机；对于悬浮液中颗粒细小或可压缩变形的，则宜选用沉降离心机；对于悬浮液含固体量低、颗粒微小和对液体澄清度要求高时，应选用离心分离机。

第 3 章

萃取技术

3.1 概　　述

学习目标

1. 萃取分离技术的分类。
2. 萃取分离技术的特点。

3.1.1 基本概念及分类

萃取技术是利用溶质在互不相溶的两相之间分配系数的不同而使溶质得到纯化或浓缩的技术，是工业生产中常用的分离、提取的方法之一。萃取技术根据参与溶质分配的两相不同而分成液-固萃取和液-液萃取两大类。萃取技术也可以根据萃取原理的不同分成物理萃取、化学萃取、双水相萃取和超临界流体萃取等。每种萃取方法各有特点，适用于不同种类的生物产物的分离纯化。

用溶剂从固体中抽提物质叫液-固萃取，也称为浸取，多用于提取存在于细胞内的有效成分。例如，在抗生素生产中，用乙醇从菌丝体中提取庐山霉素、曲古霉素；用丙酮从菌丝体内提取灰黄霉素等。液-固萃取的方法比较简单，也不需要结构复杂的设备，但在多数情况下生物活性物质大量存在于胞外的培养液中，需用其他的萃取方法如液-液萃取法进行处理。

3.1.2 萃取技术的实际应用

用溶剂从溶液中抽提物质叫液-液萃取，也称溶剂萃取。根据所用萃取剂性质不同或萃取机制的不同，液-液萃取可分成多种类型。经典的液-液萃取指的是有机溶剂萃取，在生物产物中可用于有机酸、氨基酸、维生素等生物小分子的分离和纯化。在此基础上，20 世纪 60 年代以来相继出现了液膜萃取和反胶团萃取等溶剂萃取新技术。20 世纪 70 年代以后，双水相萃取技术快速发展，为蛋白质特别是胞内蛋白质的提取纯化提供了有效的手段。此外，20 世纪 70 年代后期，利用超临界流体为萃取剂的超临界流体萃取法开始用于生物活性成分的精制分离。在生物制药中的纤维素的水解、细胞破碎、药物成分的分离纯化和超细颗粒的制备等方面显现出良好的应用前景。随着各种萃取新技术出现，液-液萃取技术不断地向广度与深度发展。萃取技术更趋全面，适用于各种生物产物的分离纯化。

3.1.3 萃取技术的操作特点

从发酵液或其他生物反应溶液中提取和分离生物产物时，萃取技术和其他分离技术相比有如下的特点：①萃取过程具有选择性；②能与其他需要的纯化步骤（如结晶、蒸馏）相配合；③通过转移到不同物理或化学特性的第二相中来减少由于降解（水解）引起的产品损失；④可从潜伏的降解过程中（如代谢或微生物过程）分离产物；⑤适用于各种不同的规模；⑥传质速度快，生产周期短，便于连续操作，容易实现计算机控制。

尽管萃取分离技术有上述的特点，但萃取技术应用于生物活性成分的分离和纯化时，由于生物发酵产物成分复杂，在实际应用时还要考虑下述的问题：①生物系统的错综复杂和多组分的特性。萃取过程既要考虑组分种类的复杂性又要考虑相的复杂性，固体的影响是生物产物萃取过程的一个特色。②产物的不稳定性。目标产物可能由于代谢或微生物的作用而不稳定，或者可能在实现有效萃取时，因化学作用而不稳定。③传质速率。质量传递受可溶的和不溶的表面活性成分影响，一般这些物质被认为是不利于质量传递过程的。④相分离性能。在萃取过程中，不溶性固体和可溶性表面活性组分的存在，对相分离速率产生重大的不良影响。

难点自测

1. 萃取分离技术是如何进行分类的？
2. 和其他生物分离技术相比，萃取分离技术有什么特点？

3.2 溶剂萃取技术

学习目标

1. 溶剂萃取技术的原理和方法。
2. 溶剂萃取过程的特点。
3. 萃取剂的要求和选择。
4. 常见的萃取设备和设备的选择。

对于液体混合物的分离，除可采用蒸馏的方法外，还可采用萃取的方法，即在液体混合物（原料液）中加入一种与其基本不相混溶的液体作为溶剂，构成第二相，利用原料液中各组分在两个液相中的溶解度不同而使原料液混合物得以分离。选用的溶剂称为萃取剂，以S表示；原料液中容易溶于S的组分，称为溶质，以A表示；难溶于S的组分称为原溶剂（或稀释剂），以B表示。

3.2.1 液-液萃取过程

液-液萃取操作的基本过程如图3-1所示。将一定量萃取剂加入原料液中，然后加以搅拌使原料液与萃取剂充分混合，溶质通过相界面由原料液向萃取剂中扩散。搅拌停止后，两液相因密度不同而分层：一层以溶剂S为主，并溶有较多的溶质，称为萃取相，以E表示；另一层以原溶剂（稀释剂）B为主，且含有未被萃取完的溶质，称为萃余相，以R表示。若溶剂S和B为部分互溶，则萃取相中还含有少量的B，萃余相中也含有少量的S。由上可知，萃取操作并未得到纯净的组分，而是得到新的萃取相E和萃余相 R 的混合液。为了得到产品 A，并回收溶剂以供循环使用，还需对这两相分别进行分离。通常采用蒸馏或蒸发的方法，有时也可采用结晶等其他方法。脱除溶剂后的萃取相和萃余相分别称为萃取液和萃余液，以 E′和 R′表示。

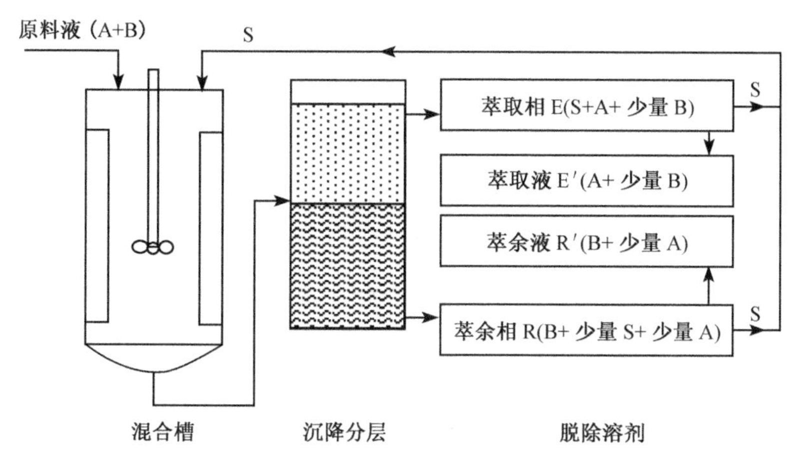

图 3-1　液-液萃取过程示意图

实现组分分离的萃取操作过程由混合、分层、萃取相分离、萃余相分离等一系列步骤共同完成，这些设备的合理组合就构成了萃取操作流程。工业生产中常见的萃取流程有单级萃取、多级错流萃取和多级逆流萃取。下面分别加以介绍。

1. 单级萃取流程

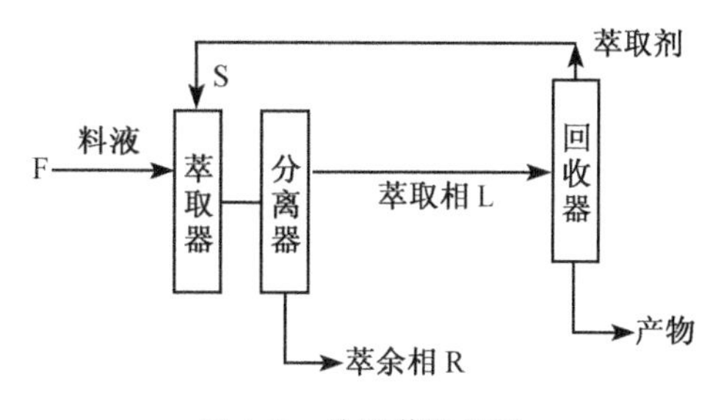

图 3-2　单级萃取流程

单级萃取是液-液萃取中最简单的操作形式，一般用于间歇操作，也可以进行连续操作，见图 3-2。原料液 F 与萃取剂 S 一起加入萃取器内，并用搅拌器加以搅拌，使两种液体充分混合，然后将混合液引入分离器，经静置后分层，萃取相 L 进入回收器，经分离后获得萃取剂和产物，萃余相进入分离器，经分离后获得萃取剂和萃余液，分离器得到的萃取剂 S 可循环使用。

单级萃取操作不能对原料液进行较完全的分离，萃取液浓度不高，萃余液中仍含有较多的溶质。单级萃取流程简单，操作可以间歇也可以连续，特别是当萃取剂分离能力大，分离效果好，或工艺对分离要求不高时，采用此种流程更为合适。

2. 多级错流萃取流程

图 3-3 为多级错流萃取流程。原料液依次通过各级，新鲜溶剂则分别加入各级的混合槽中，萃取相和最后一级的萃余相分别进入溶剂回收设备。

采用多级错流萃取流程时，萃取率比较高，但萃取剂用量较大，溶剂回收处理量大，能耗较大。

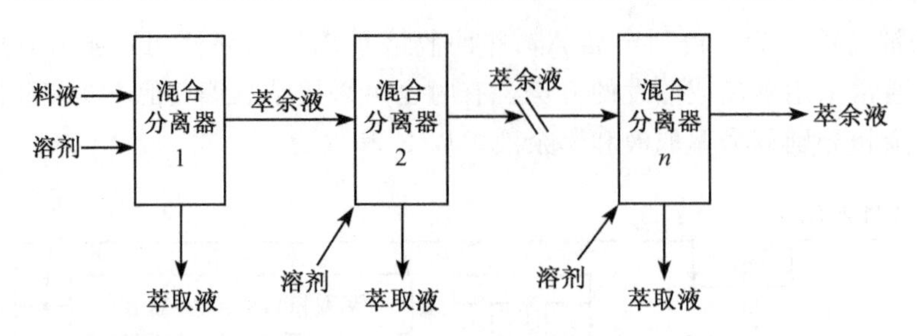

图 3-3　多级错流萃取流程

3. 多级逆流萃取流程

图 3-4 为多级逆流萃取流程。原料液 F 从第 1 级加入，依次经过各级萃取，成为各级的萃余相，其溶质 A 含量逐级下降，最后从第 N 级流出；萃取剂则从第 N 级加入，依次通过各级与萃余相逆向接触，进行多次萃取，其溶质含量逐级提高，最后从第 1 级流出。最终的萃取相 L_1 送至溶剂分离装置中分离出产物和溶剂，溶剂循环使用；最终的萃余相 R_1 送至溶剂回收装置中分离出溶剂 S 供循环使用。

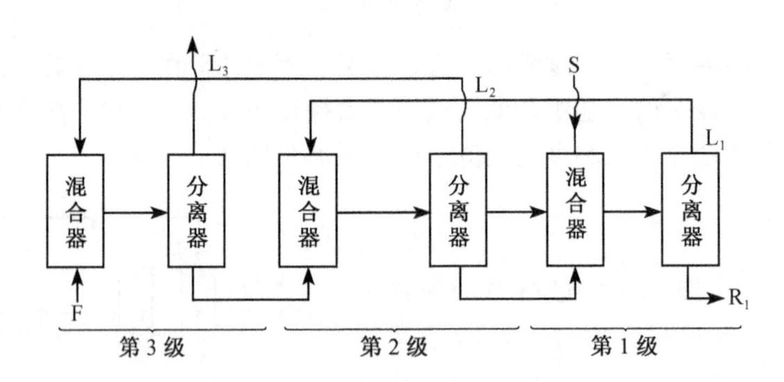

图 3-4　多级逆流萃取流程

多级逆流萃取可获得含溶质浓度很高的萃取液和含溶质浓度很低的萃余液，而且萃取剂的用量少，因而在工业生产中得到广泛的应用。特别是以原料液中两组分为过程产品，且工艺要求将混合液进行彻底分离时，采用多级逆流萃取更为合适。

3.2.2　液-液萃取过程机理

液-液萃取过程按萃取剂与原料液中的有关组分有无化学反应发生分为物理萃取和化学萃取。不发生化学反应，称为物理萃取，物理萃取在抗生素及天然产物的提取中应用比较广泛。发生化学反应，称为化学萃取，化学萃取主要用于金属等其他成分的提取和分离。

萃取过程机理主要有以下四种类型。

（1）简单分子萃取（物理萃取）　简单分子萃取是简单的物理分配过程，被萃取组分以一种简单分子的形式在两相间物理分配。它在两相中均以中性分子形式存在，溶剂与被萃取组分之间不发生化学反应。

（2）中性溶剂络合萃取　在这类萃取过程中，被萃取物是中性分子，萃取剂也是中性分子，萃取剂与被萃取物结合成为中性溶剂络合物而进入有机相。这类萃取体系主要采用中性磷化合物萃取剂和含氧有机萃取剂。

（3）酸性阳离子交换萃取　这类萃取体系的萃取剂为弱酸性有机酸或酸性螯合剂。金属离子在水相中以阳离子或能解离为阳离子的络离子的形式存在，金属离子与萃取剂反应生成中性螯合物。由于酸性阳离子交换萃取过程具有高度的选择性，所以在分离过程中应用极为广泛。这类萃取剂可分为三类，即酸性磷萃取剂、螯合萃取剂和羧酸类萃取剂。

（4）离子络合萃取　这类萃取有两种方式：①金属离子在水相中形成络合阴离子，萃取剂与氢离子结合成阳离子，然后两者构成离子缔合体系进入有机相；②金属阳离子与中性螯合剂结合成螯合阳离子，然后与水相中存在的阴离子构成离子缔合体系而进入有机相。

3.2.3　分配系数和分离因素

液-液萃取是一种利用物质在两个互不相溶的液相中分配特性的不同来进行分离的过程。溶质在两相中的分配受平衡的限制，溶质的分配平衡可用分配定律来描述。

分配定律是指在一定温度、压力下，溶质分子分布在两个互不相溶的溶剂里，达到平衡后，它在两相的浓度比为一常数 K，这个常数称为分配系数，即

$$K = X/Y = \text{萃取相中溶质的浓度} / \text{萃余相中溶质的浓度}$$

在发酵工业生产中，常用的萃取相是有机溶剂，萃余相是水，对部分常见的发酵产物的萃取操作，实验测定的 K 值见表 3-1。

表 3-1　部分发酵产物萃取系统中的 K 值

溶质类型	溶质名称	萃取剂-溶剂	分配系数 K	备　注
氨基酸	甘氨酸	正丁醇-水	0.01	操作温度为25℃
	丙氨酸		0.02	
	赖氨酸		0.02	
	谷氨酸		0.07	
	α-氨基丁酸		0.02	
	α-氨基己酸		0.3	
抗生素	红霉素	乙酸戊酯-水	120	
	短杆菌肽	苯-水	0.6	
		氯仿-甲醇	17	
	新生霉素	乙酸丁酯-水	100	pH7.0
			0.01	pH10.5
	青霉素 F	乙酸戊酯-水	32	pH4.0
			0.06	pH6.0
	青霉素 G	乙酸戊酯-水	12	pH4.0
酶	葡萄糖异构体酶	PEG1550/磷酸钾	3	4℃
	富马酸酶	PEG1550/磷酸钾	0.2	4℃
	过氧化氢酶	PEG/粗葡聚糖	3	4℃

在生物活性物质的制备过程中，料液中的溶质并非是单一的组分，除了所需的产物

A 外，还存在有杂质 B。萃取时难免会把杂质一同带到萃取液中，为了定量地表示某种萃取剂分离两种溶质的难易程度，引入分离因素的概念，常用 β 表示。其定义为：在同一萃取体系内两种溶质在同样条件下分配系数的比值

$$\beta = K_A / K_B$$

根据溶质的分配系数 K 可以判定萃取剂对溶质的萃取能力，可以用来指导选择合适萃取溶剂体系。不同溶质在两相中分配平衡的差异，即分离因素 β 是实现萃取分离的基础，决定了两种溶质能否分离。

3.2.4 萃取剂的选择

1. 萃取剂的选择依据

萃取剂通常是有机试剂，其种类繁多，而且不断推出新品种。用作萃取剂的有机试剂必须具备两个条件：

(1) 萃取剂分子至少有一个萃取功能基，通过它与被萃取物结合形成萃合物。常见的萃取功能基是 O、N、P、S 等原子。以氧原子为功能基的萃取剂最多。

(2) 萃取剂分子中必须有相当长的链烃或芳烃，其目的是使萃取剂及萃合物容易溶于有机溶剂，而难溶于水相。萃取剂的碳链增长，油溶性增大，容易与被萃取物形成难溶于水而容易溶于有机溶剂的聚合物。但如果碳链过长、碳原子数过多、相对分子质量太大，则不宜用作萃取剂，这是因为它们黏度太大或可能是固体，使用不便，同时萃取容量降低。因此，一般萃取剂的相对分子质量介于 350～500 之间为宜。

工业上选择一种较为理想的萃取剂，除具备上述两个必要条件外，还应该满足以下要求：选择性好、萃取容量大、化学和辐射稳定性强、容易与原料液分层、易于反萃取或分离以及操作安全和经济性好、环境友好等。

2. 萃取剂选择的影响因素

选择合适的萃取剂是保证萃取操作能够正常进行且经济合理的关键。萃取剂的选择主要考虑以下因素。

1）萃取剂的选择性及分离因素

萃取剂的选择性是指萃取剂 S 对原料液中两个组分溶解能力的差异。若 S 对溶质 A 的溶解能力比对溶质 B 的溶解能力大得多，那么这种萃取剂的选择性就好。

萃取剂的选择性高低可用分离因素 β 来表示。

分离因素 β 为组分 A、B 的分配系数之比。若 $\beta>1$，说明组分 A 在萃取相中的相对含量比萃余相中的高，即组分 A、B 得到了一定程度的分离，显然 K_A 值越大，K_B 值越小，分离因素 β 就越大，组分 A、B 的分离也就越容易，相应的萃取剂的选择性也就越高；若 $\beta=1$，则萃取相和萃余相在脱除溶剂 S 后将具有相同的组成，并且等于原料液的组成，说明 A、B 两组分不能用此萃取剂分离。换言之，所选择的萃取剂是不适宜的。萃取剂的选择性越高，完成一定的分离任务所需的萃取剂用量也就越少，相应地

用于回收溶剂操作的能耗也就越低。当组分 B、S 完全不互溶时，分离因素趋于无穷大，显然这是最理想的情况。

2）原溶剂与萃取剂 S 的互溶度

如前所述，萃取操作都是在两相区内进行的，达平衡后均分成两个平衡的 E 相和 R 相。若将 E 相脱除溶剂，则得到萃取液，选择与原溶剂具有较小互溶度的萃取剂有利于溶质分离。

3）萃取剂回收的难易与经济性

萃取后的萃取相和萃余相，通常以蒸馏的方法进行分离。萃取剂回收的难易直接影响萃取操作的费用，从而在很大程度上决定萃取过程的经济性。因此，要求萃取剂 S 比原料液中的组分的相对挥发度要大，不应形成恒沸物，并且最好是含量低的组分为容易挥发组分。如果被萃取的溶质不挥发或挥发度很低时，则要求萃取剂 S 的气化热要小，以节省能耗。

4）萃取剂的其他物性

为使两相在萃取器中能较快分层，要求萃取剂与被分离混合物有较大的密度差，特别是对没有外加能量的设备，较大的密度差可加速分层，提高设备的生产能力。两液相间的界面张力对萃取操作具有重要影响。萃取物系的界面张力较大时，分散相液滴容易聚结，有利于分层，但界面张力过大时液体不容易分散，难以使两相充分混合，反而使萃取效果降低。界面张力过小，虽然液体容易分散，但容易产生乳化现象，使两相较难分离。因此，界面张力要适中。常用物系的界面张力数值可从有关文献查取。溶剂的黏度对分离效果也有重要影响。溶剂的黏度低，有利于两相的混合与分层，也有利于流动与传质，故当萃取剂的黏度较大时，往往加入其他溶剂以降低其黏度。此外，选择萃取剂时，还应考虑其他因素，如萃取剂应具有化学稳定性和热稳定性，对设备的腐蚀性要小，来源充分，价格较低廉，不易燃易爆等。

通常，很难找到能同时满足上述所有要求的萃取剂，这就需要根据实际情况加以权衡，以保证满足主要要求。

3. 萃取剂的分类

常用的萃取剂大致可以分为以下四类：①中性络合萃取剂，如醇、酮、醚、酯、醛及烃类。②酸性萃取剂，如羧酸、磺酸、酸性磷酸酯等。③螯合萃取剂，如羟肟类化合物。④离子对（胺类）萃取剂，主要是叔胺和季铵盐。

3.2.5 萃取设备

1. 萃取设备的种类

液-液萃取操作是两液相间的传质过程。实现萃取操作的设备应具有以下两个基本要求：①必须使两相充分接触并伴有较高的湍动；②两相充分接触后，再使两相达到较完善的分离。

目前，工业上使用的萃取设备的类型很多，分类的方法也可以根据不同的标准。例如，按两液相接触方式分，有级式接触和连续式接触；按设备构造特点和形状分，有组件式和塔式；按是否从外界输入机械能以及外加能量的形式又分为许多种。常见设备分类情况见表 3-2。

表 3-2　萃取设备的类型

<table>
<tr><th colspan="2">液体分散的动力</th><th>级式接触</th><th>连续式接触</th><th colspan="2">液体分散的动力</th><th>级式接触</th><th>连续式接触</th></tr>
<tr><td colspan="2">无外加能量</td><td>筛板塔</td><td>喷洒塔
填料塔
筛板塔</td><td rowspan="3">有外加能量</td><td>脉　冲</td><td></td><td>脉冲填料塔
液体脉冲筛板塔
振动筛板塔</td></tr>
<tr><td rowspan="2">有外加能量</td><td>旋转搅拌</td><td>混合澄清器</td><td>转盘塔
偏心转盘塔</td><td rowspan="2">离心力</td><td rowspan="2">转筒式离心萃取器
卢威离心萃取器</td><td rowspan="2">波德式离心萃取器</td></tr>
<tr><td>往复搅拌</td><td></td><td>往复筛板塔</td></tr>
</table>

2. 萃取设备的选择

萃取设备的类型很多，特点各异，必须根据具体对象、分离要求和客观实际条件来选用。选择原则是：在满足工艺条件和要求的前提下，从经济角度衡量，使成本趋于最低。以下列出几个方面的因素可供选择时参考。

1）工艺条件

对中、小生产能力，可用填料塔、脉冲塔；处理量较大时，可选用转盘塔、筛板塔、振动筛板塔；混合澄清器既适用于大处理量，也适用于小型生产。

当分离要求的理论级数不超过 3 级时，各种萃取设备均可选用；当需要的理论级数较多时，可选用筛板塔；更多时（如 10～20 级），可选用有外加能量的设备，如混合澄清器、脉冲塔、往复筛板塔、转盘塔等。

2）物系的性质

（1）对密度差较大、界面张力较小的物系，可选用无外加能量的设备；对界面张力较大或黏度较大的物系，可选用有外加能量的设备；对密度差很小，界面张力小，易于乳化的物系，可选用离心萃取设备。

（2）对有较强腐蚀性的物系，可选用结构简单的填料塔、脉冲填料塔；对于放射性元素的提取，可选用混合澄清器、脉冲塔。

（3）对含有固体悬浮物或容易生成沉淀的物系，容易堵塞，需要定期清洗，可选用混合澄清器、转盘塔，也可考虑选用往复筛板塔、脉冲塔，因为这些设备具有一定的自洗能力；对稳定性差、要求在设备内停留时间短的物系，可选用离心萃取器；对要求停留时间较长的物系，可选用混合澄清器。

3）其他因素

在选用萃取设备时，还要考虑一些其他因素，如能源供应情况，在能源紧张地区应优先考虑节电，故尽量选用依靠重力流动的设备；当厂房面积受限制时，可选用塔式设备；当厂房高度受限制时，可选用混合澄清器等。选择萃取设备时应考虑的各种因素列于表 3-3。

表 3-3 萃取设备选择原则

考虑因素		混合澄清器	喷洒塔	填料塔	筛板塔	转盘塔	脉冲筛板塔 振动筛板塔	离心萃取器
工艺条件	需理论级数多	△	×	△	△	○	○	△
	处理量大	△	×	×	△	○	×	×
	两相流量比大	○	×	×	×	△	△	○
系统费用	密度差小	△	×	×	×	△	△	○
	黏度高	△	×	×	×	△	△	○
	界面张力大	△	×	×	×	△	△	○
	腐蚀性高	×	○	○	△	△	△	×
	有固体悬浮物	○	○	×	×	○	△	×
设备费用	制造成本	△	○	△	△	△	△	×
	操作费用	×	○	○	○	△	△	×
	维修费用	△	○	○	△	△	△	×
安装现场	面积有限	×	○	○	○	○	○	○
	高度有限	○	×	×	×	△	△	○

注：○表示适用；△表示可以选用；×表示不适用。

难点自测

1. 溶剂萃取过程的机理是什么？
2. 画出单级萃取和多级逆流萃取的流程。
3. 萃取时萃取剂选择的原则是什么？
4. 常用的萃取分离设备有哪些？
5. 萃取设备选择时主要考虑的因素是什么？

3.3 双水相萃取

学习目标

1. 双水相萃取技术的原理和方法。
2. 双水相萃取分离技术的特点。

双水相萃取是利用物质在互不相溶的两个水相之间分配系数的差异实现分离的方法。1955 年，由 Albertson 首先提出了双水相萃取的概念，此后这项技术在动力学研究、双水相亲和分离、多级逆流层析、反应分离偶合等方面都取得了一定的进展。到目前为止，双水相技术几乎在所有的生物物质，如氨基酸、多肽、核酸、细胞器、细胞膜、各类细胞、病毒等的分离纯化中得到应用，特别是成功地应用在蛋白质的大规模分离。

3.3.1　双水相萃取的基本理论

1．双水相体系的组成

一些天然的或合成的水溶性聚合物水溶液，当它们与第二种水溶性聚合物相混时，只要聚合物浓度高于一定值，就可能产生相的分离，形成双水相体系。双水相体系的主要成因是聚合物之间的不相容性，即聚合物分子的空间阻碍作用使相互间无法渗透，从而在一定条件下分为两相。一般认为，只要两种聚合物水溶液的水溶性有所差异，混合时就可发生相分离，并且水溶性差别越大，相分离倾向也就越大。聚乙二醇（PEG）/葡聚糖（dextran，DEX）、聚乙二醇/聚乙烯醇、聚乙烯醇/甲基纤维素、聚丙二醇/葡聚糖、聚丙二醇/甲氧基聚乙二醇等均为双聚合物的双水相系统。

此外，某些聚合物的溶液在与某些无机盐等低相对分子质量化合物的溶液相混时，只要浓度达到一定值，也会产生两相。这就是聚合物-低相对分子质量化合物双水相体系。最为常用的聚合物-低相对分子质量化合物体系为 PEG/磷酸钾、PEG/磷酸铵、PEG/硫酸钠、PEG/葡萄糖等。上相富含 PEG，下相富含无机盐或葡萄糖。

与一般的水-有机溶剂体系相比较，双水相体系中两相的性质差别（如密度和折射率等）较小。由于折射率的差别甚小，有时甚至都难于发现它们的相界面。两相间的界面张力也很小，仅为 $10^{-5}\sim10^{-4}$ N/m（一般体系为 $10^{-3}\sim2\times10^{-2}$ N/m）。

2．双水相萃取的特点

双水相萃取是一种可以利用较为简单的设备，并在温和条件下进行简单的操作就可获得较高收率和较纯产品的新型分离技术。与一些传统的分离方法相比，双水相萃取技术具有以下明显的优点：

（1）易于放大。双水相体系的分配系数仅与分离体积有关，各种参数可以按比例放大而产物收率并不降低，这是其他过程无法比拟的。这一点对于工业应用尤为有利。

（2）分离迅速。双水相系统（特别是聚合物/无机盐系统）分相时间短，传质过程和平衡过程速度均很快，因此相对于某些分离过程来说，能耗较低，而且可以实现快速分离。

（3）条件温和。由于双水相的界面张力大大低于有机溶剂与水相之间的界面张力，整个操作过程可以在室温下进行，因而有助于保持生物活性和强化相际传质。既可以直接在双水相系统中进行生物转化以消除产物抑制，又有利于实现反应与分离技术的偶合。

（4）步骤简便。大量液体杂质能够与所有固体物质同时除去，与其他常用的固-液分离方法相比，双水相分配技术可以省去1～2个分离步骤，使整个分离过程更为经济。

双水相萃取技术作为一个很有发展前途的分离单元，除了具有上述独特的优点外，也有一些不足之处，如容易乳化、相分离时间长、成相聚合物的成本较高、分离效率不高等，一定程度上限制了双水相萃取技术的工业化推广和应用。如何克服这些困难，已成为国内外学者关注的焦点，其中“集成化”概念的引入给双水相萃取技术注入了新的生命力，双水相萃取技术与其他相关的生化分离技术进行有效组合，实现了不同技术间的相互渗透，相互融合，充分体现了集成化的优势。例如：①与温度诱导相分离、磁场作用、超声波作用、气溶胶技术等实现集成化，改善了双水相萃取技术中如成相聚合物回收困难、相分离时间较长、容易乳化等问题，为双水相萃取技术的进一步成熟、完善并走向工业化奠定了基础；②与亲和沉淀、高效层析等新型生化分离技术实现过程集成，充分融合了双方的优势，既提高了分离效率，又简化了分离流程；③在生物转化、化学渗透释放和电泳等过程中引入双水相萃取，给已有的技术赋予了新的内涵，为新分离过程的诞生提供了新的思路。

3. 双水相萃取原理

双水相萃取与水-有机相萃取的原理相似，都是依据物质在两相间的选择性分配，但萃取体系的性质不同。当物质进入双水相体系后，由于表面性质、电荷作用和各种力（如憎水键、氢键和离子键等）的存在和环境的影响，使其在上、下相中的浓度不同。分配系数 K 等于物质在两相的浓度比，各种物质的 K 不同（例如，各种类型的细胞粒子、噬菌体等分配系数都大于100或小于0.01；酶、蛋白质等生物大分子的分配系数大致在0.1～10之间；而小分子盐的分配系数在1.0左右），因而双水相体系对生物物质的分配具有很大的选择性。

3.3.2 双水相萃取工艺流程

双水相萃取技术的工艺流程主要由三部分构成：目的产物的萃取；PEG的循环；无机盐的循环。

1）目的产物的萃取

原料匀浆液与PEG和无机盐在萃取器中混合，然后进入分离器分相。通过选择合适的双水相组成，一般使目标蛋白质分配到上相（PEG相），而细胞碎片、核酸、多糖和杂蛋白等分配到下相（富盐相）。

第二步萃取是将目标蛋白质转入富盐相，方法是在上相中加入盐，形成新的双水相体系，从而将蛋白质与PEG分离，以利于使用超滤或透析将PEG回收利用和目的产物进一步加工处理。

2）PEG的循环

在大规模双水相萃取过程中，成相材料的回收和循环使用，不仅可以减少废水处理的费用，还可以节约化学试剂，降低成本。PEG的回收有两种方法：①加入盐使目标蛋白质转入富盐相来回收PEG；②将PEG相通过离子交换树脂，用洗脱剂先洗去PEG，再洗出蛋白质。

3）无机盐的循环

将含无机盐相冷却，结晶，然后用离心机分离收集。除此之外，还有电渗析法、膜分离法回收盐类或除去 PEG 相的盐。

以蛋白质的分离为例说明双水相分离过程的流程（图 3-5）。图中的蛋白质分离过程包括三步双水相萃取，在第一步中所选择的条件应使蛋白质产物分配在富 PEG 的上相中，而细胞碎片及杂质蛋白质等进入下相。在分相后的上相中再加入盐使再次形成双水相体系，核酸和多糖则分配入富盐的下相，杂质、蛋白质也进入下相，而所需的蛋白质再次进入富含 PEG 的上相。然后再向分相后的上相中加入盐以再一次形成双水相体系。在这一步中，要使蛋白质进入富盐的下相，以便与大量的 PEG 分开。蛋白质与盐及 PEG 的分离可以用超滤、层析、离心等技术。

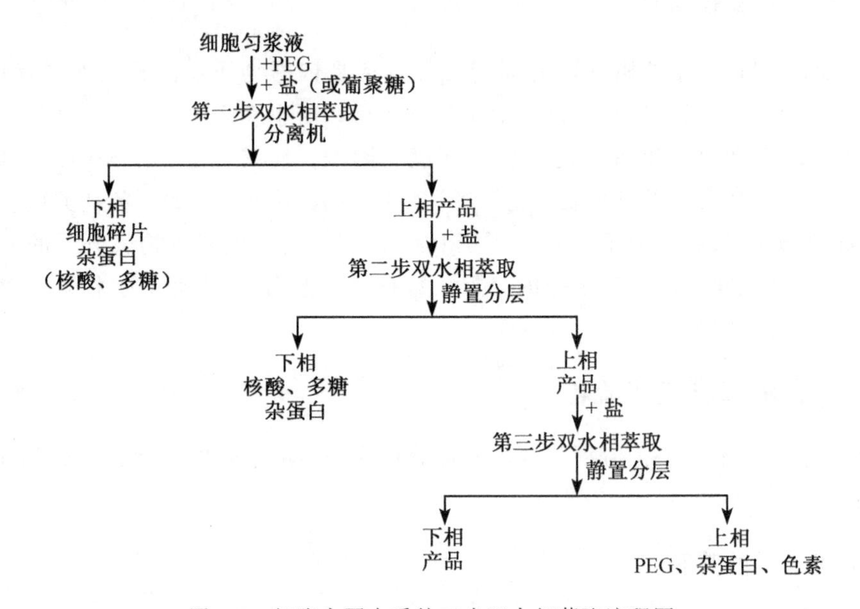

图 3-5 细胞内蛋白质的三步双水相萃取流程图

初期的双水相萃取过程仍以间歇操作为主。近年来，在天冬酶、乳酸脱氢酶、富马酸酶与青霉素酰化酶等多种产品的双水相萃取过程中均采用了连续操作，有的还实现了计算机过程控制。这不仅对提高生产能力，实现全过程连续操作和自动控制，保证得到高活性和质量均一的产品具有重要意义，而且也标志着双水相萃取技术在工业生产的应用正日趋成熟和完善。

3.3.3 影响双水相萃取的因素

物质在双水相体系中的分配系数不是一个确定的量，它要受许多因素的影响。对于某一物质，只要选择合适的双水相体系，控制一定的条件，就可以得到合适的（较大的）分配系数，从而达到分离与纯化的目的。例如，可以用双水相萃取直接从细胞破碎匀浆液中萃取蛋白质，而无需将细胞碎片分离。改变体系的 pH 和电解质浓度可进行反萃取。

1. 聚合物及其相对分子质量的影响

不同聚合物的水相系统显示出不同的疏水性，水溶液中聚合物的疏水性按下列次序递增：葡萄糖硫酸盐＜甲基葡萄糖＜葡萄糖＜羟丙基葡聚糖＜甲基纤维素＜聚乙烯醇＜聚乙二醇＜聚丙三醇。这种疏水性的差异对目的产物与相的相互作用是重要的。

同一聚合物的疏水性随相对分子质量增加而增加，其大小的选择依赖于萃取过程的目的和方向，若想在上相获得较高的蛋白质收率，对于PEG聚合物，应降低它的平均相对分子质量；相反，若想在下相获得较高的蛋白质收率，则平均相对分子质量应增加。

2. pH的影响

体系的pH对被萃取物的分配有很大影响，这是由于体系的pH变化能明显地改变两相的电位差。例如，体系pH与蛋白质的等电点相差越大，蛋白质在两相中分配越不均匀。

3. 离子环境对蛋白质在两相体系分配的影响

在双水相聚合物系统中，加入电解质时，其阴阳离子在两相间会有不同的分配。同时，由于电中性的约束，存在一穿过相界面的电势差，它是影响带电荷的大分子如蛋白质和核酸等分配的主要因素。同样，对于粒子迁移也有相似的影响，粒子因迁移而在界面上积累。故只要设法改变界面电势，就能控制蛋白质等电荷大分子转入某一相。

4. 温度的影响

分配系数对温度的变化不敏感，这是由于成相聚合物对蛋白质有稳定化作用，所以室温操作活性收率依然很高，而且室温时黏度较冷却时（4℃）低，有助于相的分离并节省了能源开支。

3.3.4 双水相萃取的应用

1. 分离和提纯各种蛋白质（酶）

用$PEG/(NH_4)_2SO_4$双水相体系，经一次萃取从α-淀粉酶发酵液中分离提取α-淀粉酶和蛋白酶，萃取最适宜条件为$PEG1000(15\%)$-$(NH_4)_2SO_4$（20%），pH8，α-淀粉酶收率为90%，分配系数为19.6，蛋白酶的分离系数高达15.1。比活率为原发酵液的1.5倍，蛋白酶在水相中的收率高于60%。通过向萃取相（上相）中加入适当浓度的$(NH_4)_2SO_4$可达到反萃取。实验结果表明，随着$(NH_4)_2SO_4$浓度的增加，双水相体系两相间固体物质析出量也增加。固体沉淀物即可干燥后生产工业级酶制剂，也可将固体物加水溶解后用有机溶剂沉淀法制造食品级酶制剂。用双水相体系从牛奶中纯化蛋白，研究了牛血清蛋白（OSA）、牛酪蛋白、β-乳球蛋白在PEG/磷酸盐体系中的分配以及PEG相对分子质量、pH和盐的加入对三种蛋白分配的影响。实验结果表明，增加NaCl浓度，可提高分配系数，最佳 pH 为 5。对牛血清和牛酪蛋白，可得到更高的分配系数。

2. 提取抗生素和分离生物粒子

用双水相技术直接从发酵液中将丙酰螺旋霉素与菌体分离后进行提取，可实现全发酵液萃取操作。采用 PEG/Na_2HPO_4 体系，最佳萃取条件是 pH8.0～8.5、PEG2000(14%)/Na_2HPO_4(18%)，小试收率达 69.2%，对照的乙酸丁酯萃取工艺的收率为 53.4%，相对分子质量不同的 PEG 对双水相提取丙酰螺旋霉素的影响不同，适当选择低相对分子质量的 PEG 有利于减小高聚物分子间的排斥作用，并能降低体系黏度，有利于抗生素分离。采用双水相技术，可直接处理发酵液，且基本消除乳化现象，在一定程度上提高了萃取收率，加快了实验进程，但引起纯度下降，需要进一步研究和改进。

3. 天然产物的分离与提取

中草药是我国医药宝库中的瑰宝，已有数千年的历史，但由于天然植物中所含的化合物众多，特别是中草药有效成分的确定和提取技术发展缓慢，我国传统中药难以进入国际市场。双水相萃取技术可用于许多天然产物的分离纯化，效果明显。

尽管双水相萃取技术用于大规模生产具有许多明显的优点，但大量文献表明，双水相萃取技术在工业中还没有被广泛利用。部分原因是两相间的溶质分配对于具有高度选择性、需要从上千种蛋白中分离一种蛋白这种情况提供了很小的范围。另外，如何从聚合相中回收目的产物、循环利用聚合物与盐以降低成本问题还有待进一步研究。目前双水相萃取技术应用的主要问题是原料成本高和纯化倍数低。因此，开发廉价双水相体系及后续层析纯化工艺，降低原料成本，采用新型亲和双水相萃取技术，提高分离效率将是双水相分离技术的主要发展方向。

难点自测

1. 简要说明双水相萃取的原理。
2. 什么样的溶液体系可以构成双水相体系？
3. 双水相萃取技术的特点是什么？
4. 举例说明双水相萃取在生物制药工业中的应用。

3.4 超临界流体萃取

学习目标

1. 超临界流体萃取技术的原理和方法。
2. 超临界流体萃取技术的特点。
3. 超临界流体萃取技术的应用。

超临界流体萃取（supercritical fluid extraction，SFE）是近 20 年来迅速发展起来

的一种新型的萃取分离技术，是利用超临界流体（supercritical fluid，SCF）作为萃取剂，对物质进行溶解和分离的过程。超临界流体具有气体和液体之间的性质，且对许多物质均具有很强的溶解能力，分离速率远比液体萃取快，可以实现高效的分离过程。目前，超临界流体萃取已成为一门新的化工分离技术，并开始在炼油、食品、香料、生物制药等工业中的一些特定组分的分离上展示了它的应用前景。

3.4.1 超临界流体萃取的原理

1．流体的临界特征

任何一种物质都存在气相、液相、固相三种相态。三相成平衡态共存的点叫三相点。液、气两相成平衡状态的点叫临界点。在临界点时的温度和压力分别称为临界温度和临界压力。不同的物质其临界点所要求的压力和温度各不相同。稳定的纯物质及由其组成的固定组成混合物具有固有的临界状态点。临界状态点是气-液不分的状态，混合物既有气体的性质，又有液体的性质。此状态点的温度 T_c、压力 p_c、密度 ρ 称为临界参数。在纯物质中，当操作温度超过它的临界温度 T_c，无论施加多大的压力，也不可能使其液化。所以 T_c 温度是气体可以液化的最高温度，临界温度下气体液化所需的最小压力 p_c 就是临界压力。

2．超临界流体特征

超临界流体（supercritical fluid，SCF）是处于临界温度和临界压力以上的非凝缩性的高密度流体。处于超临界状态时，气-液两相性质非常相近，以致无法分别，所以称为超临界流体。超临界流体没有明显的气-液分界面，既不是气体，也不是液体，是一种气-液不分的状态，性质介于气体和液体之间，具有优异的溶剂性质，黏度低，密度大，有较好的流动、传质、传热和溶解性能。流体处于超临界状态时，其密度接近于液体密度，并且随流体压力和温度的改变发生十分明显的变化，而溶质在超临界流体中的溶解度随超临界流体密度的增大而增大。超临界流体萃取正是利用这种性质，在较高压力下，将溶质溶解于流体中，然后降低流体溶液的压力或升高流体溶液的温度，使溶解于超临界流体中的溶质因其密度下降，溶解度降低而析出，从而实现特定溶质的萃取。

可作为超临界流体的物质很多，如二氧化碳、一氧化亚氮、六氟化硫、乙烷、庚烷、氨等，用作萃取剂的超临界流体应具备以下条件：①化学性质稳定，对设备没有腐蚀性，不与萃取物发生反应；②临界温度应接近常温或操作温度，不宜太高或太低；③操作温度应低于被萃取溶质的分解变质温度；④临界压力低，以节省动力费用；⑤对被萃取物的选择性高（容易得到纯产品）；⑥纯度高，溶解性能好，以减少溶剂循环用量；⑦货源充足，价格便宜。如果用于食品和医药工业，还应考虑选择无毒的气体。

目前研究较多的超临界流体是二氧化碳（CO_2）。CO_2 临界温度为31.1℃，临界压力为7.2 MPa，临界条件容易达到。在超临界状态下，流体兼有气-液两相的双重特点，既具有与气体相当的高扩散系数和低黏度，又具有与液体相近的密度和物质良好的溶解能力。其密度对温度和压力变化十分敏感，且与溶解能力在一定压力范围内成比例，所以可通过控制温度和压力改变物质的溶解度。同时CO_2具有化学性质不活泼、无色无味无毒、安全性好、价格便宜、纯度高、容易获得等优点，特别适合天然产物有效成分的提取。

3. 超临界流体萃取特点

用超临界CO_2萃取技术进行生物活性物质的分离提取，和传统萃取分离方法相比，具有许多独特的优点：

(1) 萃取和分离合二为一。当饱含溶解物的二氧化碳超临界流体流经分离器时，由于压力下降使得CO_2与萃取物迅速成为两相（气-液分离）而立即分开，不存在物料的相变过程，不需回收溶剂，操作方便。不仅萃取效率高，而且能耗较少，节约成本。

(2) 压力和温度都可以成为调节萃取过程的参数。临界点附近，温度压力的微小变化，都会引起CO_2密度显著变化，从而引起待萃物的溶解度发生变化，可通过控制温度或压力的方法达到萃取目的。压力固定，改变温度可将物质分离；反之，温度固定，降低压力使萃取物分离。因此，工艺流程短、耗时少。对环境无污染，萃取流体可循环使用，真正实现生产过程绿色化。

(3) 萃取温度低。CO_2的临界温度为31.265℃，临界压力为7.18 MPa，可以有效地防止热敏性成分的氧化和逸散，完整保留生物活性，而且能把高沸点、低挥发度、容易热解的物质在其沸点温度以下萃取出来。

(4) 临界CO_2流体常态下是气体，无毒。与萃取成分分离后，完全没有溶剂的残留，有效地避免了传统提取条件下溶剂毒性的残留。同时也防止了提取过程对人体的毒害和对环境的污染。

(5) 49 超临界流体的极性可以改变。一定温度条件下，只要改变压力或加入适宜的夹带剂即可提取不同极性的物质，可选择范围广。

3.4.2 超临界流体萃取的工艺

1. 超临界流体萃取的基本过程

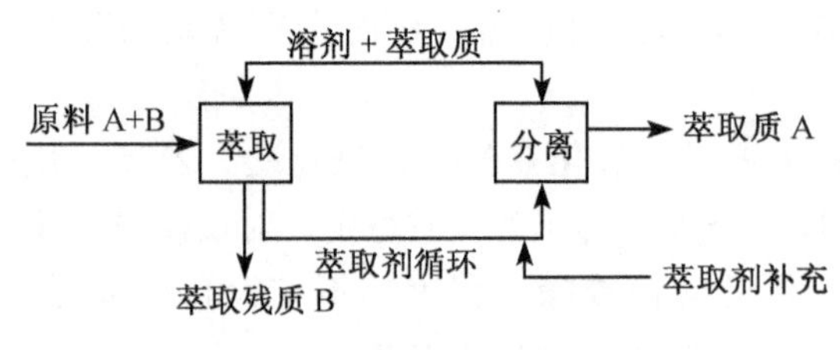

图 3-6 超临界流体萃取的过程

超临界流体萃取的过程是由萃取阶段和分离阶段组合而成的，见图 3-6。

在萃取阶段，超临界流体将所需组分从原料中提取出来。在分离阶段，通过变化温度或压力等参数，或其他方法，使萃取组分从超临界流体中分离出来，并使萃取剂循环使用。

2. 超临界萃取过程的分类

超临界萃取工艺过程主要由萃取釜和分离釜两个部分组成，并适当配合压缩装置和热交换设备所构成。以超临界CO_2流体萃取为例，对于原料为固体的萃取过程可归纳为等温法、等压法和吸附法三种典型工艺过程。

1）等温法

(1) 工艺流程　等温法是通过变化压力使萃取组分从超临界流体中分离出来（图3-7）。含有萃取质的超临界流体经过膨胀阀后压力下降，其萃取质的溶解度下降。溶质析出由分离槽底部取出，充当萃取剂的气体经压缩机送回萃取槽循环使用。

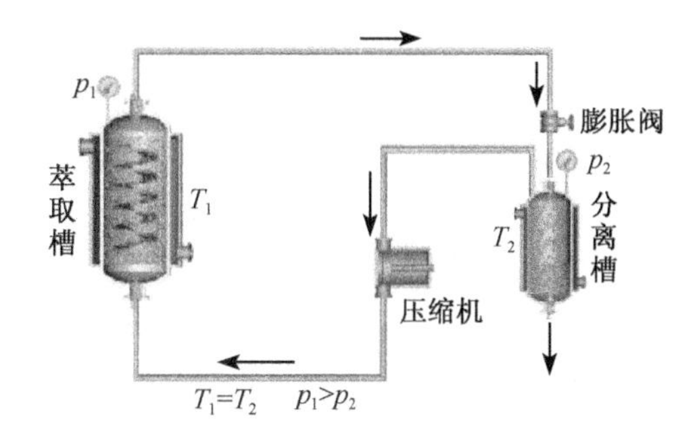

图3-7　超临界萃取流程——等温法

(2) 操作特点　等温法萃取过程的特点是萃取釜和分离釜等温，萃取釜压力高于分离釜压力。利用高压下CO_2对溶质的溶解度大大高于低压下的溶解度这一特性，将萃取釜中CO_2选择性溶解的目标组分在分离釜中析出成为产品。降压过程采用减压阀，降压后的CO_2流体（一般处于临界压力以下）通过压缩机或高压泵再将压力提升到萃取釜压力，循环使用。

2）等压法

(1) 工艺流程　等压法是利用温度的变化来实现溶质与萃取剂的分离。如图3-8所示，含萃取质的超临界流体经加热升温使萃取剂与溶质分离，由分离槽下方取出溶质。作为萃取剂的气体经降温升压后送回萃取槽使用。

(2) 操作特点　等压法工艺流程特点是萃取釜和分离釜处于相同压力，利用二者温度不同时CO_2流体溶解度的差别来达到分离目的。

3）吸附法

(1) 工艺流程　吸附法是采用可吸附溶质而不吸附超临界流体的吸附剂使萃取物分离。萃取剂气体经压缩后循环使用，见图3-9。

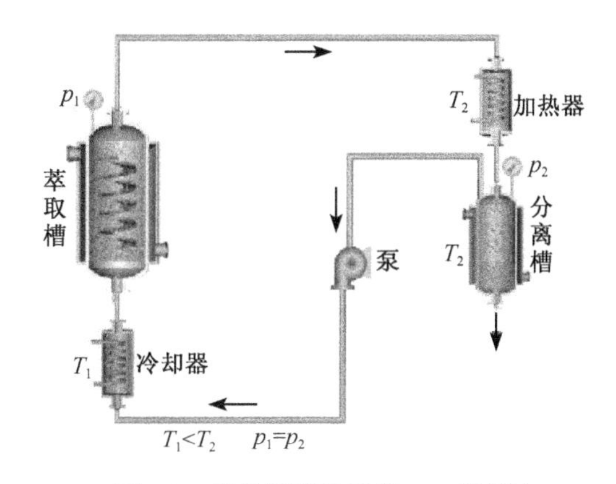

图3-8　超临界萃取流程——等压法

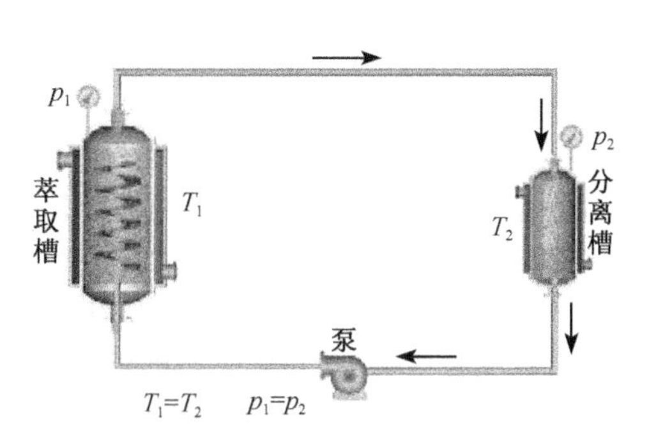

图3-9　超临界萃取流程——吸附法

(2) 操作特点　吸附法工艺流程中萃取和分离处于相同温度和压力下，利用分离釜中填充特定吸附剂将CO_2流体中待分离的目标组分选择性吸附除去，然后定期再生吸附剂即可达到分离目的。

4) 适用范围

对比等温、等压和吸附三种基本流程的能耗可见，吸附法理论上不需压缩能耗和热交换能耗，应是最省能的过程。但该法只适用于可使用选择性吸附方法分离目标组分的体系，绝大多数天然产物分离过程很难通过吸附剂来收集产品，所以吸附法只能用于少量杂质脱除过程。已知一般条件下，温度变化对CO_2流体的溶解度影响远小于压力变化的影响。因此，通过改变温度的等压法工艺过程，虽然可节省压缩能耗，但实际分离性能受到很多限制，实用价值较少。所以通常超临界CO_2萃取过程大多采用改变压力的等温法流程。

3. 超临界萃取过程的影响因素

超临界萃取过程的影响因素有：

(1) 压力　当温度恒定时，提高压力可以增大溶剂的溶解能力和超临界流体的密度，从而提高超临界流体的萃取容量。

(2) 温度　当萃取压力较高时，温度的提高可以增大溶质蒸气压，从而有利于提高其挥发度和扩散系数。但温度提高也会降低超临界流体密度从而减小其萃取容量，温度过高还会使热敏性物质产生降解。

(3) 流体密度　溶剂的溶解能力与其密度有关，密度大，溶解能力大，但密度大时，传质系数小。在恒温时，密度增加，萃取速率增加。在恒压时，密度增加，萃取速率下降。

(4) 溶剂比　当萃取温度和压力确定后，溶剂比是一个重要参数。在低溶剂比时，经一定时间萃取后固体中残留量大。用非常高的溶剂比时，萃取后固体中的残留趋于低限。溶剂比的大小必须考虑经济性。

(5) 颗粒度　一般情况下，萃取速率随固体物料颗粒尺寸的减少而增加。当颗粒过大时，固体相内受传质控制，萃取速率慢，即使提高压力、增加溶剂的溶解能力，也不能有效地提高溶剂中的溶质浓度。另外，当颗粒过小时，会形成高密度的床层，使溶剂流动通道阻塞而造成传质速率下降。

(6) 夹带剂　天然药物中某些有效成分在超临界流体中的溶解度较小，通常添加第三种组分来提高溶剂的溶解能力，这种组分通常称为夹带剂。其原理是通过改变分子间的作用力，影响溶质在超临界流体中的溶解度和选择性。常用的夹带剂有水、甲醇、乙醇、丙酮、丙烷等。使用适当的夹带剂不仅可以提高溶质在超临界流体的溶解度，还可明显降低萃取压力，大大降低了对容器材料的耐高压要求。用CO_2萃取孢霉γ-亚麻酸，加入10%甲醇作夹带剂可使萃取量提高4倍，且操作压力从38.3 MPa降至13.4 MPa。

4. 固体物料的超临界 CO_2 萃取工艺过程

1）常用固体物料的萃取过程

天然产物超临界 CO_2 萃取工艺一般采用等温法和等压法的混合流程，并且以改变压力为主要分离手段。萃取工艺流程以充分利用 CO_2 流体溶解度差别为主要控制指标。萃取釜压力提高，有利于溶解度增加，但过高压力将增加设备的投资和压缩能耗。从经济指标考虑，通常工业应用的萃取过程都选用低于 32 MPa 的压力。分离釜是产品分离和 CO_2 流体循环的组成部分。分离压力越低，萃取和解析的溶解度差值越大，越有利于分离过程效率的提高。工业化流程都采用液化 CO_2，再经高压泵加压与循环的工艺。因此，分离压力受到 CO_2 液化压力的限制，不可能选取过低的压力，通常循环压力在 5.0～60 MPa 之间。假如要求将萃取产物按不溶解性能分成不同产品，工艺流程中可串接多个分离釜，各级分离釜以压力自高至低的次序排列，最后一级分离压力应是循环 CO_2 的压力。典型固体物料萃取工艺流程如图 3-10 所示。流程中 CO_2 流体采用液态加压工艺，所以流程中有多个热交换装置以满足 CO_2 多次相变的需要。萃取釜温度选择受溶质溶解度大小和热稳定性的限制，与压力选用范围相比，温度选择范围要窄得多，常用温度范围在其临界温度附近。

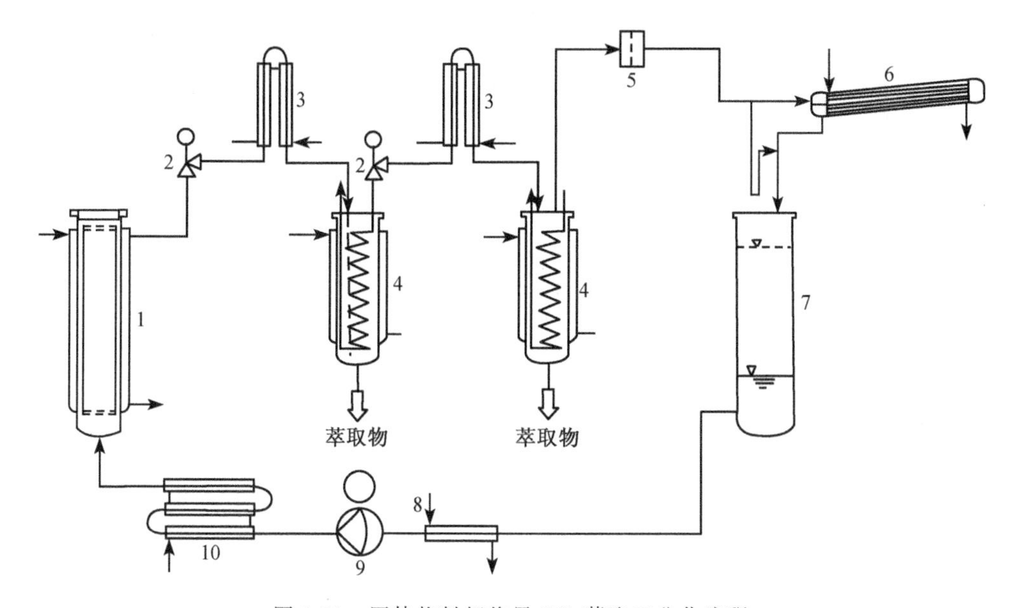

图 3-10　固体物料超临界 CO_2 萃取工业化流程

1. 萃取釜；2. 减压阀；3. 热交换器；4. 分离釜；5. 过滤器；6. 冷凝器；7. CO_2 储罐；8. 预冷器；9. 加压泵；10. 预热器

2）超临界 CO_2 萃取与其他分离技术联用的工艺流程

如前所述，超临界萃取工艺流程可通过多级分离釜将产品分成若干部分。但传统分离釜只是一个空的高压容器，利用不同分离压力来达到分步解析结果，所以产品往往是不同馏分的混合物。由于天然产物组成复杂，近似化合组分多，因此单独采用超临界萃取（SFE）技术常常满足不了对产品纯度要求。为此，人们开发 SFE 与其他分离手段的联用工艺技术。

（1）超临界萃取和精馏联用　其特点是将超临界萃取与精密分馏相结合，在萃取的同时将产物按其性质和沸程分成若干不同的产品。具体工艺是采用填有多孔不锈钢填料的高压精馏塔代替分离釜，沿精馏塔高度有不同控温段（图 3-11）。新流程中萃取产物在分离解析的同时，利用塔中的温度梯度，改变 CO_2 流体的溶解度，使较重组分凝析而形成回流，产品各馏分沿塔高进行气-液平衡交换。例如，在鱼油精制中，采用该技术可制得纯度达到 90%以上的二十碳五烯酸（EPA）和二十二碳六烯酸（DHA）产品。

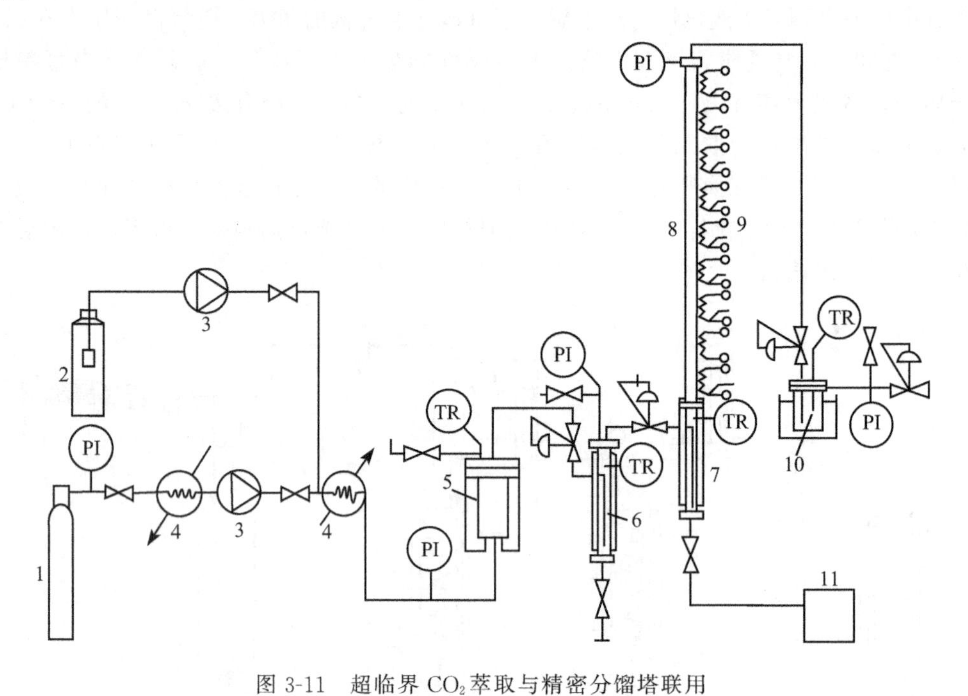

图 3-11　超临界 CO_2 萃取与精密分馏塔联用

1. CO_2 罐；2. 提携剂罐；3. 加压泵；4. 热交换器；5. 萃取釜；6. 第一分离器；7. 第二分离器；8. 精馏塔；9. 分段电热器；10. 塔顶分离器；11. 塔底罐

PI. 压力记录；TR. 对地温度

（2）超临界萃取与尿素包合技术联用（又称超临界萃取结晶法）　利用尿素可与脂肪酸化合物形成包合物，而且分子结构和不饱和度不同的化合物与尿素的包合程度也不同。利用这一特性可实现组分的分离，如从鱼油中提纯 EPA 和 DHA。

（3）超临界萃取与色谱分离联用　例如，从向日葵种子中提取维生素 E 时，同硅胶吸附柱联用。

5. 液相物料的超临界 CO_2 流体萃取的工艺过程

如前所述，固相物料的超临界 CO_2 萃取只能采用间歇式操作，即萃取过程中萃取釜需要不断重复装料-充气，升压-运转-降压，放气-卸料-再装料的操作。因此，装置处理量少，萃取过程中能耗和CO_2气耗较大，以致产品成本较高，影响该技术推广应用。但是相对于固相物料，当前尚有大量液相混合物适合于超临界CO_2萃取分离。例如，食品工业中从植物性和动物性油脂中提取特殊高价值的成分；天然色素的分离精制以及香料工业中的精油脱萜和精制等。相对于固相物料，液相物料超临界CO_2萃取有下列特点：

（1）萃取过程可以连续操作。由于萃取原料和产品均为液态，不存在固体物料加料和排渣等问题，萃取过程可连续操作，大幅度提高装置的处理量，相应减少过程能耗和气耗，降低生产成本。

（2）实现萃取过程和精馏过程一体化，可以连续获得高纯度和高附加值的产品。液相混合物萃取分离基本上都可以采用连续逆流式超临界萃取装置，技术特点为CO_2萃取分离和精馏相偶合，有效发挥二者的分离作用，提高产品的纯度。

液相物料超临界CO_2萃取流程采用逆流塔式分离塔，流程如图3-12所示。液体原

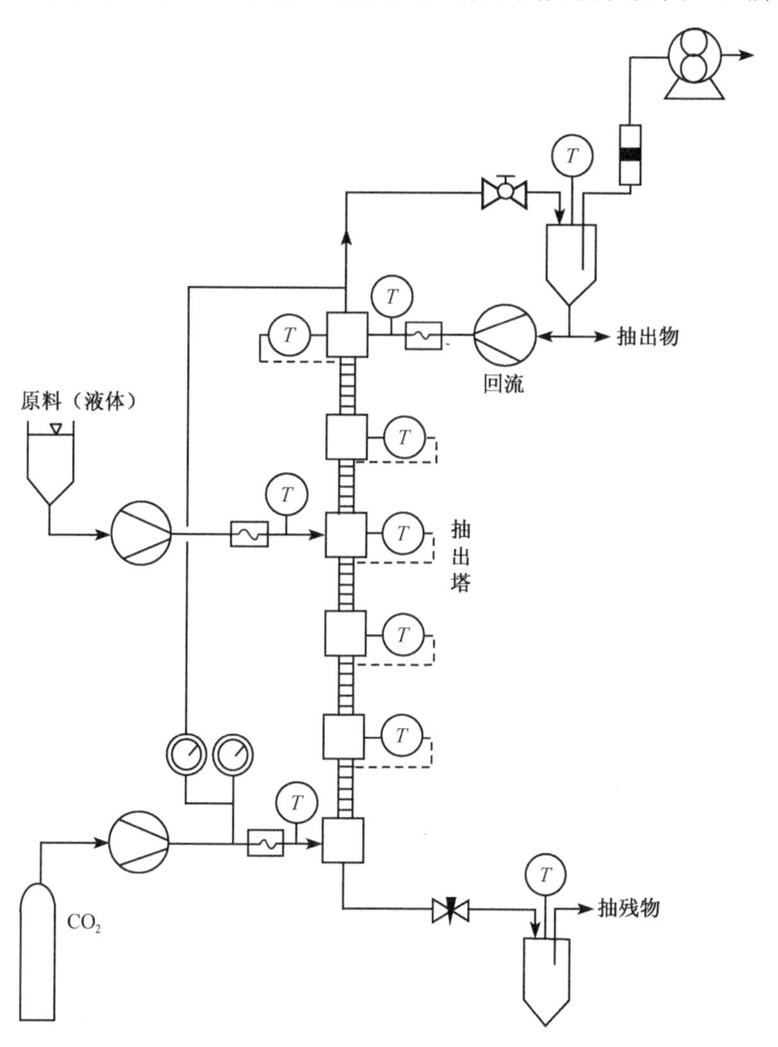

图 3-12　液相物料连续逆流萃取塔

料经泵连续进入分离塔中间进料口，CO_2流体经加压、调节温度后连续从分离塔底部进入。分离塔由多段组成，内部装有高效填料，为了提高回流的效果，各塔段温度控制以塔顶高、塔底低的温度分布为依据。高压CO_2流体与被分离原料在塔内逆流接触，被溶解组分随CO_2流体上升，由于塔温升高形成内回流，提高回流液的效率。已萃取溶质的CO_2流体在塔顶流出，经降压解析出萃取物，萃取残液从塔底排出。该装置有效用于超临界CO_2萃取和精馏分离过程，达到进一步分离、纯化的目的。

3.4.3　超临界CO_2流体萃取设备

超临界CO_2流体萃取，作为工业化分离新技术，其采用的工艺流程和设备装置将是整个新技术重要组成部分。超临界萃取过程针对不同原料，不同分离目标和不同技术路线，有着大量不同的工艺流程和技术。另外，由于分离过程需要采用高压设备，加之超临界CO_2流体具有某些特殊性能，故对设备有许多不同于一般化工分离过程的特殊要求。

（1）实验室萃取设备　萃取釜容积一般在 500 mL 以下，结构简单，无CO_2循环设备，耐高压（可达 70 MPa），适合于实验室探索性工作。近年来发展萃取器容积 2 mL 左右萃取仪，可与分析仪器直接联用，主要用于制备分析样品的超临界萃取器。

（2）中试设备（1～20 L）　配套性好，CO_2可循环使用，适用于工艺研究和小批量样品生产。国际上发达国家都有生产，我国也有专门生产厂家。

（3）工业化生产装置　萃取釜容积 50 L 至数立方米。国外主要采用德国 UHDE 和 KRUPP 公司的设备，我国目前能自制 500 L 工业化萃取装置。

3.4.4　超临界流体萃取技术的应用

SFE 从 20 世纪 50 年代初起先后在石油化工、煤化工、精细化工等领域得到应用，目前在食品工业和制药工业中的应用发展迅速。在食品工业方面，啤酒花有效成分萃取、天然香料植物或果蔬中提取天然香精和色素及风味物质、动植物中提取动植物油脂，以及咖啡豆或茶叶中脱除咖啡因、烟草脱尼古丁、奶脂脱胆固醇及食品脱臭等方面的研究和应用都取得了长足的发展。其中一些技术早已实现工业化应用。

用超临界萃取从咖啡豆中脱除咖啡因的工艺流程见图 3-13。

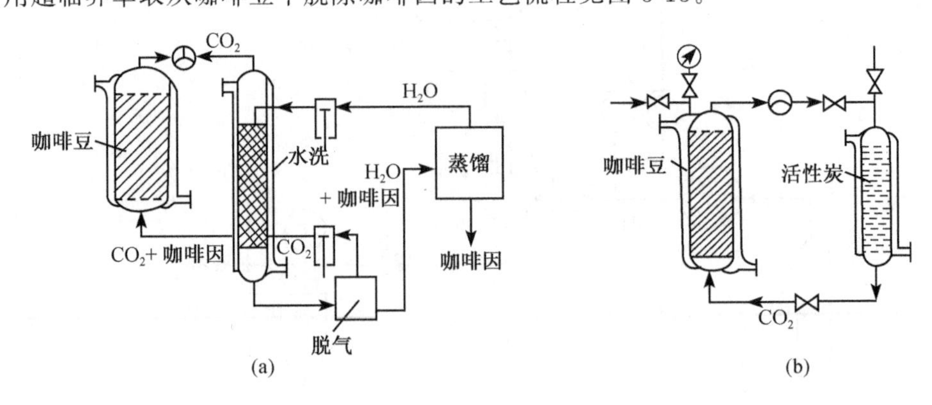

图 3-13　超临界萃取咖啡因工艺流程

咖啡因存在于咖啡、茶叶等天然物中。将浸泡过的咖啡豆置于压力容器中，如图3-13所示。其间不断有CO_2循环通过，操作温度为70～90℃，压强为16～20 MPa，密度为0.4～0.65 g/cm^3。咖啡豆中的咖啡因逐渐被CO_2提取出来，带有咖啡因的CO_2用水洗涤，咖啡因转入水相，CO_2循环使用。水经脱气后，可用蒸馏的方法回收咖啡因。在分离阶段也可用活性炭吸附取代水洗。

在医药工业中，由于超临界技术具有优于传统分离技术的特点，提取物中不存在危害健康的残留溶剂，同时具有操作条件温和以及生物活性物质不失活变性的优点而备受关注。目前，从动植物中提取有效药物成分仍是超临界萃取技术在医药工业中应用的重点，同时包括药用成分分析及粗品的浓缩精制等。用超临界萃取既可直接从单味中药材或复方中药材提取不同部位的有效成分，也可直接提取中药浸膏以筛选有效成分，能大大提高筛选速度，可提取许多传统提取分离方法分离不出来的成分，利于新药开发，该法还具有抗氧化、灭菌等作用，有利于保证和提高产品质量。目前超临界萃取技术可用来提取天然药物中的挥发油、黄酮类、香豆素类、苷类、萜类、生物碱等有效药物成分。

随着超临界萃取研究的不断深入以及应用领域的不断拓展，新型超临界流体技术如超临界流体色谱、超临界流体化学反应、超临界流体干燥、超临界流体沉析等技术的研究都取得了较大进展，显示了超临界流体萃取技术良好的应用前景。

难点自测

1. 什么是物体的超临界状态？
2. 物质处在超临界状态时有什么特殊的性质？
3. 什么是CO_2超临界萃取技术？
4. 举例说明超临界萃取技术的应用。
5. 简要说明超临界萃取技术的工艺流程。

3.5　其他萃取技术

学习目标

1. 固体浸取技术的原理和方法。
2. 反胶团萃取分离技术的原理和方法。

3.5.1　固体浸取技术

1. 简介

浸取或固-液萃取是用溶剂将固体原料中的可溶组分提取出来的操作。进行浸取的原料，多数情况下是溶质与不溶性固体所组成的混合物。一般在溶剂中不溶解的固体，称为载体或惰性物质。

2. 浸取操作

为了使固体原料中的溶质能够很快地接触溶剂，载体的物理性质对于决定是否要进行预处理是非常重要的。预处理包括粉碎、研磨、切片等。动植物的溶质在细胞中，如果细胞壁没有破裂，浸取作用是靠溶质通过细胞壁的渗透来进行的，因此细胞壁产生的阻力会使浸取速率变慢。但是，如果为了将溶质提取出来，而磨碎破坏细胞壁，这也是不实际的，因为这样将会使一些相对分子质量比较大的组分也被浸取出来，造成了溶质精制的困难。通常工业上是将这类物质加工成一定的形状。

固-液萃取操作主要包括不溶性固体中所含的溶质在溶剂中溶解的过程和分离残渣与浸取液的过程。在后一个过程中，不溶性固体与浸取液往往不能分离完全。因此，为了回收浸取残渣中吸附的溶质，通常还需进行反复洗涤操作。

3. 浸取设备

固体浸取设备按其操作方式可分为间歇式、半连续式和连续式。按固体原料的处理方法可分为固定床、移动床和分散接触式。

在选择设备时，要根据所处理的固体原料的形状、颗粒大小、物理性质、处理难易及其所需费用的多少等因素来考虑。处理量大时，一般考虑用连续化。在浸取中，为避免固体原料的移动，可采用多个固定床，使浸取液连续取出。也可采用半连续式或间歇式。

溶剂用量是由过程条件及溶剂回收与否等条件来决定的。根据处理固体和液体量的比，采用不同的操作过程和设备来解决固-液分离。粗大颗粒固体可由固定床或移动床设备或渗滤器进行浸取。

3.5.2 反胶团萃取技术

反胶团萃取（reversed micellar extraction）的分离原理是表面活性剂在非极性的有机相中超过临界胶团浓度而聚集形成反胶团，在有机相内形成分散的亲水微环境。许多生物分子如蛋白质是亲水憎油的，一般仅微溶于有机溶剂，而且如果使蛋白质直接与有机溶剂相接触，往往会导致蛋白质的变性失活，因此萃取过程中所用的溶剂必须既能溶解蛋白质又能与水分层，同时不破坏蛋白质的生物活性。反胶团萃取技术正是适应上述需要而出现的。

1. 反胶团形成过程及其特性

从胶体化学可知，向水溶液中加入表面活性剂，当表面活性剂的浓度超过一定值时，就会形成胶体或胶团，它是表面活性剂的聚集体。在这种聚集体中，表面活性剂的极性头向外，即向水溶液，而非极性尾向内。当向非极性溶剂中加入表面活性剂时，如果表面活性剂的浓度超过一定值，也会在溶剂内形成表面活性剂的聚集体，称这种聚集团为反胶团。在这种聚集体中，表面活性剂的憎水的非极性尾向外，与在水相中所形成的胶团反向。

图 3-14 给出几种可能的表面活性剂聚集体的构型。从图 3-14 可看出，在反胶团中有一个极性核心，它包括了表面活性剂的极性头所组成的内表面、抗衡离子和水，被形象地称为“水池”。由于极性分子可以溶解在“水池”中，也因此可溶解在非极性的溶剂之中。

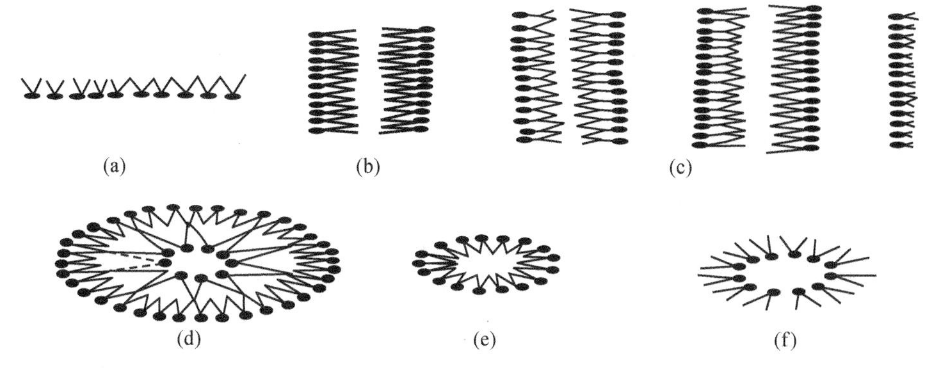

图 3-14 表面活性剂在溶液中的不同聚集体

(a) 单层；(b) 双层；(c) 液晶相（薄层）；(d) 气泡型；(e) 水溶液中的微胶团；
(f) 非极性溶剂中的微胶团（反胶团）
●亲水头；— 疏水尾

胶团的大小和形状与很多因素有关，既取决于表面活性剂和溶剂的种类和浓度，也取决于温度、压力、离子强度、表面活性剂和溶剂的浓度等因素。典型的水相中胶团内的聚集数是 50～100，其形状可以是球形、椭球形或是棒状。反胶团直径一般为 5～20 nm，其聚集数通常小于 50，通常为球形，但在某些情况下，也可能为椭球形或棒状。

实验中观察到，对于大多数表面活性剂，要形成胶团，存在一个临界胶团浓度（CMC），即要形成胶团所必需的表面活性剂的最低浓度。低于此值则不能形成胶团。这个数值可随温度、压力、溶剂和表面活性剂的化学结构而改变，一般为 0.1～1.0 mmol/L。

2. 反胶团中生物分子的溶解

由于反胶团内存在微水池这一亲水微环境，可溶解氨基酸、肽和蛋白质等生物分子。因此，反胶团萃取可用于氨基酸、肽和蛋白质等生物分子的分离纯化，特别是蛋白质类生物大分子。对于蛋白质的溶解方式，已先后提出了四种模型，见图 3-15。图中所示四种模型中，现在被多数人所接受的是水壳模型，尤其对于亲水性蛋白质。由图 3-15 可知，在水壳模型中，蛋白质居于“水池”的中心，而此水壳层则保护了蛋白质，使它的生物活性不会改变。

生物分子溶解于反胶团相的主要推动力是表面活性剂与蛋白质的静电相互作用。反胶团与生物分子间的空间阻碍作用和疏水性相互作用对生物分子的溶解度也有重要影响。

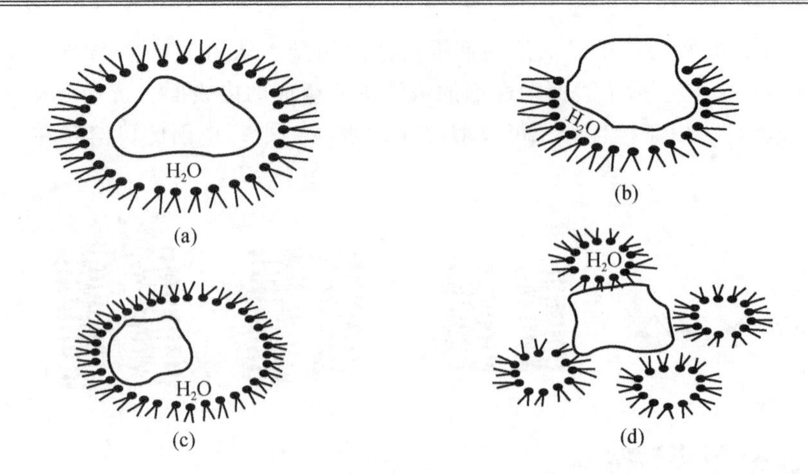

图 3-15　蛋白质在反胶团中溶解的四种可能模型

(a) 水壳模型；(b) 蛋白质中的疏水部分直接与有机相接触；(c) 蛋白质被吸附在胶团的内壁上；(d) 蛋白质的疏水区与几个反胶团的表面活性剂疏水尾发生作用，并被反胶团所溶解

3. 反胶团萃取过程及其应用

用反胶团技术萃取蛋白质时，用以形成反胶团的表面活性剂起着关键作用。现在多数研究者采用琥珀酸二（2-乙基己基）酯磺酸钠（AOT）为表面活性剂，也可采用丁二酸二异辛酯磺酸钠（aerosol，OT）为表面活性剂。溶剂则常用异辛烷（2，2，4-三甲基戊烷）。AOT 作为反胶团的表面活性剂是由于它具有两个优点：①所形成的反胶团的含水量较大，非极性溶剂中水浓度与表面活性剂浓度之比可达 50～60；②AOT 形成反胶团时，不需要借助表面活性剂。AOT 的不足之处是不能萃取相对分子质量较大的蛋白质，且污染产品。如何进一步选择和合成性能更为优良的表面活性剂将是今后应用研究的一个重要方面。

反胶团萃取技术仍处于起步阶段，尚未得到大规模工业应用。在此只能就一些研究结果加以介绍。图 3-16 给出多步间歇混合/澄清萃取过程，采用反胶团萃取分离核糖核酸酶、细胞色素 c 和溶菌酶三种蛋白质。在 pH＝9 时，核糖核酸酶的溶解度很小，保留在水相而与其他两种蛋白质分离；相分离得到的反胶团相（含细胞色素 c 和溶菌酶）与 0.5 mol/L 的 KCl 水溶液接触后，细胞色素 c 被反萃到水相，而溶菌酶保留在反胶团相；此后，含有溶菌酶的反胶团相与 2.0 mol/L KCl、pH 为 11.5 的水相接触，将溶菌酶反萃回收到水相中。

利用中空纤维膜组件可以进行生物分子的反胶团萃取。中空纤维膜材料多为聚丙烯等疏水材料，孔径在微米级，以保证生物分子和含有生物分子的反胶团的较大通量。反胶团膜萃取技术的优点是：①水相和有机相分别通过膜组件的壳程和管程流动，从而保证两相有很高的接触比表面积；②膜起相分离器和相接触器的作用，从而在连续操作的条件下可防止液泛等发生；③提高萃取速度及规模放大容易。大量的研究工作已经证明了反胶团萃取法提取蛋白质的可行性与优越性。不管是自然细胞还是基因工程细胞中的产物都能被分离出来；不仅发酵滤液和浓缩物可通过反胶团萃取进行处理，就是发酵清

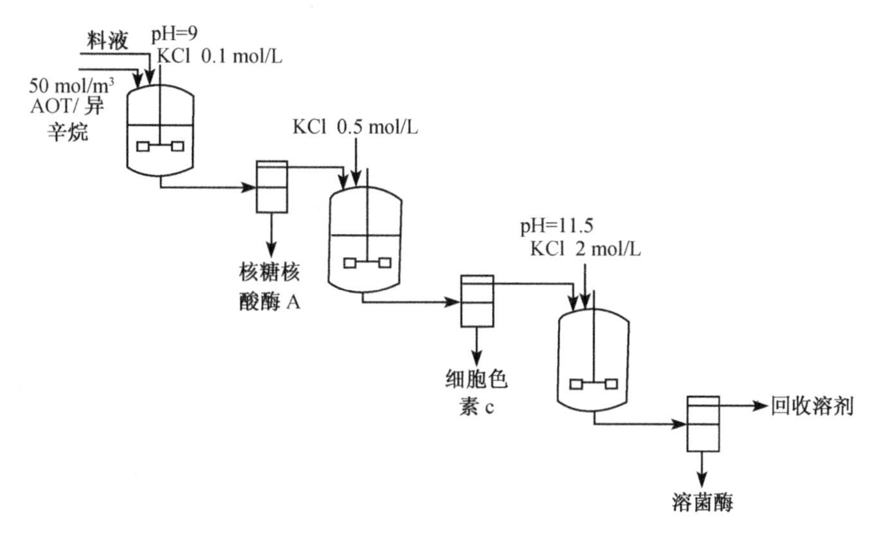

图 3-16 反胶团萃取过程

液也可同样进行加工。不仅是蛋白质和酶都能被提取，还有核酸、氨基酸和多肽也可顺利地溶于反胶团。然而反胶团萃取在真正实用之前还有许多有待于研究和解决的问题，如表面活性剂对产品的沾染、工业规模所需的基础数据；反胶团萃取过程的模拟和放大技术等。尽管如此，用反胶团萃取法大规模提取蛋白质由于具有成本低、溶剂可循环使用、萃取和反萃取率都很高等优点，正越来越多地为各国科技界和工业界所研究和开发。

难点自测

1. 简要说明固体浸取技术的操作过程。
2. 说明反胶团萃取技术的原理。
3. 简要说明反胶团萃取技术的特点。

第 4 章

固相析出分离技术

通过加入某种试剂或改变溶液条件，使生化产物以固体形式从溶液中沉降析出的分离纯化技术称为固相析出技术。固相析出技术由于设备简单、操作方便、成本低，所以广泛应用于生物产品的下游加工过程。

固体有晶体（结晶）和无定形两种形态，所以在固相析出过程中，析出物为晶体时称为结晶法；析出物为无定形固体时称为沉淀法，常用的沉淀法主要有盐析法、有机溶剂沉淀法和等电点沉淀法等。沉淀和结晶在本质上同属一种过程，都是新相析出的过程。两者的区别在于构成单位（原子、离子或分子）的排列方式不同，前者有规则，后者无规则。在条件变化缓慢时，溶质分子具有足够时间进行排列，有利于结晶形成；相反，当条件变化剧烈，强迫快速析出，溶质分子来不及排列就析出，结果形成无定形沉淀。沉淀法具有浓缩与分离的双重效果，但所得的沉淀物可能聚集有多种物质，或含有大量的盐类，或包裹着溶剂。和沉淀法不同，由于只有同类分子或离子才能排列成晶体，故结晶法具有高度的选择性，析出的晶体纯度比较高，但结晶法只有目的物到一定纯度后进行，才能收到良好效果。

4.1 盐　析　法

学习目标

1. 盐析法的原理、特点及影响因素。
2. 盐析的两种操作方式和操作注意事项。

4.1.1 基本原理

在高浓度中性盐存在的情况下，蛋白质（或酶）等生物大分子在水溶液中的溶解度降低并沉淀析出的现象称为盐析。不同的蛋白质盐析时所需的盐的浓度不同，因此调节盐的浓度，可以使混合蛋白质溶液中的蛋白质分段析出，达到分离纯化的目的。不仅蛋白质，许多生化物质都可以用盐析法进行沉淀分离，如蛋白质、多肽、多糖、核酸等。20％～40％饱和度的硫酸铵可以使许多病毒沉淀，使用 43％饱和度的硫酸铵也可以使 DNA 和 rRNA 沉淀，而 tRNA 保留在上清液中。但盐析法应用最广的还是在蛋白质领域内。

盐析法具有许多突出的优点：经济、安全、操作简便、不需特殊设备、应用范围广泛、不容易引起蛋白质变性。但盐析法由于共沉作用，不是一个高分辨的方法，需和其他方法交替使用，一般用于生物分离的粗提纯阶段。

关于盐析原理，现以蛋白质为例讨论如下：①高浓度的中性盐溶液中存在大量的带电荷的盐离子，它们能中和蛋白质分子的表面电荷，使蛋白质分子间的静电排斥作用减弱甚至消失而能相互靠拢，聚集起来；②中性盐的亲水性比蛋白质大，它会抢夺本来与蛋白质结合的自由水，使蛋白质表面的水化层被破坏，导致蛋白质分子之间的相互作用增大而发生凝聚，从而沉淀析出。

用盐析法分离蛋白质时可以有两种方法：①在一定的 pH 和温度下，改变盐浓度（即离子强度）达到沉淀的目的；②在一定的盐浓度（离子强度）下，改变溶液的 pH 及温度，达到沉淀的目的。

在多数情况下，尤其是生产中，常用第①种方法，使目的物或杂蛋白析出。这样做使得被盐析物质的溶解度剧烈下降，容易产生共沉现象，故分辨率不高，所以第①种方法多用于提取液的前期分离工作（蛋白质的粗提）。在分离的后期阶段（即蛋白质的进一步分离纯化时）常用第②种方法，因为第②种方法被盐析物质的溶解度变化缓慢且变化幅度小，分辨率较好。

4.1.2　盐析用盐的选择

选用盐析用盐主要要考虑以下几个问题：①盐析作用要强。一般来说多价阴离子的盐析作用强；②盐析用盐必须要有足够大的溶解度，且溶解度受温度影响应尽可能地小。这样便于获得高浓度盐溶液，有利于操作，尤其是在较低温度下操作，不致造成盐结晶析出，影响盐析结果；③盐析用盐在生物学上是惰性的，不致影响蛋白质等生物大分子的活性。最好不引入给分离或测定带来麻烦的杂质；④来源丰富、经济。

常用的盐析用盐主要有硫酸铵、硫酸钠、氯化钠、磷酸钠、磷酸钾等。

硫酸铵具有盐析作用强，溶解度大且受温度影响小，一般不会使蛋白质变性，价廉易得，分段分离效果较好等优点，所以无论在实验室中，还是生产上，除少数有特殊要求的盐析以外，大多数情况下都采用硫酸铵进行盐析。但硫酸铵具腐蚀性且缓冲能力差，饱和溶液的 pH 在 4.5～5.5 之间，使用时多用浓氨水调整到 pH 为 7 左右。

硫酸钠虽无腐蚀性，但低于 40℃ 就不容易溶解，因此只适用于热稳定性较好的蛋白质的沉淀过程，应用远不如硫酸铵广泛。

磷酸盐也常用于盐析，具有缓冲能力强的优点，但它们的价格较昂贵，溶解度较低，还容易与某些金属离子生成沉淀，所以应用都不如硫酸铵广泛。

4.1.3　影响盐析的因素

1. 盐饱和度的影响

盐类饱和度是影响蛋白质盐析的重要因素。由于不同的蛋白质，其结构和性质不同，盐析时所需的饱和度也就不同。只有按工艺要求，正确计算饱和度，才能达到盐析的目的。

2. 蛋白质浓度的影响

在相同的盐析条件下，蛋白质浓度越大，越容易沉淀，中性盐的极限沉淀浓度也越低。但蛋白质的浓度越高，其他蛋白质的共沉作用也越强，从而使分辨率降低，这在一般情况下是不希望的；相反，蛋白质浓度小时，中性盐的极限沉淀浓度增大、共沉作用小、分辨率较高，但用盐量大，蛋白质的回收率低。所以在盐析时，首先要根据实际条件选择适当的蛋白质浓度，一般常将蛋白质浓度控制在2%～3%为宜。

3. pH的影响

蛋白质在pI时的溶解度最小，最容易从溶液中析出。因此，在进行盐析时的pH，要选择在被盐析的蛋白质的pI附近。这样，产生沉淀时所消耗的中性盐较少，蛋白质的收率也高，同时也可以减少共沉作用。

4. 温度的影响

一般地说，在低盐浓度下蛋白质等生物大分子的溶解度与其他无机物、有机物相似，即温度升高，溶解度升高。但对多数蛋白质而言，在高盐浓度下，它们的溶解度随温度的升高反而降低。另外，高温还容易导致蛋白质变性。因此，蛋白质的盐析一般在室温下进行，某些温度敏感型的蛋白质盐析最好在低温下进行，常在0～4℃范围内迅速操作。

4.1.4 盐析操作

下面以硫酸铵盐析法为例介绍盐析的操作过程。

1. 操作方式

盐析时，将盐加入到溶液中有两种方式。

(1) 加硫酸铵的饱和溶液　在实验室和小规模生产中溶液体积不大时，或硫酸铵浓度不需太高时，可采用这种方式。它可防止溶液局部过浓，但加量过多时，料液会被稀释，不利于下一步的分离纯化。

为达到一定的饱和度，所需加入的饱和硫酸铵溶液的体积可由下式求得

$$V = V_0 \frac{S_2 - S_1}{1 - S_2}$$

式中：V为加入的饱和硫酸铵溶液的体积，L；V_0为溶液的原始体积，L；S_1和S_2分别为初始和最终溶液的饱和度,%。

饱和硫酸铵溶液配制应达到真正饱和，配制时加入过量的硫酸铵，加热至50～60℃，保温数分钟，趁热滤去不溶物，在0～25℃下平衡1～2d，有固体析出，即达到100%饱和度。

(2) 直接加固体硫酸铵　在工业生产溶液体积较大时，或硫酸铵浓度需要达到较高饱和度时，可采用这种方式。加入时速度不能太快，应分批加入，并充分搅拌，使其完全溶解，注意防止局部浓度过高。

为达到所需的饱和度，应加入固体硫酸铵的量，可由表4-1或表4-2查得，或由下

表 4-1　室温 25℃硫酸铵水溶液由原来的饱和度达到所需饱和度时，每升硫酸铵水溶液应加入固体硫酸铵的克数

硫酸铵原来的饱和度/%	需要达到的硫酸铵的饱和度/%																
	10	20	25	30	33	35	40	45	50	55	60	65	70	75	80	90	100
0	56	114	144	176	196	209	243	277	313	351	390	430	472	516	561	662	767
10		57	86	118	137	150	183	216	251	288	326	365	406	449	494	592	694
20			29	59	78	91	123	155	189	225	262	300	340	382	424	520	619
25				30	49	61	93	125	158	193	230	267	307	348	390	485	583
30					19	30	62	94	127	162	198	235	273	314	356	449	546
33						12	43	74	107	142	177	214	252	292	333	426	522
35							31	63	94	129	164	200	238	278	319	411	506
40								31	63	97	132	168	205	245	285	375	496
45									32	65	99	134	171	210	250	339	431
50										33	66	101	137	176	214	302	392
55											33	67	103	141	179	264	353
60												34	69	105	143	227	314
65													34	70	107	190	275
70														35	72	153	237
75															36	115	198
80																77	157
90																	79

表 4-2　0℃下硫酸铵水溶液由原来的饱和度达到所需饱和度时，每 100 mL 硫酸铵水溶液应加入固体硫酸铵的克数

硫酸铵原来的饱和度/%	需要达到的硫酸铵的饱和度/%																
	20	25	30	35	40	45	50	55	60	65	70	75	80	85	90	95	100
0	10.6	13.4	16.4	19.4	22.6	25.8	29.1	32.6	36.1	39.8	43.6	47.6	51.6	55.9	60.3	65.0	69.7
5	7.9	10.8	13.7	16.6	19.7	22.9	26.2	29.6	33.1	36.8	40.5	44.4	48.4	52.6	57.0	61.5	66.2
10	5.3	8.1	10.9	13.9	16.9	20.0	23.3	26.6	30.1	33.7	37.4	41.2	45.2	49.3	53.6	58.1	62.7
15	2.6	5.4	8.2	11.1	14.1	17.2	20.4	23.7	27.1	30.6	34.3	38.1	42.0	46.0	50.3	54.7	59.2
20	0	2.7	5.5	8.3	11.3	14.3	17.5	20.7	24.1	27.6	31.2	34.9	38.7	42.7	46.9	51.2	55.7
25		0	2.7	5.6	8.4	11.5	14.6	17.9	21.1	24.5	28.0	31.7	35.5	39.5	43.6	47.8	52.2
30			0	2.8	5.6	8.6	11.7	14.8	18.1	21.4	24.9	28.5	32.2	36.2	40.2	44.5	48.8
35				0	2.8	5.7	8.7	11.8	15.1	18.4	21.8	25.4	29.1	32.9	36.9	41.0	45.3
40					0	2.9	5.8	8.9	12.0	15.3	18.7	22.2	25.8	29.6	33.5	37.6	41.8
45						0	2.9	5.9	9.0	12.3	15.6	19.0	22.6	26.3	30.2	34.2	38.3
50							0	3.0	6.0	9.2	12.5	15.9	19.4	23.0	26.8	30.8	34.8
55								0	3.0	6.1	9.3	12.7	16.1	19.7	23.5	27.3	31.3
60									0	3.1	6.2	9.5	12.9	16.4	20.1	23.1	27.9
65										0	3.1	6.3	9.7	13.2	16.8	20.5	24.4
70											0	3.2	6.5	9.9	13.4	17.1	20.9
75												0	3.2	6.6	10.1	13.7	17.4
80													0	3.3	6.7	10.3	13.9
85														0	3.4	6.8	10.5
90															0	3.4	7.0
95																0	3.5
100																	0

式计算而得

$$X=\frac{G(S_2-S_1)}{1-AS_2}$$

式中：S_1 和 S_2 分别为初始和最终溶液的饱和度,%；X 为 1 L 溶液所需加入得固体硫酸铵的克数；G 为经验常数，0℃时为 515，20℃为 513；A 为常数，0℃时为 0.27，20℃为 0.29。

2．操作注意事项

（1）加固体硫酸铵时，必须看清楚表 4-1 上所规定的温度，一般有室温和 0℃两种，加入固体盐后体积的变化已考虑在表 4-1 中。

（2）分段盐析时，要考虑到每次分段后蛋白质浓度的变化。蛋白质浓度不同，要求盐析的饱和度也不同。

（3）为了获得实验的重复性，盐析的条件如 pH、温度和硫酸铵的纯度都必须严加控制。

（4）盐析后一般需放置 0.5～1 h，待沉淀完全后才过滤离心，过早的分离将影响收率，低浓度的硫酸铵溶液盐析后固液分离采用离心方法，高浓度硫酸铵溶液则常用过滤方法。因高浓度硫酸铵的密度太大，蛋白质要在悬浮液中沉降出来，需要较高离心速度和长时间的离心操作，故采取过滤法较合适。

（5）盐析过程中，搅拌必须是有规则的和温和的。搅拌太快将引起蛋白质变性，其变性特征是起泡。

（6）为了平衡硫酸铵溶解时产生的轻微酸化作用，沉淀反应至少应在 50 mmol/L 缓冲溶液中进行。

难点自测

1．盐析法为何能用于分离蛋白质混合物？盐析法一般用于生物分离的哪个阶段？

2．有 20 mL 的料液，要采用直接加固体硫酸铵的方式进行盐析，其硫酸铵饱和度为 20%，需要达到的硫酸铵饱和度为 40%，问需加入多少固体硫酸铵？操作时应注意哪些问题？

4.2　有机溶剂沉淀法

学习目标

1．有机溶剂沉淀法的原理。

2．有机溶剂的选择和用量计算。

3．有机溶剂沉淀法的影响因素。

4.2.1　基本原理

向蛋白质等生物大分子的水溶液中加入一定量亲水性的有机溶剂，能显著降低蛋白质等生物大分子的溶解度，使其沉淀析出。不同的蛋白质沉淀时所需的有机溶剂的浓度不同，因此调节有机溶剂的浓度，可以使混合蛋白质溶液中的蛋白质分段析出，达到分离纯化的目的。有机溶剂沉淀法不仅适用于蛋白质的分离纯化，还常用于酶、核酸、多糖等物质的分离纯化。

有机溶剂沉淀的机理主要有两点：①加入有机溶剂后，会使水溶液的介电常数降低，而使溶质分子（如蛋白质分子）之间的静电引力增加，从而促使它们互相聚集，并沉淀出来；②水溶性有机溶剂的亲水性强，它会抢夺本来与亲水溶质结合的自由水，使其表面的水化层被破坏，导致溶质分子之间的相互作用增大而发生凝聚，从而沉淀析出。

与盐析法相比，有机溶剂沉淀法的优点是分辨率高于盐析；乙醇等有机溶剂沸点低，容易挥发除去，不会残留于成品中，产品更纯净；沉淀物与母液间的密度差较大，分离容易。有机溶剂沉淀法的缺点是容易使蛋白质等生物大分子变性，沉淀操作需在低温下进行；需要耗用大量有机溶剂，成本较高，为节省用量，常将蛋白质溶液适当浓缩，并要采取溶剂回收措施；有机溶剂一般易燃易爆，所以储存比较困难或麻烦。

4.2.2　有机溶剂的选择和浓度的计算

沉淀用有机溶剂的选择主要考虑以下几个方面的因素：①介电常数小，沉淀作用强；②对生物分子的变性作用小；③毒性小，挥发性适中，沸点过低虽有利于溶剂的除去和回收，但挥发损失较大，且给劳动保护及安全生产带来麻烦；④沉淀用溶剂一般需能与水无限混溶。

常用于生物大分子沉淀的有机溶剂有乙醇、丙酮和甲醇等。其中乙醇是最常用的沉淀剂，因为它具有沉淀作用强、沸点适中、无毒等优点，广泛用于沉淀蛋白质、核酸、多糖等生物高分子及核苷酸、氨基酸等。丙酮的介电常数小于乙醇，故沉淀的能力较强，用丙酮代替乙醇作沉淀剂一般可减少用量1/4～1/3，但其具有沸点较低、挥发损失大、对肝脏有一定的毒性、着火点低等缺点，使得它的应用不及乙醇广泛。甲醇的沉淀作用与乙醇相当，对蛋白质的变性作用比乙醇、丙酮都小，但由于甲醇口服有剧毒，所以应用也不及乙醇广泛。

进行有机溶剂沉淀时，欲使原溶液达到一定的溶剂浓度，需加入有机溶剂的量可参考表4-3或按下面的公式计算

$$V = V_0 \frac{S_2 - S_1}{100\% - S_2}$$

式中：V 为需加入的有机溶剂的体积；V_0 为原溶液体积；S_1 为原溶液中有机溶剂的质量分数；S_2 为需达到的有机溶剂的质量分数。

上式与盐析公式一样未考虑混合后体积的变化，实际上等体积的乙醇和水相混合后体积会缩小5%，如此的体积变化对大多数工作影响不大，在有精确要求的场合可按物质的量比计算，这样可将体积变化因素抵消。实际工作中，有时查表比计算更方便。

表 4-3　制备较低浓度乙醇 1 L 所需较高浓度乙醇及水的用量表（mL，20℃）

较高含量乙醇的体积分数/%	溶剂	混合液的体积分数/%																		
		95	90	85	80	75	70	65	60	55	50	45	40	35	30	25	20	15	10	5
100	醇	950	900	850	800	750	700	650	600	550	500	450	400	350	300	250	200	150	100	50
	水	62	119	174	228	282	334	385	436	487	537	585	633	681	727	772	817	862	908	953
95	醇		947	895	842	789	737	684	632	579	526	474	421	368	316	263	211	158	105	53
	水		61	119	176	233	288	344	397	451	504	556	608	658	708	756	805	852	901	950
90	醇			994	889	833	778	722	667	611	556	500	444	389	333	278	222	167	111	56
	水			62	122	182	241	299	357	414	471	526	580	635	687	739	791	842	894	947
85	醇				941	882	824	765	706	647	588	529	471	412	353	294	235	176	118	59
	水				65	128	190	252	313	374	434	493	552	609	665	721	776	832	887	943
80	醇					938	875	813	750	688	625	563	500	438	375	313	250	188	125	63
	水					67	134	200	265	330	394	457	520	581	641	701	760	819	879	939
75	醇						933	867	800	733	667	600	533	467	400	333	267	200	133	76
	水						71	141	211	280	349	417	483	550	614	678	742	806	870	929
70	醇							929	857	786	714	643	571	500	429	357	286	214	143	77
	水							76	150	225	298	371	443	514	584	653	722	790	860	929
65	醇								923	846	769	692	615	538	462	385	308	231	154	77
	水								81	160	240	319	396	473	548	624	698	773	848	923
60	醇									917	833	750	667	583	500	417	333	250	167	83
	水									87	173	258	343	426	509	591	672	753	835	917
55	醇										909	817	727	636	545	455	364	273	182	91
	水										94	187	279	370	461	551	640	730	819	909
50	醇											900	800	700	600	500	400	300	200	100
	水											103	204	305	405	504	603	701	800	900
45	醇												889	778	667	556	444	333	222	111
	水												113	225	336	447	557	667	778	889
40	醇													875	750	625	500	375	250	125
	水													126	252	376	500	625	750	875
35	醇														857	714	571	429	286	143
	水														144	286	429	571	714	857
30	醇															833	667	500	333	167
	水															167	333	500	667	833
25	醇																800	600	400	200
	水																200	400	600	800
20	醇																	750	500	250
	水																	250	500	750
15	醇																		667	333
	水																		333	667
10	醇																			500
	水																			500

4.2.3　有机溶剂沉淀法的影响因素

1. 温度

有机溶剂与水混合时，会放出大量的热量，使溶液的温度显著升高，从而增加有机溶剂对蛋白质的变性作用。另外，温度还会影响有机溶剂对蛋白质的沉淀能力，一般温度越低，沉淀越完全。因此，在使用有机溶剂沉淀生物高分子时，整个操作过程应在低温下进行，而且最好在同一温度，防止已沉淀的物质溶解或另一物质的沉淀。具体操作时，常将待分离的溶液和有机溶剂分别进行预冷，后者最好预冷至－20～－10℃。为避免温度骤然升高损失蛋白质活力，操作时还应不断搅拌、少量多次加入。为了减少有机溶剂对蛋白质的变性作用，通常使沉淀在低温下短时间（0.5～2 h）处理后即进行过滤或离心分离，接着真空抽去剩余溶剂或将沉淀溶入大量缓冲溶液中以稀释有机溶剂，旨在减少有机溶剂与目的物的接触。

2. pH

许多蛋白质在等电点附近有较好的沉淀效果，所以 pH 多控制在待沉蛋白质的等电点附近。但要注意的是少数蛋白质在等电点附近不太稳定。另外，在控制溶液 pH 时务必使溶液中大多数蛋白质分子带有相同电荷，而不要让目的物与主要杂质分子带相反电荷，以免出现严重的共沉作用。

3. 样品浓度

与盐析相似，样品较稀时，将增加有机溶剂投入量和损耗，降低溶质收率，但稀的样品共沉作用小，分离效果较好；反之，浓的样品会增加共沉作用，降低分辨率，然而减少了溶剂用量，提高了回收率。一般认为蛋白质的初始质量分数以 0.5%～2%为好，黏多糖则以 1%～2%较合适。

4. 中性盐浓度

较低浓度的中性盐存在有利于沉淀作用，减少蛋白质变性。一般在有机溶剂沉淀时，中性盐浓度以 0.01～0.05 mol/L 为好，常用的中性盐为乙酸钠、乙酸铵、氯化钠等。但在中性盐浓度较高时（0.2 mol/L 以上），往往需增加有机溶剂的用量才能使沉淀析出。所以若要对盐析后的上清液或沉淀物进行有机溶剂沉淀，则必须事先除盐。

5. 某些金属离子

一些金属离子如 Ca^{2+}、Zn^{2+} 等可与某些成阴离子状态的蛋白质形成复合物，这种复合物溶解度大大降低而不影响生物活性，有利于沉淀形成，并降低溶剂用量。使用时要避免与这些金属离子形成难溶盐的阴离子存在（如磷酸根）。实际操作时往往先加有机溶剂沉淀除去杂蛋白，再加 Ca^{2+}、Zn^{2+} 沉淀目的物，现以一段胰岛素精制工艺说明（图 4-1）。

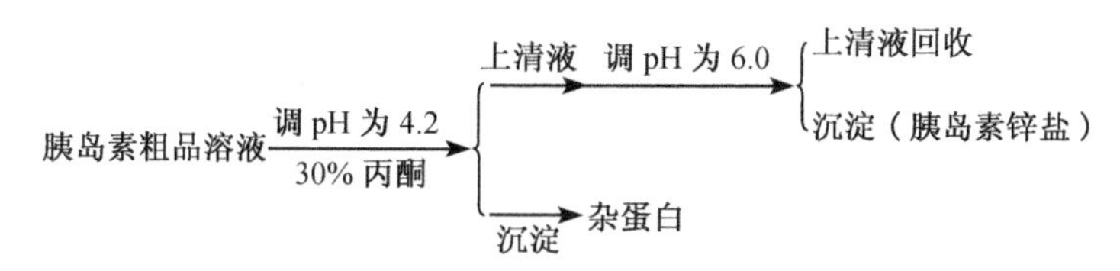

图 4-1　胰岛素精制工艺之一段

难点自测

1. 有机溶剂沉淀法在操作时应注意哪些事项？

2. 某一 30 mL 料液中乙醇浓度为 35%，要将乙醇浓度调整到 55%，需要往料液中加入多少毫升的无水乙醇？

4.3　其他沉淀法

学习目标

等电点沉淀法、水溶性非离子型聚合物沉淀法、成盐沉淀法和选择性沉淀法的沉淀原理和适用对象。

4.3.1　等电点沉淀法

两性生化物质在溶液 pH 处于等电点时，分子表面电荷为零，分子间静电排斥作用减弱，因此吸引力增大，能相互聚集起来，发生沉淀。不同的两性生化物质，等电点不同。以蛋白质为例，不同的蛋白质具有不同的等电点，根据这一特性，用依次改变溶液 pH 的办法，可将不同的蛋白质分别沉淀析出，从而达到分离纯化的目的。

等电点沉淀法只适用于水化程度不大，在等电点时溶解度很低的两性生化物质，如酪蛋白。对于亲水性很强的两性生化物质，在等电点及等电点附近仍有相当的溶解度(有时甚至比较大)，用等电点沉淀法往往沉淀不完全，加上许多生物分子的等电点比较接近，故很少单独使用等电点沉淀法，往往与盐析法、有机溶剂沉淀法或其他沉淀法一起使用。在采用该法时必须注意溶液 pH 不会影响到目的物的稳定性。

等电点沉淀法可用于所需生化物质的提取，也可用于沉淀除去杂蛋白及其他杂质，在实际工作中普遍用等电点沉淀法作为去杂手段。例如，在工业上生产胰岛素时，在粗提取液中先调 pH 至 8.0 去除碱性蛋白质，再调 pH 为 3.0 去除酸性蛋白质（以上均常加入一定有机溶剂以提高沉淀效果）。

不少蛋白质与金属离子结合后，等电点会发生偏移，如胰岛素等电点为 5.3，与 Zn^{2+} 结合后，形成胰岛素锌盐，其等电点为 6.2，故加入金属离子后选择等电点沉淀时，必须注意调整 pH。

4.3.2　水溶性非离子型聚合物沉淀法

水溶性的非离子型聚合物是 20 世纪 60 年代发展起来的一类沉淀剂，最早被用来沉淀分离血纤维蛋白原和免疫球蛋白以及一些细菌与病毒，近年来被广泛应用于核酸和酶的分离纯化，这类非离子型多聚物包括不同相对分子质量的聚乙二醇（PEG）、聚乙烯吡咯烷酮和葡聚糖等，其中应用最多的是聚乙二醇。通常在蛋白质沉淀中使用PEG6000 或 PEG4000，这是因为相对分子质量低的聚合物无毒，所以在临床产品的加工过程中被优先使用。

关于 PEG 的沉淀机理，到目前为止，仍未找到很合适的理论解释。最近劳兰梯等基于多聚物的沉淀作用主要依赖于多聚物的浓度和被沉淀物的分子大小的众多事实，提出 PEG 的沉淀作用主要是通过空间位置排斥，使液体中的生物大分子、病毒和细菌等微粒被迫挤聚在一起而引起沉淀的发生。

PEG 的沉淀效果与 PEG 浓度和相对分子质量、离子强度、蛋白质相对分子质量、pH 和温度有关。例如，用 PEG 沉淀蛋白质，使用 PEG 的浓度与溶液中盐的浓度常呈反比关系，在固定 pH 下，盐浓度越高，所需的 PEG 浓度越低。溶液 pH 越接近蛋白质的等电点，沉淀蛋白质所需的 PEG 浓度越低。在一定范围内，高相对分子质量的 PEG 沉淀的效力较高。此外，随着蛋白质相对分子质量的提高，沉淀所需加入的 PEG 用量减少。一般地说，PEG 浓度常为 20%，浓度过高会使溶液黏度增大，加大沉淀物分离的困难。

水溶性非离子多聚物的沉淀法，近年来在生物分离方面发展迅速，其主要优点在于：体系的温度只需要控制在室温条件下；沉淀的颗粒往往比较大，同其他方法比，产物比较容易收集；PEG 不容易破坏蛋白质活性，对成品影响小，所以广泛应用于细菌、病毒、核酸、蛋白质的酶等多种生物大分子和微粒的沉淀分离。但 PEG 沉淀分离蛋白质也有缺点：所得的沉淀中含有大量的 PEG。除去的方法有吸附法、乙醇沉淀法及盐析法等。吸附法是将沉淀物溶于磷酸缓冲液，然后用 DEAE-纤维素离子交换剂吸附蛋白质，PEG 不被吸附而除去，蛋白质再用 0.1 mol/L 氯化钾溶液洗脱，最后经透析脱盐制得成品。乙醇沉淀法是将沉淀物溶于磷酸缓冲液后，用 20%的乙醇沉淀蛋白质，离心后可将 PEG 除去（留在上清液中）。盐析法是将沉淀物溶于磷酸缓冲液后，用 35%的硫酸铵沉淀蛋白质，PEG 则留在上清液中。

用水溶性非离子多聚物沉淀生物大分子和微粒，一般有两种方法：①选用两种水溶性非离子多聚物组成液-液两相系统，使生物大分子或微粒在两相系统中，不等量分配，而造成分离。这一方法主要基于不同生物分子和微粒表面结构不同，有不同的分配系数。并外加离子强度，pH 和温度等因素的影响，从而扩大分离的效果；②选用一种水溶性非离子多聚物，使生物大分子或微粒在同一液相中，由于被排斥相互凝集而沉淀析出。对于后一种方法，操作时先离心除去粗大悬浮颗粒，调整溶液 pH 和温度至适度，然后加入中性盐和多聚物至一定浓度，冷处储存一段时间，即形成沉淀。

4.3.3　成盐沉淀法

某些生化物质（如核酸、蛋白质、多肽、氨基酸、抗生素等）能和重金属、某些有机酸与无机酸形成难溶性的盐类复合物而沉淀，该法根据所用的沉淀剂的不同可分为：金属离子沉淀法、有机酸沉淀法和无机酸沉淀法。值得注意的是成盐沉淀法所形成的复合盐沉淀，常使蛋白质发生不可逆的沉淀，应用时必须谨慎。

1. 金属离子沉淀法

许多有机物包括蛋白质在内，在碱性溶液中带负电荷，都能与金属离子形成金属复合盐沉淀。所用的金属离子，根据它们与有机物作用的机制可分为三大类：第一类包括

Mn^{2+}、Fe^{2+}、Co^{2+}、Ni^{2+}、Cu^{2+}、Zn^{2+}等，它们主要作用于羧酸、胺及杂环等含氮化合物；第二类包括Ca^{2+}、Ba^{2+}、Mg^{2+}、Pb^{2+}等，这些金属离子也能和羧酸起作用，但不能与含氮化合物结合；第三类包括Hg^{2+}、Ag^{+}、Pb^{2+}等，这类金属离子对含巯基的化合物有特殊的亲和力。蛋白质和酶分子中含有羧基、氨基、咪唑基和巯基等，均可以和上述金属离子作用形成盐复合物。调整水溶液的介电常数（如加入有机溶剂），用Zn^{2+}、Ba^{2+}等金属离子可以把许多蛋白质沉淀下来，所用金属离子浓度约为0.02 mol/L。金属离子沉淀法也适用于核酸或其他小分子（氨基酸、多肽及有机酸等）。

用金属离子沉淀法分离出沉淀物后，可通以H_2S使金属变成硫化物而除去，也可采用离子交换法或金属螯合剂EDTA等将金属离子除去。

金属离子沉淀法已有广泛的应用，除提取生化物质外，还能用于沉淀除去杂质。例如，锌盐用于沉淀制备胰岛素；锰盐选择性的沉淀除去发酵液中的核酸，降低发酵液黏度，以利于后续纯化操作；锌盐除去红霉素发酵液中的杂蛋白以提高过滤速度。

2. 有机酸沉淀法

某些有机酸如苦味酸、苦酮酸、鞣酸和三氯乙酸等，能与有机分子的碱性功能团形成复合物而沉淀析出。但这些有机酸与蛋白质形成盐复合物沉淀时，常常发生不可逆的沉淀反应。所以，应用此法制备生化物质特别是蛋白质和酶时，需采用较温和的条件，有时还加入一定的稳定剂，以防止蛋白质变性。

鞣酸又称单宁，广泛存在于植物界中，为多元酚类化合物，分子上有羧基和多个羟基。由于蛋白质分子中有许多氨基、亚氨基和羧基等，所以可与单宁分子形成为数众多的氢键而结合在一起，从而生成巨大的复合颗粒而沉淀下来。

单宁沉淀蛋白质的能力与蛋白质种类、环境pH及单宁本身的来源（种类）和浓度有关。由于单宁与蛋白质的结合相对比较牢固，用一般方法不容易将它们分开，故多采用竞争结合法，即选用比蛋白质更强的结合剂与单宁结合，使蛋白质游离释放出来。这类竞争性结合剂有乙烯氮戊环酮（PVP），它与单宁形成氢键的能力很强。此外，聚乙二醇、聚氧化乙烯及山梨糖醇甘油酸酯也可用来从单宁复合物中分离蛋白质。

三氯乙酸（TCA）沉淀蛋白质迅速而完全，一般会引起变性。但在低温下短时间作用可使有些较稳定的蛋白质或酶保持原有的活力，如用2.5%的TCA处理细胞色素c提取液，可以除去大量杂蛋白而对酶活性没有影响。此法多用于目的物比较稳定且分离杂蛋白相对困难的场合。

近年来应用一种吖啶染料雷凡诺，虽然其沉淀机理比一般有机酸盐复杂，但其与蛋白质作用也主要是通过形成盐的复合物而沉淀的。据报道，此种染料提纯血浆中γ-球蛋白有较好效果。实际应用时以0.4%的雷凡诺溶液加到血浆中，调pH 7.6～7.8，除γ-球蛋白外，可将血浆中其他蛋白质沉淀下来。然后以5%浓度的NaCl将雷凡诺沉淀。溶液中的γ-球蛋白可用25%乙醇或加等体积饱和硫酸铵沉淀回收。使用雷凡诺沉淀蛋白质，不影响蛋白质活性，并可通过调整pH，分段沉淀一系列蛋白质组分。但蛋白质的等电点在pH 3.5以下或pH 9.0以上，不被雷凡诺沉淀。核酸大分子也可在较低pH时（pH为2.4左右），被雷凡诺沉淀。

3. 无机酸沉淀法

某些无机酸如磷钨酸、磷钼酸等能与阳离子形式的蛋白质形成溶解度极低的复合盐，从而使蛋白质沉淀析出。用此法得到沉淀物后，可在沉淀物中加入无机酸并用乙醚萃取，把磷钨酸、磷钼酸等移入乙醚中除去；或用离子交换法除去。

4.3.4 选择性变性沉淀法

这一特殊方法主要是破坏杂质，保存目的物。其原理是利用蛋白质、酶和核酸等生物大分子对某些物理或化学因素敏感性不同，而有选择地使之变性沉淀，达到分离提纯的目的。此方法可分为：

(1) 利用表面活性剂或有机溶剂引起变性。例如，制备核酸时，加入含水酚、氯仿、十二烷基硫酸钠等有选择地使蛋白质变性沉淀，从而与核酸分离。

(2) 利用对热的稳定性不同，加热破坏某些组分，而保留另一些组分。例如，脱氧核糖核酸酶的热稳定性比核糖核酸酶差，加热处理可使混杂在核糖核酸酶中的脱氧核糖核酸酶变性沉淀；又如由黑曲霉发酵制备脂肪酶时，常混杂有大量淀粉酶，当把混合粗酶液在40℃水溶液中保温150 min (pH为3.4)，90%以上的淀粉酶将受热变性而除去。热变性方法简单可行，在制备一些对热稳定的小分子物质过程中，对除去一些大分子蛋白质和核酸特别有用。

(3) 选择性的酸碱变性。利用酸碱变性有选择地除去杂蛋白在生物分离中的例子很多，如用2.5%浓度的三氯乙酸处理胰蛋白酶，抑肽酶或细胞色素c粗提取液，均可除去大量杂蛋白，而对所提取的酶活性没有影响。有时还把酸碱变性与热变性结合起来使用，效果更为显著。但应用前必须对目的物的热稳定性及酸碱稳定性有足够的了解，切勿盲目使用。例如，胰蛋白酶在pH为2.0的酸性溶液中可耐极高的温度，而且热变性后所产生的沉淀是可逆的。冷却后沉淀溶解即可恢复活性。还有些酶与底物或竞争性抑制剂结合后，对pH或热的稳定性显著增加，则可以采用较为强烈的酸碱变性和热变性除去杂蛋白。

难点自测

1. 使用等电点沉淀法、成盐沉淀法和选择性变性沉淀法各应注意什么问题？
2. PEG沉淀效果的影响因素有哪些？如何去除蛋白沉淀中的PEG？

4.4 结　晶　法

学习目标

1. 结晶的基本过程。
2. 过饱和溶液的制备方法。
3. 影响晶体析出的主要条件。
4. 实验室结晶的一般方法。
5. 提高晶体质量的方法。

溶质呈晶态从溶液中析出来的过程称为结晶（有时把析出的晶体也叫结晶）。所谓晶态就是外观形状一定、内部的分子（或原子、离子）在三维空间进行有规则的排列而产生的物质存在形态。由于只有同类分子或离子才能排列成晶体，故通过结晶，溶液中的大部分杂质会留在母液中，使产品得到纯化。结晶不但是一种纯化手段，也是一种固化手段（产品从溶解状态变成了固体），由于许多生化物质具有形成晶体的性质，所以结晶法是生化物质进行分离纯化的一种常用方法。但不是所有的生化物质都能从溶液中形成晶体，如核酸，由于其分子高度不对称，呈麻花形的螺旋结构，虽已达到很高的纯度，也只能获得絮状或雪花状的固体。

4.4.1 结晶的过程

将一种溶质放入溶剂中，由于分子的热运动，必然发生两个过程：固体的溶解，即溶质分子扩散进入液体内部；溶质的沉积，即溶质分子从液体中扩散到固体表面进行沉积。如果溶液浓度未达到饱和，则固体的溶解速度大于沉积速度；如果溶液的浓度达到饱和，则固体的溶解速度等于沉积速度，溶液处于一种平衡的状态，尚不能析出晶体。当溶液浓度超过饱和浓度，达到一定的饱和度时，上述平衡状态就会被打破，固体的溶解速度小于沉积速度，这时才有可能有晶体析出。最先析出的微小颗粒是以后结晶的中心，称为晶核。微小晶核与正常晶体相比具有较大的溶解度，在饱和溶液中会溶解，只有达到一定的过饱和度时晶核才能存在，这就是为什么溶液浓度必须达到一定的过饱和程度才能结晶的原因。晶核形成以后，并不是结晶的结束，还需要靠扩散继续成长为晶体。因此，结晶包括三个过程：过饱和溶液的形成；晶核的生成；晶体的生长。

1. 过饱和溶液的形成

结晶的首要条件是溶液的过饱和。过饱和溶液的制备一般有四种方法。

1）饱和溶液冷却

冷却法适用于溶解度随温度降低而显著减小的场合。例如，冷却L-脯氨酸的浓缩液至4℃左右，放置4 h，L-脯氨酸结晶将大量析出。与此相反，对溶解度随温度升高而显著减少的场合，则应采用加温结晶。

2）部分溶剂蒸发

蒸发法是使溶液在加压、常压或减压下加热，蒸发除去部分溶剂达到过饱和的结晶方法。此法主要适用于溶解度随温度的降低而变化不大的场合。例如，灰黄霉素的丙酮萃取液真空浓缩除去部分丙酮后即可有结晶析出。

3）化学反应结晶法

此法是通过加入反应剂或调节pH生成一个新的溶解度更低的物质，当其浓度超过它的溶解度时，就有结晶析出。例如，在头孢菌素C的浓缩液中加入乙酸钾即析出头孢菌素C钾盐；在利福霉素S的乙酸丁酯萃取浓缩液中加入氢氧化钠，利福霉素S即转为其钠盐而析出。四环素、氨基酸等水溶液，当其 pH 调至等电点附近时就会析出结晶或沉淀。

4）解析法

解析法是向溶液中加入某些物质，使溶质的溶解度降低，形成过饱和溶液而结晶析出。这些物质被称为抗溶剂或沉淀剂，它们可以是固体，也可以是液体或气体。抗溶剂有个最大的特点就是极容易溶解在原溶液的溶剂中。解析法常用固体氯化钠作为抗溶剂使溶液中的溶质尽可能地结晶出来，这种结晶方法称为盐析结晶法，如普鲁卡因青霉素结晶时加入一定量的食盐，可以使晶体容易析出。解析法还常采用向水溶液中加入一定量亲水性的有机溶剂，如甲醇、乙醇、丙酮等，降低溶质的溶解度，使溶质结晶析出，这种结晶方法称为有机溶剂结晶法。例如，利用卡那霉素容易溶于水而不溶于乙醇的性质，在卡那霉素脱色液中加入 95%的乙醇至微浑，加晶种并保温，即可得到卡那霉素的粗晶体。一些容易溶于有机溶剂的物质，向其溶液中加入适量水即可析出晶体，这种方法叫做水析结晶法。另外，还可将氨气直接通入无机盐水溶液中降低其溶解度使无机盐结晶析出。

解析法的优点是：可与冷却法结合，提高溶质从母液中的析出率；结晶过程可将温度保持在较低的水平，有利于热敏性物质的结晶。但解析法的最大缺点是常需处理母液，分离溶剂和抗溶剂等，增加回收设备。

工业生产中，除了单独使用上述各法外，还常将几种方法合并使用。例如，制霉菌素结晶就是并用饱和溶液冷却和部分溶剂蒸发两种方法。先将制霉菌素的乙醇提取液真空浓缩 10 倍，再冷至 5℃放置 2 h 即可得到制霉菌素结晶；维生素 B_{12} 的结晶就是并用饱和溶液冷却和解析法两种方法，在维生素 B_{12} 的结晶原液中，加入 5～8 倍用量的丙酮，使结晶原液呈浑浊为止，在冷库中放置 3 d，就可得到紫红色的维生素 B_{12} 结晶。

2. 晶核的形成

晶核是在过饱和溶液中最先析出的微小颗粒，是以后结晶的中心。单位时间内在单位体积溶液中生成的新晶核数目，称为成核速度。成核速度是决定晶体产品粒度分布的首要因素。工业结晶过程要求有一定的成核速度，如果成核速度超过要求必将导致细小晶体生成，影响产品质量。

1）成核速度的影响因素

成核速度主要与溶液的过饱和度、温度以及溶质种类有关。

在一定温度下，当过饱和度超过某一值时，成核速度则随过饱和度的增加而加快（图 4-2 中的实线所示）。但实际上成核速度并不按理论曲线进行，因为过饱和度太高时，溶液的黏度就会显著增大，分子运动减慢，成核速度反而减少（图 4-2 中虚线所示）。由此可

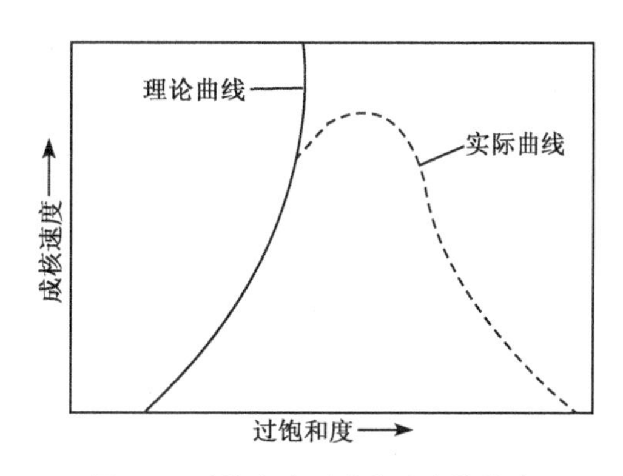

图 4-2　过饱和度对成核速度的影响

见，要加快成核速度，则需要适当增加过饱和度，但过饱和度过高时，对成核速度并不利。实际生产中常从晶体生长速度及所需晶体大小两个方面来选择适当的过饱和度。

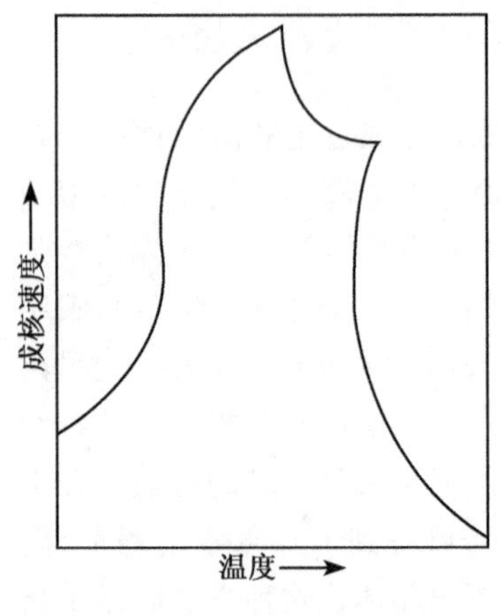

图 4-3 温度对成核速度的影响

在过饱和度不变的情况下，温度升高，成核速度也会加快，但温度又对过饱和度有影响，一般当温度升高时，过饱和度降低。所以温度对成核速度的影响要从温度与过饱和度相互消长速度来决定。根据经验，一般成核速度开始随温度升高而上升，当达到最大值后，温度再升高，成核速度反而降低，见图 4-3。

成核速度与溶质种类有关。对于无机盐类，有下列经验规则：阳离子或阴离子的化合价越大，越不容易成核；而在相同化合价下，含结晶水越多，越不容易成核。对于有机物质，一般结构越复杂，相对分子质量越大，成核速度就越慢。例如，过饱和度很高的蔗糖溶液，可保持长时间不析出。

2） 晶核的诱导

真正自动成核的机会很少，加晶种能诱导结晶，晶种可以是同种物质或相同晶形的物质，有时惰性的无定形物质也可作为结晶的中心，如尘埃也能导致结晶。添加晶种诱导晶核形成的常用方法如下：

（1） 如有现成晶体，可取少量研碎后，加入少量溶剂，离心除去大的颗粒，再稀释至一定浓度（稍稍过饱和），使悬浮液中具有很多小的晶核，然后倒进待结晶的溶液中，用玻璃棒轻轻搅拌，放置一段时间后即有结晶析出。

（2） 如果没有现成晶体，可取 1～2 滴待结晶溶液置表面玻璃皿上，缓慢蒸发除去溶液，可获得少量晶体。或者取少量待结晶溶液置于一试管中，旋转试管使溶液在管壁上形成薄膜，使溶剂蒸发至一定程度后，冷却试管，管壁上即可形成一层结晶。用玻璃棒刮下玻璃皿或试管壁上所得结晶，蘸取少量接种到待结晶溶液中，轻轻搅拌，并放置一定时间，即有结晶形成。

对以光学异构体进行诱导结晶时，加入的晶种需根据分离晶体性质而定。例如，加入光学性质相同的晶体，便优先诱导形成同种异构体的结晶。

此外，有些蛋白质和酶结晶时，常要求加入某种金属离子才能形成晶核，如锌胰岛素和镉铁蛋白的结晶。它们结合的金属离子便是形成晶核时必不可少的成分。

实验室结晶操作时，人们较喜欢使用玻璃棒轻轻刮擦玻璃容器的内壁，刮擦时产生玻璃微粒可作为异种的晶核。另外，玻璃棒沾有溶液后暴露于空气部分，很容易蒸发形成一层薄薄的结晶，再浸入溶液中便成为同种晶核。同时用玻璃棒边刮擦边缓慢地搅动也可以帮助溶质分子在晶核上定向排列，促成晶体的生长。

3. 晶体的生长

在过饱和溶液中已有晶核形成或加入晶种后，以过饱和度为推动力，晶核或晶种将长大，这种现象称为晶体生长。晶体生长速度也是影响晶体产品粒度大小的一个重要因素。因为晶核形成后立即开始生长成晶体，同时新的晶核还在继续形成，如果晶核形成速度大大超过晶体生长速度，则过饱和度主要用来生成新的晶核，因而得到细小的晶体，甚至呈无定形；反之，如果晶体生长速度超过晶核形成速度，则得到粗大而均匀的晶体。在实际生产中，一般希望得到粗大而均匀的晶体，因为这样的晶体便于以后的过滤、洗涤、干燥等操作，且产品质量也较高。

影响晶体生长速度的因素主要有杂质、搅拌、温度和过饱和度等。

杂质的存在对晶体生长有很大的影响，有的杂质能完全制止晶体的生长；有的则能促进生长；还有的能对同一种晶体的不同晶面产生选择性的影响，从而改变晶体外形。有的杂质能在极低的浓度下产生影响，有的却需要在相当高的浓度下才能起作用。

杂质影响晶体生长速度的途径也各不相同。有的是通过改变晶体与溶液之间的界面上液层的特性而影响溶质长入晶面，有的是通过杂质本身在晶面上的吸附，发生阻挡作用；如果杂质和晶体的晶格有相似之处，杂质能长入晶体内而产生影响。

搅拌能促进扩散，加速晶体生长，同时也能加速晶核形成，一般应以试验为基础，确定适宜的搅拌速度，获得需要的晶体，防止晶簇形成。

温度升高有利于扩散，因而使结晶速度增快。

过饱和度增高一般会使结晶速度增大，但同时引起黏度增加，结晶速度受阻。

4.4.2　影响结晶析出的主要条件

从晶体形成的过程可看出，一般生化物质的晶体形成需要具备以下条件。

1. 溶液浓度

溶质的结晶必须在超过饱和浓度时才能实现，所以目的物的浓度是结晶的首要条件，一定要予以保证。浓度高，结晶收率高，但溶液浓度过高时，结晶物的分子在溶液中聚集析出的速度太快，超过这些分子形成晶核的速率，便得不到晶体，只获得一些无定形固体微粒。另外，溶液浓度过高相应的杂质浓度也增大，容易生成纯度较差的粉末结晶。因此，多大浓度合适，应根据工艺和具体情况确定或调整，才能得到较好较多的晶体。一般地说，生物大分子的质量分数控制在3%～5%是比较适宜的。对小分子物质如氨基酸浓度可适当增大。

2. 样品纯度

大多数情况下，结晶是同种物质分子的有序堆砌。无疑，杂质分子的存在是结晶物质分子规则化排列的空间障碍。所以多数生物大分子需要相当的纯度才能进行结晶。一般地说，纯度越高越容易结晶，结晶母液中目的物的纯度应接近或超过50%。但已结晶的制品不表示达到了绝对的纯化，只能说纯度相当高。有时虽然制品纯度不高，若能创造条件，如加入有机溶剂和制成盐等，也能得到结晶。

3. 溶剂

溶剂对于晶体能否形成和晶体质量的影响十分显著，故找出合适的溶剂是结晶实验首先考虑的问题，一个物质的结晶究竟选用什么溶剂合适？需要对此物质某些性质，如溶解度、稳定性及温度系数等进行预实验才能确定。对于大多数生化小分子来说，水、乙醇、甲醇、丙酮、氯仿、乙酸乙酯、异丙醇、丁醇、乙醚、*N*-甲基甲酰胺等溶剂使用较多。尤其是乙醇，既具亲水性，又具亲脂性，而且价格便宜、安全无毒，所以应用较广。至于蛋白质、酶和核酸等大分子，使用较多的是硫酸铵溶液、氯化钠溶液、磷酸缓冲液、Tris 缓冲液和丙酮、乙醇等。有时某单一溶剂不能促使样品进行结晶，则需要考虑使用混合溶剂（但这两种溶剂应能相互混合）。操作时先将样品用溶解度较大的溶剂溶解，再缓慢地分次少量加入对样品溶解度小的溶剂，直至产生浑浊为止，然后放置或冷却即可获得结晶。也可选用在低沸点溶剂中容易溶解，在高沸点溶剂中难溶解的高低沸点两种混合溶剂。当结晶液放置一段时间，低沸点溶剂由于慢慢蒸发掉而使结晶形成。许多生物小分子结晶使用的混合溶剂有水-乙醇，醇-醚，水-丙酮，石油醚-丙酮等。

选择结晶溶剂常注意如下几个条件：①所用溶剂不能和结晶物质发生任何化学反应；②选用的溶剂应对结晶物质有较高的温度系数，以便利用温度的变化达到结晶的目的；③选用的溶剂应对杂质有较大的溶解度，或在不同的温度下结晶物质与杂质在溶剂中应有溶解度的差别；④所有溶剂如为容易挥发的有机溶剂时，应考虑操作方便、安全。工业生产上还应考虑成本高低、是否容易回收等。

4. pH

一般地说，两性生化物质在等电点附近溶解度低，有利于达到过饱和使晶体析出，所以生化物质结晶时的 pH 一般选择在等电点附近。例如，溶菌酶的 5%溶液，pH 为 9.5～10，在 4℃放置过夜便析出晶体。

5. 温度

从生物活性物质的稳定性而言，一般要求在较低的温度下结晶，这样不容易变性失活。另外，低温可使溶质溶解度降低而有利于溶质的饱和，还可避免细菌繁殖。所以生化物质的结晶温度多控制在 0～20℃，对富含有机溶剂的结晶体系则要求更低的温度。但也有某些酶，如猪糜胰蛋白酶，需要在稍高的温度（25℃）下才能较好地析出晶体。另外，温度过低时，有时由于黏度大会使结晶生成变慢，可在低温时析出结晶后适当升温。通过降温促使结晶时，如果降温快，则结晶颗粒小；降温慢，则结晶颗粒大。

6. 时间

蛋白质等生物大分子因相对分子质量大，立体结构复杂，其结晶过程远比小分子物质困难得多。由于分子的有序排列消耗能量较大，生物大分子的晶核生成和晶体长大都比较缓慢，所以从不饱和到饱和的调节过程需缓慢进行，以免溶质分子来不及形成晶核而以无定形沉淀析出。即使形成晶核，也会因晶核数量太多，造成晶粒过小。晶体小会导致表面积增大，吸附杂质增多，纯度下降。同时因晶体过小造成分离困难而降低收率。为了有利于晶体的缓慢生长，得到足够多、足够大的结晶物，需要提供一定的结晶时间。生物大分子的结晶时间差别很大，少则以时计，多则以月计。例如，早年用于X射线衍射研究的胃蛋白酶晶体是用了几个月时间才制得的。

4.4.3　结晶的一般方法

在工业上，结晶的方法在原理上常可分为两大类：第一类是除去一部分溶剂，如蒸发浓缩使溶液产生过饱和状态而析出结晶；第二类是不除去溶剂，而用直接加入沉淀剂及降低温等方法，使溶液达到饱和状态而析出结晶。实际上两者结合使用较多。在实验室进行一些生化组分结晶可细分为下列几种方法。

1．盐析法

盐析法主要用于大分子如蛋白质、酶、多肽等物质的结晶。因为这些大分子不耐热，对pH变化及许多有机溶剂的使用均十分敏感，而使用中性盐作为沉淀剂，降低这些物质的溶解度而产生结晶，不仅安全而且操作简便。盐析结晶法按照加盐的方式不同可分为加固体盐法、加饱和盐溶液法和透析扩散法。

1）加固体盐法

例如，酵母醇脱氢酶的结晶：100 g干面包酵母经磷酸缓冲液提取，热变性除去杂蛋白，用各种方法纯化至一定程度后，用冷丙酮沉淀，得酵母醇脱氢粗酶，沉淀悬浮于50 mL含0.01%螯合剂和0.001 mol/L半胱氨酸溶液中。在3 L 0.001mol/L磷酸缓冲液（pH为7.5）中透析3 h，离心除去沉淀。在每100 mL上清液中缓慢加入粉末硫酸铵36 g，边加边搅拌，在0℃放置30 min后离心。沉淀溶于20 mL蒸馏水中，再加入4 g硫酸铵粉末，离心。上清液加入4 g硫酸铵粉末（缓慢地在几个钟头内加完）。此时溶液呈微混浊状，冰箱放置直至结晶完全。

2）加饱和盐溶液的方法

例如，牛胰核糖核酸酶的结晶：经纯化后的牛胰核糖核酸酶，用70%饱和硫酸铵沉淀，所得的牛胰核糖核酸酶滤饼1 g，溶于1 mL水中，稀释至2 mL。逐滴加入饱和硫酸铵至微浑，然后加1 mol/L NaOH，调pH至4.6，20℃放置待析出结晶。若硫酸铵浓度过高时出现沉淀，这种沉淀有时在3～4 d后结晶完全，得针状晶体。

又如溶菌酶的结晶：初步纯化后的400 mL溶菌酶溶解在5 mL 0.04mol/L、pH为4.7的乙酸缓冲液中，缓慢搅拌5 min（避免出现泡沫）使完全溶解。后慢加入5 mL 10%（质量分数）氯化钠溶液，边加边搅拌，5 min内加完，过滤。滤液转到一个塑料容器中，室温下放置2 d后结晶析出。

3）透析法

例如，羊胰蛋白酶的结晶：盐析法获得羊胰蛋白酶粗品，溶于0.4 mol/L、pH为9的硼酸缓冲液中，过滤。滤液加入等量“结晶透析液”（0.4 mol/L硼酸缓冲液与等体积饱和硫酸镁混合，以饱和碳酸钠调pH至8.0），装入透析袋内，于0～5℃对以上结晶透析液透析，每天换结晶透析液一次，3～4 d后出现结晶，7 d内结晶完全。

2. 有机溶剂结晶法

此法较常用于一些小分子物质的结晶。例如，用一些低极性溶剂提取固醇类时，酯类常被皂化生成水溶性脂肪酸钠盐和甘油，固醇类存在于中性不皂化部分。此时再用有机溶剂把固醇抽提于甲醇或丙酮中，浓缩后很快形成白色鳞片状结晶析出。某些蛋白质也可以在稀的有机溶剂中进行结晶，但常保持比较低的温度以防止蛋白质变性。

1）直接加有机溶剂结晶的方法

例如，丙氨酸的结晶：从层析柱上收集已达低层析纯的丙氨酸溶液，合并后减压浓缩至1/10体积，趁热缓慢地加入2倍体积热的95%乙醇，结晶逐渐析出。冷却放置过夜，使结晶完全。

又如赤霉素的结晶：5 g粗的赤霉素加500 mL乙酸乙酯加热回流30 min，大部分溶解后，脱色，过滤。滤液慢慢加入1250 mL石油醚，即生成赤霉素结晶。

2）利用挥发性溶剂蒸发结晶方法

例如，1-二甲胺-5-萘磺酰氯的结晶：1-二甲胺-5-萘磺酸和五氯化磷混研，后滴入冰水中。油状物用乙酸乙酯抽提。抽提液用水洗3～4次，用无水氯化钙干燥1～2 d，过滤。滤液于40℃水浴中减压浓缩至干，得1-二甲胺-5-萘磺酰氯粗结晶。粗结晶用石油醚溶解，过滤。滤液在30℃水浴减压浓缩至干，得橙色1-二甲胺-5-萘磺酰氯结晶。

又如麦角固醇的结晶及重结晶：干酵母粉以82%～84%乙醇搅拌抽提18～24 h。蒸气加热浓缩得膏状物，加膏重5%～10%的水溶解，再加3～5倍体积的乙醚，激烈搅拌2～3 h，静置16～20 h，吸出上清液于－5℃冰箱中放置1 d后析出结晶。粗结晶滤集后加10倍量的醚酮混合液，在50～54℃隔层水浴中保温30～40 min（间断搅拌），静置，后吸出上清液于－5℃下放置过夜，得白色针状结晶。

3. 等电点结晶法

等电点结晶法多用于一些两性物质。

例如，乙酰-DL-色氨酸的重结晶：2.5 kg粗乙酰-DL-色氨酸加1.2～1.3 L 5mol/L氢氧化钠溶解，40 g活性炭脱色后过滤。滤液在10℃以下用冰醋酸调pH至3，缓慢搅拌即逐渐出现大量结晶。

4. 其他

主要有温度差法、加入金属离子法等。

1）温度差法

例如，葡萄糖-1-磷酸钠盐的重结晶：葡萄糖-1-磷酸钠盐的粗结晶溶于20倍体积的0.05 mol/L盐酸中，过滤除去不溶物。清液在80℃水浴中加热到60～65℃，后用

1 mol/L氢氧化钠调 pH 至 7.0，趁热过滤除去无机盐沉淀。清液在 4℃冰箱中放置 24 h，得葡萄糖-1-磷酸钠盐的片状结晶。

2）加入金属离子法

例如，铁蛋白的结晶：狗肝的水抽提液加硫酸铵至 50%饱和度，沉淀后将沉淀再溶于少量蒸馏水中。每 100 mL 溶液缓慢加入 5 g 固体硫酸镉，冰箱放置过夜，得红褐色菱形含镉的铁蛋白结晶。

4.4.4 提高晶体质量的方法

晶体的质量主要是指晶体的大小、形状和纯度三个方面。工业上通常希望得到粗大而均匀的晶体。粗大而均匀的晶体较细小不规则的晶体便于过滤与洗涤，在储存过程中不容易结块。但某些抗生素作为药品时有其特殊要求。非水溶性抗生素一般为了使人体容易吸收，粒度要求较细。例如，普鲁卡因青霉素是一种混悬剂，细度规定为 5 μm 以下占 65%以上，最大颗粒不得超过 50 μm，超过此规定，不仅不利于吸收而且注射时容易阻塞针头，或注射后产生局部红肿疼痛，甚至发热等症状。但晶体过分细小，有时粒子会带静电，由于其相互排斥，四处跳散，并且会使比热容过大，给成品的分装带来不便。

1. 晶体大小

前面已分别讨论了影响晶核形成及晶体生长的因素，但实际上成核及其生长是同时进行的，因此必须同时考虑这些因素对两者的影响。过饱和度增加能使成核速度和晶体生长速度增快，但成核速度增加更快，因而得到细小的晶体。尤其过饱和度很高时影响更为显著。例如，生产上常用的青霉素钾盐结晶方法，由于形成的青霉素钾盐难溶于乙酸丁酯造成过饱和度过高，因而形成较小晶体。采用共沸蒸馏结晶法时，在结晶过程中始终维持较低的过饱和度，因而得到较大的晶体。

当溶液快速冷却时，能达到较高的饱和度，得到较细小的晶体；反之，缓慢冷却常得到较大的晶体。例如，土霉素的水溶液以氨水调 pH 至 5，温度从 20℃降低到 5℃，使土霉素碱结晶析出，温度降低速度越快，得到的晶体比表面就越大，晶体越细。

当溶液的温度升高时，使成核速度和晶体生长速度都加快，但对后者影响显著。因此低温得到较细晶体。例如，普鲁卡因青霉素结晶时所需用的晶种，粒度要求在 2 μm 左右，所以制备这种晶种时温度要保持在－10℃左右。

搅拌能促进成核加快扩散，提高晶体长大的速度。但当搅拌强度到达一定程度后，再加快搅拌效果就不显著；相反，晶体还会被打碎。经验表明，搅拌越快，晶体越细。例如，普鲁卡因青霉素微粒结晶搅拌转速为 1 000 r/min，制备晶种时，则采用 3 000 r/min 的转速。

2. 晶体形状

同种物质用不同的方法结晶时，得到的晶体形状可以完全不一样，虽然它们属于同一种晶系。外形的变化是由于在一个方向生长受阻，或在另一方向生长加速所致。前已指出，快速冷却常导致针状结晶。其他影响晶形的因素有过饱和度、搅拌、温度、pH等。从不同溶剂中结晶常得到不同的外形。例如，普鲁卡因青霉素在水溶液中结晶得方形晶体，而从乙酸丁酯中结晶呈长棒状。

杂质的存在也会影响晶型，杂质可吸附在晶体的表面上，而使其生长速度受阻。例如，普鲁卡因青霉素结晶中，作为消沫剂的丁醇的存在也会影响晶形，乙酸丁酯的存在会使晶体变得细长。

3. 晶体的纯度

从溶液中结晶析出的晶体并不是十分纯粹的。晶体常会包含母液、尘埃和气泡等。所以结晶器需要非常清洁，结晶液也应仔细过滤以防止夹带灰尘、铁锈等。要防止夹带气泡可不用强烈搅拌和避免激烈翻腾。晶体表面有一定的物理吸附能力，因此表面上有很多母液和杂质。晶体越细小，表面积越大，吸附的杂质也就越多。表面吸附的杂质可通过晶体的洗涤除去。对于非水溶性晶体，常可用水洗涤，如红霉素、制霉菌素等。有时用溶液洗涤能除去表面吸附的色素，对提高成品质量起很大作用。例如，灰黄霉素晶体，本来带黄色，用丁醇洗涤后就显白色；又如青霉素钾盐的发黄变质主要是成品中含有青霉烯酸和噻唑酸，而这些杂质都很容易溶于醇中，故用丁醇洗涤时可除去。用一种或多种溶剂洗涤后，为便于干燥，最后常用容易挥发的溶剂，如乙醇、乙醚等洗涤。为加强洗涤效果，最好是将溶液加到晶体中，搅拌后再过滤。边洗涤边过滤的效果较差，因为容易形成沟流使有些晶体不能洗到。

过细的晶体不仅吸附的杂质过多，而且使洗涤过滤很难进行，甚至影响生产。

当结晶速度过大时（如过饱和度较高、冷却速度很快时），常容易形成晶簇，而包含母液等杂质，或晶体对溶液有特殊的亲和力，晶格中常会包含溶剂，对于这种杂质，用洗涤的方法不能除去，只能通过重结晶来除去。例如，红霉素从有机溶剂中结晶时，每一分子碱可含1～3个分子丙酮，只有在水中结晶才能除去。

杂质与晶体具有相同晶形，称为同结晶现象。对于这种杂质需用特殊的物理化学方法分离除去。

4. 晶体结块

晶体的结块给使用带来很多不便。结块的主要原因是母液没有洗净，温度的变化会使母液中溶质析出，而使颗粒胶结在一起。另外，吸湿性强的晶体容易结块。当空气中湿度较大时，表面晶体吸湿溶解成饱和溶液，充满于颗粒缝隙中，以后如空气中湿度降低时，饱和溶液蒸发又析出晶体，而使颗粒胶结成块。

均匀整齐的颗粒晶体结块倾向较小，即使发生结块，由于晶块结构疏松，单位体积的接触点少，结块容易弄碎。粒度不均匀的晶体，由于大晶粒之间的空隙充填着较小晶粒，单位体积中接触点增多，结块倾向较大，而且不容易弄碎。晶粒均匀整齐，但为长柱形，能挤在一起而结块。

5. 重结晶

重结晶是将晶体用合适的溶剂溶解，再次结晶，使纯度提高。因为杂质和结晶物质在不同溶剂和不同温度下的溶解度是不同的。

重结晶的关键是选择合适的溶剂。例如，溶质在某种溶剂中加热时能溶解，冷却时能析出较多的晶体，则这种溶剂可以认为适用于重结晶。如果溶质容易溶于某一溶剂而难溶于另一溶剂，且两溶剂能互溶，则可以用两者的混合溶剂进行试验。其方法为将溶质溶于溶解度较大的一种溶剂中，然后将第二种溶剂加热后小心加入，一直到稍显浑浊，结晶刚开始为止，接着冷却，放置一段时间使结晶完全。

难点自测

1. 沉淀和结晶的共同特征是什么？它们又有什么不同之处？
2. 为什么晶体产品具有较高的纯度？
3. 结晶的首要条件是什么？制备过饱和溶液一般有哪几种方法？
4. 在什么条件下可采用加晶种进行结晶？一般选用什么物质作为晶种？
5. 影响结晶颗粒大小均匀的主要因素有哪些？

第 5 章

吸附分离技术

吸附分离技术是指在一定的条件下，将待分离的料液（或气体）通入适当的吸附剂中，利用吸附剂对料液（或气体）中某一组分具有选择吸附的能力，使该组分富集在吸附剂表面，然后再用适当的洗脱剂将吸附的组分从吸附剂上解吸下来的一种分离纯化技术。

吸附法广泛应用于各种生物行业。例如，在酶、蛋白质、核苷酸、抗生素、氨基酸的分离纯化中，可应用选择性吸附的方法；发酵行业中净化空气和除菌离不开吸附过程；在生物药物的生产中，还常利用吸附法来去除杂质如脱色、去热原和去组胺。

吸附法一般具有以下特点：①操作简便、设备简单，价廉、安全；②常用于从大体积料液（稀溶液）中提取含量较少的目的物，由于受固体吸附剂的影响，处理能力较低；③不用或少用有机溶剂，吸附和洗脱过程中 pH 变化小，较少引起生物活性物质的变性失活；④选择性差，收率低，特别是一些无机吸附剂吸附性能不稳定，不能连续操作，劳动强度大（人工合成的大孔网状聚合物吸附剂性能有很大改进）。

吸附剂的应用可分为两种方式：如果需要的组分较容易（或较牢固地）被吸附，可在吸附后除去不吸附或较不容易吸附的杂质，然后再将样品洗脱；反之，当需要的成分较难吸附时，则可将杂质吸附除去，所以吸附法常用来去除杂质。

5.1 吸附过程的理论基础和常用的吸附剂

学习目标

1. 吸附的概念和机理。
2. 吸附的三种类型。
3. 常用的吸附剂及其特性。

5.1.1 基本概念

吸附是指物质从流体相（气体或液体）浓缩到固体表面从而达到分离的过程。在表面上能发生吸附作用的固体称为吸附剂，而被吸附的物质称为吸附物。固体可分为多孔和非多孔两类。非多孔性固体只具有很小的比表面，固体通过粉碎，可增加其比表面。多孔性固体由于颗粒内微孔的存在，比表面很大，可达每克几百平方米。因为非多孔性固体的比表面仅取决于可见的外表面积，而多孔性固体的比表面积是由外表面积和内表面积所组成，内表面积可比外表面积大几百倍，并具有较大的吸附力，所以一般选用多孔性固体物质为吸附剂。

多孔性固体物质的吸附机理可见图5-1。固体表面分子（或原子）与固体内部分子（或原子）所处的状态不同。固体内部分子（或原子）受邻近四周分子的作用力是对称的，作用力总和为零，即彼此互相抵消，故分子处于平衡状态，但界面上的分子同时受到不相等的两相分子的作用力，因此界面分子所受力是不对称的，作用力的总和不等于零，合力方向指向固体内部。因此，存在着一种固体的表面力，能从外界吸附分子、原子或离子，并在吸附剂表面附近形成多分子层或单分子层。

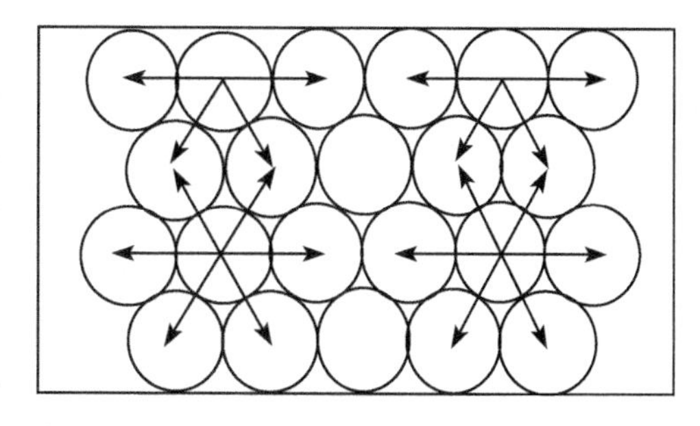

图5-1 界面上分子和内部分子所受的力

5.1.2 吸附的类型

按照吸附剂和吸附物之间作用力的不同，吸附可分为三种类型。

1. 物理吸附

吸附剂和吸附物通过分子力（范德华力）产生的吸附称为物理吸附。这是一种最常见的吸附现象。由于分子力的普遍存在，一种吸附剂可吸附多种物质，没有严格的选择性，但由于吸附物性质不同，吸附的量相差很大。物理吸附所放的热较小，一般为$(2.09\sim4.18)\times10^4$ J/mol。物理吸附时，吸附物分子的状态变化不大，需要的活化能很小，所以物理吸附多数可在较低的温度下进行。由于物理吸附时，吸附剂除表面状态外，其他性质都未改变，所以物理吸附的吸附速度和解吸（在吸附的同时，被吸附的分子由于热运动离开固体表面的现象）速度都较快，容易达到平衡状态。

2. 化学吸附

化学吸附是由于吸附剂与吸附物之间发生电子转移，生成化学键而产生的。因此，化学吸附需要较高的活化能，需要在较高温度下进行。化学吸附放出的热量很大。由于化学吸附生成了化学键，因而吸附慢、不容易解吸、平衡慢。但化学吸附的选择性较强，即一种吸附剂只对某种或特定几种物质有吸附作用。

3. 交换吸附

吸附剂表面如果为极性分子或离子所组成，则会吸引溶液中带相反电荷的离子形成双电层，同时放出等物质的量的离子于溶液中，发生离子交换，这种吸附称为交换吸附，又称极性吸附。离子的电荷是交换吸附的决定因素，离子所带电荷越多，它在吸附剂表面的相反电荷点上的吸附力就越强，电荷相同的离子，其水化半径越小，越容易被吸附。

5.1.3 几种常用的吸附剂

吸附剂按其化学结构可分为两大类：一类是有机吸附剂，如活性炭、纤维素、大孔吸附树脂、聚酰胺等；另一类是无机吸附剂，如氧化铝、硅胶、人造沸石、磷酸钙、氢氧化铝等。下面介绍一些生物分离过程中常用的几种吸附剂。

1. 活性炭

活性炭具有吸附力强、来源比较容易、价格便宜等优点，常用于生物产物的脱色和除臭，还应用于糖、氨基酸、多肽及脂肪酸等的分离提取。但活性炭的生产原料和制备方法不同，吸附力就不同，因此很难控制其标准。在生产上常因采用不同来源或不同批号的活性炭而得到不同的结果。另外，活性炭色黑质轻，污染环境。

1）活性炭的种类

活性炭的种类很多，一般分为以下三种：

（1）粉末活性炭　该类活性炭颗粒极细，呈粉末状，其总表面积大，是活性炭中吸附能力（吸附力、吸附量）最强的一类。但因其颗粒太细，静态使用时不容易与溶液分离，层析时流速太慢，需要加压或减压操作，手续麻烦。

（2）颗粒活性炭　该类活性炭颗粒较前者大，其总表面积相应减少，吸附能力次于粉末活性炭。但静态使用时容易与溶液分离，层析流速易于控制，不需加压或减压操作。

（3）锦纶活性炭　该类活性炭是以锦纶为黏合剂，将粉末活性炭制成颗粒。其总表面积介于粉末活性炭和颗粒活性炭之间，其吸附力较两者弱（因为锦纶是活性炭的脱活性剂）。可用于分离前两种活性炭吸附太强而不容易洗脱的化合物。

2）活性炭的选择

在提取分离过程中，根据所分离物质的特性，选择适当吸附力的活性炭是成功的关键。当欲分离的物质不容易被活性炭吸附时，要选用吸附力强的活性炭；当欲分离的物质很容易被活性炭吸附时，要选择吸附力弱的活性炭。在首次分离料液或样品时，一般先选用颗粒状活性炭。如果待分离的物质不能被吸附，则改用粉末状活性炭。如果待分离的物质吸附后不能洗脱或很难洗脱，造成洗脱剂体积过大，洗脱高峰不集中，则改用锦纶活性炭。

3）影响活性炭吸附能力的因素

活性炭的吸附能力与其所处的溶液和待吸附物质的性质有关。一般地说，活性炭的吸附作用在水溶液中最强，在有机溶液中较弱，所以水的洗脱能力最弱，而有机溶剂则较强，吸附能力的顺序如下：水＞乙醇＞甲醇＞乙酸乙酯＞丙酮＞氯仿。活性炭对不同物质的吸附能力有所不同，一般遵循以下规律：对具有极性基团的化合物吸附力较大；对芳香族化合物的吸附力大于脂肪族化合物；对相对分子质量大的化合物的吸附力大于对相对分子质量小的化合物。

4）活性炭的活化

由于活性炭是一种强吸附剂，对气体的吸附能力很大，气体分子占据了活性炭的吸附表面，会造成活性炭“中毒”，使其活力降低，因此使用前可加热烘干，以除去大部分气体。对于一般的活性炭可在 160℃加热干燥 4～5 h；锦纶活性炭受热容易变形，可于 100℃干燥 4～5 h。

2. 硅胶

硅胶是应用最广泛的一种极性吸附剂，层析用硅胶可用 $SiO_2 \cdot nH_2O$ 表示，具有多孔性网状结构。它的主要优点是化学惰性，具有较大的吸附量，容易制备不同类型、孔径、表面积的多孔性硅胶。可用于萜类、固醇类、生物碱、酸性化合物、磷脂类、脂肪类、氨基酸类等的吸附分离。

1）影响硅胶吸附能力的因素

硅胶的吸附能力与吸附物的性质有关，硅胶能吸附非极性化合物，也能吸附极性化合物，对极性化合物的吸附力更大（因为硅胶是一种亲水性吸附剂）。

硅胶的吸附能力与其本身的含水量密切相关。硅胶吸附活性随含水量的增加而降低(含水量与吸附活性的关系见表 5-1)，当含水量小于 1%时，活性最高，而当含水量大于 20%时，硅胶的吸附活性最低。

表 5-1　氧化铝、硅胶的活性与含水量的关系

活　性	$m_{氧化铝}/m_{水}/\%$	$m_{硅胶}/m_{水}/\%$
Ⅰ级	0	0
Ⅱ级	3	5
Ⅲ级	6	15
Ⅳ级	10	25
Ⅴ级	15	35

2）硅胶的活化

硅胶表面上带有大量的羟基，有很强的亲水性，能吸附多量水分，因此硅胶一般于 105～110℃活化 1～2 h 后使用。活化后的硅胶应马上使用，如当时不用，则要储存在干燥器或密闭的瓶中，但时间不宜过长。

3）硅胶的再生

用过的硅胶用 5～10 倍量的 1%NaOH 水溶液回流 30 min，热过滤，然后用蒸馏水洗 3 次，再用 3～6 倍量的 5%乙酸回流 30 min，过滤，用蒸馏水洗至中性，再用甲醇洗、水洗两次，然后在 120℃烘干活化 12 h，即可重新使用。

3. 氧化铝

氧化铝也是一种常用的亲水性吸附剂，它具有较高的吸附容量，分离效果好，特别适用于亲脂性成分的分离，广泛应用在醇、酚、生物碱、染料、苷类、氨基酸、蛋白质以及维生素、抗生素等物质的分离。活性氧化铝价廉，再生容易，活性容易控制；但操作不便，手续繁琐，处理量有限，因此也限制了在工业生产上大规模应用。

1）氧化铝的分类

氧化铝通常可按制备方法的不同，分为以下三种：

（1）碱性氧化铝 直接由氢氧化铝高温脱水而得，柱层析时一般用 100～150 目。一般水洗脱液得 pH 为 9～10，经活化即可使用。碱性氧化铝主要用于碳氢化合物的分离，如甾体化合物、醇、生物碱、中性色素等对碱稳定的中性、碱性成分。

（2）中性氧化铝 用碱性氧化铝加入蒸馏水，在不断搅拌下煮沸 10 min，倾去上清液。反复处理至水洗液的 pH 为 7.5 左右，滤干活化后即可使用。中性氧化铝使用范围最广，常用于分离脂溶性生物碱、脂类、大分子有机酸以及酸碱溶液中不稳定的化合物（如酯、内酯）的分离。

（3）酸性氧化铝 氧化铝用水调成糊状，加入 2 mol/L 盐酸，使混合物对刚果红呈酸性反应。倾去上清液，用热水洗至溶液对刚果红呈弱紫色，滤干活化备用。酸性氧化铝适用于天然和合成的酸性色素、某些醛和酸、酸性氨基酸和多肽的分离。水洗液 pH 为 4～4.5。

2）氧化铝的吸附活性和活化

氧化铝的吸附活性也与含水量的关系很大（氧化铝活性与含水量的关系见表 5-1），吸附能力随含水量增多而降低。和硅胶相似，氧化铝在使用前也需在一定条件下（150℃下 2 h）除去水分以使其活化。

4. 羟基磷灰石

羟基磷灰石又名羟基磷酸钙 [$Ca_5(PO_4)_3 \cdot OH$]，简称 HA。在无机吸附剂中，羟基磷灰石是唯一适用于生物活性高分子物质（如蛋白质、核酸）分离的吸附剂。一般认为，羟磷灰石对蛋白质的吸附作用主要是其中 Ca^{2+} 与蛋白质负电基团结合，其次是羟基磷灰石的 PO_4^{3-} 与蛋白质表面的正电基团相互反应。

由于羟基磷灰石吸附容量高，稳定性好（在温度小于 85℃，pH 为 5.5～10.0 均可使用），因此在制备及纯化蛋白质、酶、核酸、病毒等生命物质方面得到了广泛的应用。有时有些样品如 RNA、双链 DNA、单链 DNA 和杂型双链 DNA-RNA 等，经过一次羟基磷灰石柱层析，就能达到有效的分离。

1）羟基磷灰石的制备

取 500 mL 烧杯 1 只，装上搅拌机、加热器。另取 2 只分液漏斗分别装 2 000 mL 0.5 mol/L Na_2HPO_4 和 2 000 mL 0.5 mol/L $CaCl_2$，开动搅拌机，并将 Na_2HPO_4 和 $CaCl_2$ 等量地加入烧杯中，流速为 12 mL/min，滴加完毕后，静止沉淀，倾去上清液，沉淀用 3 000 mL 蒸馏水洗涤 4 次。将沉淀悬浮于 3 000 mL 蒸馏水中，加入 100 mL 40%氢氧化钠同时开动搅拌机，并在 45 min 内加热至沸，继续煮沸 1 h，停止加热。静止后，倾去上清液，沉淀用 3 000 mL 蒸馏水洗 4 次。沉淀加 3 000 mL 0.01 mol/L pH 为 6.8 磷酸缓冲溶液，搅拌加热至刚刚沸腾，停止加热，静止后倾去上清液，再加入 0.01 mol/L pH 为 6.8 磷酸缓冲溶液，搅拌加热煮沸 15 min，停止加热，静止后倾去上清液，再加入 0.001 mol/L pH 为 6.8 磷酸缓冲溶液，搅拌加热，煮沸 15 min，停止加热，静止后倾去上清液，沉淀中加入 0.001 mol/L pH 为 6.8 磷酸缓冲溶液，摇匀备用。

虽然羟基磷酸钙制备步骤比较繁琐，但操作方便，原料容易获得，是蛋白质纯化的有效方法之一。

目前羟基磷灰石已有商品出售。国外的Bio-Rad公司生产的羟基磷灰石有三种规格，其各自的性质见表5-2。

表5-2 羟基磷灰石的规格与性能

商品名称	储存方式	颗粒大小	每克干粉操作容量		最大流速/[mL/(cm²·h)]
			牛血清白蛋白/mg	小牛胸腺DNA/μg	
Bio-Gel HTP DNA-grade	粉状	粗	10	600	25
Bio-Gel HTP	粉状悬浮在0.1 mol/L磷酸钠缓冲溶液	细	10	1 000	10
Bio-Gel HT	0.02% NaN_3	粗	10	800	35

注：此表是在1.5 cm×10 cm层析柱中，40 cm水压下测得的数据。

2）羟基磷灰石的预处理和再生

（1）预处理　羟基磷灰石为干粉时，要先在蒸馏水中浸泡，使其膨胀度（水化后所占有的体积）达到2～3 mL/g后，再按1∶6体积加入缓冲液（如0.01 mol/L磷酸钠缓冲溶液，pH为6.8）悬浮，以除去细小颗粒。

（2）再生　用过的羟基磷灰石层析柱再生时，要先挖去顶部的一层羟基磷灰石，然后用1倍床体积的1 mol/L NaCl溶液洗涤，接着用4倍床体积的平衡液洗涤平衡，如此处理后即可使用。

3）羟基磷灰石的使用注意事项

羟基磷灰石悬浮液需用旋涡振荡器混合，若用磁棒或玻璃棒搅拌时，羟基磷灰石的晶体结构会被破坏。

忌用柠檬酸缓冲溶液和pH小于5.5的缓冲溶液。

就操作容量来说，一般细颗粒羟基磷灰石比粗的大。就分辨率比较，粗颗粒羟基磷灰石也没细的好，但用细颗粒羟基磷灰石层析时，柱子直径大些才能达到满意的流速。

5. 聚酰胺粉

聚酰胺是一类化学纤维的原料，国外称为尼龙，国内称锦纶。由已二酸与已二胺聚合而成的叫锦纶66，由已内酰胺聚合而成的叫锦纶6，因为这两类分子都含有大量的酰胺基团，故统称聚酰胺。适于分离含酚羟基、醌基的成分，如黄酮、酚类、鞣质、蒽醌类和芳香族酸类等。

聚酰胺通过与被分离物质形成氢键而产生吸附作用。各种物质由于与聚酰胺形成氢键的能力不同，聚酰胺对它们的吸附力也不同。一般地说，形成氢键的基团（如酚羟基）多，吸附力大，难洗脱；具有对、间位取代基团的化合物比具有邻位取代基团的化合物吸附力大；芳核及共轭双键多者吸附力大；能形成分子内氢键的化合物吸附力减少。

聚酰胺和各类化合物形成氢键的能力和溶剂的性质有密切关系。通常，在碱性溶液中聚酰胺和其他化合物形成氢键的能力最弱，在有机溶剂中其次，在水中最强。因此，聚酰胺在水中的吸附能力最强，在碱液中的吸附能力最弱。

6. 人造沸石

人造沸石是人工合成的一种无机阳离子交换剂，其分子式为 $Na_2Al_2O_4 \cdot xSiO_2 \cdot yH_2O$，人造沸石在溶液中呈 $Na_2Al_2O_4 = 2Na^+ + Al_2O_4^{2-}$，而偏铝酸根与 $xSiO_2 \cdot yH_2O$ 紧密结合成为不溶于水的骨架。我们以 Na_2Z 代表沸石，M^+ 表示溶液中阳离子，则

$$Na_2Z + 2M^+ = M_2Z + 2Na^+$$

使用过的沸石可以用以下方法再生：先用自来水洗去硫酸铵，再用 0.2～0.3 mol/L 氢氧化钠和 1 mol/L 氯化钠混合液洗涤至沸石成白色，最后用水反复洗至 pH 至 7～8，即可重新使用。

7. 白陶土（白土、陶土、高岭土）

白陶土可分为天然白陶土和酸性白陶土两种。在生物制药工艺中常作为某些活性物质的纯化分离吸附剂，也可作为助滤剂与去除热原质的吸附剂。天然白陶土的主要成分是含水的硅酸铝，其组成与 $Al_2O_3 \cdot 2SiO_2 \cdot 2H_2O$ 相当。新采出的白陶土含水 50%～60%，经干燥压碎后，加热至 420℃活化，冷却后再压碎过滤即可使用。经如此处理，白陶土具有大量微孔和大的比表面积（一般为 120～140 m^2/g，可称活性白土），能吸附大量有机杂质。将白陶土浸于水中，pH 为 6.5～7.5，即中性，由于它能吸附氢离子，所以可起中和强酸的作用。

我国产的白陶土质量较好，色白而杂质少。白陶土作为药物可用于吸附毒物，如吸附有毒的胺类物质，食物分解产生的有机酸等，并可能吸附细菌。在生化制药中，白陶土能吸附一些相对分子质量较大的杂质，包括能导致过敏的物质，也常用它脱色。应该注意，天然产物白陶土差别可能很大，所含杂质也会不同。商品药用白陶土或供吸附用的白陶土虽已经处理，如果产地不同，在吸附性能上也有差别。所以在生产上，白陶土产地和规格更换时，要经过试验。临用前，用稀盐酸清洗并用水冲洗至近中性后烘干，效果较好。

酸性白陶土（也可称酸性白土）的原料是某些斑土，经浓盐酸加热处理后烘干即得。其化学成分与天然白陶土相似，但具有较好的吸附能力，如其脱色效率比天然白陶土高许多倍。

难点自测

1. 什么是吸附？多孔性固体为什么具有吸附能力？
2. 常用的吸附剂有哪些？各有何特点？
3. 选用活性炭时，应考虑哪些问题？

5.2　大网格聚合物吸附剂

学习目标

1. 大网格聚合物吸附剂的优越性和适用对象。
2. 大网格聚合物吸附剂的常见类型和选择方法。
3. 大网格聚合物吸附剂的预处理、再生和解吸方法。

大网格聚合物吸附剂又称为大孔吸附树脂，是一种有机高聚物，具有与大网格离子交换树脂相同的大网格骨架（由于在聚合时加入了一些不能参加反应的致孔剂，聚合结束后又将其除去，因而留下永久性孔隙，形成大网格结构），一般为白色球形颗粒。与大网格离子交换树脂不同的是，大网格聚合物吸附剂的骨架上没引入可进行离子交换的酸性或碱性功能基团，它借助的是范德华力从溶液中吸附各种有机物质。

与活性炭等经典的吸附剂相比，大网格聚合物吸附剂具有选择性好、解吸容易、机械强度好、可反复使用和流体阻力小等优点。特别是其孔隙大小、骨架结构和极性，可按照需要，选择不同的原料和合成条件而改变，因此可适用于各种有机化合物。与大网格离子交换树脂不同，无机盐类对大网格聚合物吸附剂的吸附不仅没有影响，反而可增大吸附量，故大网格聚合物吸附剂使用时无需考虑盐类的存在。另外，对于一些属于弱电解质或非离子型的抗生素，过去不能用离子交换法提取的，现在可考虑使用大网格聚合物吸附剂。

5.2.1　大网格聚合物吸附剂的类型和结构

大网格聚合物吸附剂按骨架极性强弱，可以分为非极性、中等极性和极性吸附剂三类（表 5-3）。

表 5-3　大孔网状聚合物吸附剂性能表

吸附剂名称	树脂结构	极性	比表面积 /(m^2/g)	孔径 /(10^{-10} m)	孔度/%[1]	骨架密度 /(g/mL)[1]	交联剂
Amberlite 系列[2]							
XAD-1[3]	苯乙烯	非极性	100	200	37	1.07	二乙烯苯
XAD-2			330	90	42	1.07	
XAD-3			526	44	38		
XAD-4			750	50	51	1.08	
XAD-5			415	68	43		
Amberlite 系列							
XAD-6	丙烯酸酯	中极性	63	498	49		双 α-甲基丙烯酸二乙醇酯
XAD-7	α-甲基丙烯酸酯	中极性	450	80	55	1.24	
XAD-8	α-甲基丙烯酸酯	中极性	140	250	52	1.25	
Amberlite 系列							
XAD-9	亚　砜	极　性	250	80	45	1.26	
XAD-10	丙烯酰胺	极　性	69	352			
XAD-11	氧化氮类	强极性	170	210	41	1.18	
XAD-12	氧化氮类	强极性	25	1300	45	1.17	

续表

吸附剂名称	树脂结构	极性	比表面积/(m^2/g)	孔径/(10^{-10} m)	孔度/%[①]	骨架密度/(g/mL)[①]	交联剂
Diaion 系列[②]							
HP-10	丙乙烯	非极性	400	300	小	0.64	二乙烯苯
HP-20			600	460	大	1.16	
HP-30			500～600	250	大	0.87	
HP-40			600～700	250	小	0.63	
HP-50			400～500	900		0.81	

① 孔度是指吸附剂中空隙所占的体积百分数；骨架密度是指吸附剂骨架的密度，即每毫升骨架（不包括空隙）的质量（g）。

② Amberlite 系列为美国 Rohm-Hass 产品，Diaion 系列为日本三菱化成产品。

③ XAD-1 到 XAD-5 化学组成相接近，故性质相似，但对相对分子质量大小不同的被吸附物，表现了不同的吸附量。

非极性吸附剂是以苯乙烯为单体，二乙烯苯为交联剂聚合而成，故也称为芳香族吸附剂。中等极性吸附剂具有甲基丙烯酸酯的结构（以多功能团的甲基丙烯酸作为交联剂），也称为脂肪族吸附剂。含有硫氧、酰胺、氮氧等基团的为极性吸附剂。

5.2.2 大网格聚合物吸附剂的选择和使用方法

1. 吸附剂的选择依据

大网格聚合物吸附剂的吸附能力，不但与其本身的化学结构和物理性能（如聚合单体的结构、极性的大小、比表面积及孔径等）有关，而且与吸附物和溶液的性质有关。一般地说，非极性吸附剂容易从极性溶剂（如水）中吸附非极性物质；极性吸附剂容易从非极性溶剂中吸附极性物质；中等极性的吸附剂对上述两种情况都具有吸附能力。所以选择大网格聚合物吸附剂时，应考虑吸附物的极性。另外，吸附物分子大小也是选择大网格聚合物吸附剂的重要因素之一，分子较大的吸附物应选用大孔径的大网格聚合物吸附剂，但孔径增大，吸附表面积就要减少。经验表明，孔径等于吸附物分子直径的 6 倍比较合适。总之，选择大网格聚合物吸附剂时，宜根据吸附物的极性和分子大小，选择具有适当极性、孔径和表面的吸附剂。例如，吸附酚等分子较小的物质，宜选用孔径小、表面积大的 XAD-4；吸附烷基苯磺酸钠，则宜用孔径较大、表面积较小的 XAD-2 吸附剂。

2. 吸附剂的预处理和再生

1） 预处理

大网格聚合物吸附剂在使用前要预处理，特别是新购买的大网格聚合物吸附剂，含有许多脂溶性杂质，要用丙酮在沙式提取器（又名索式提取器）中加热洗脱 3～4 d 才能除尽；否则，将影响大网格聚合物吸附剂的吸附性能。一般情况下用蒸馏水洗去大网格聚合物吸附剂表面的浮渣，同乙醇溶胀 24 h 后，湿法装入柱内，继续用乙醇清洗至流出液与水以 1∶5 混合不呈乳白色，然后用大量水洗去柱中的乙醇即可使用。

2）再生

如果样品较纯，用无水乙醇洗脱后柱子即可重新使用；否则，可用5%NaOH、2 mol/L HCl或丙酮回流处理，最后用水清洗。大网格聚合物吸附剂颜色的加深对其吸附性能影响不大。大网格聚合物吸附剂再生后可多次重复使用，再生后应在湿润状态下存放。

3. 大网格聚合物吸附剂的解吸方法

由于大网格聚合物吸附剂的吸附作用是分子吸附，所以解吸（洗脱）比较容易。大网格聚合物吸附剂的解吸有下列方法：①最常用的是水溶性有机溶剂作解吸剂，如低级醇、酮及其水溶液；②对弱酸性物质可用碱解吸，如XAD-4吸附酚后，可用NaOH溶液解吸，此时酚转变为酚钠，亲水性较强，因而吸附较差；③对弱碱性物质可用酸来解吸；④如果吸附是在高浓度盐类溶液中进行，则仅用水洗就能解吸下来；⑤对于容易挥发溶质可用热水或蒸气解吸。

5.2.3 大网格聚合物吸附剂的应用

由于大网格聚合物吸附剂具有选择性好、解吸容易、机械强度好、可反复使用、流体阻力较小、吸附速度快等优点，而且只要改变吸附剂的结构就能用于吸附各种有机化合物，所以在生产中的应用日趋广泛。对于在水中溶解度不太大，而较容易溶于有机溶剂中的活性物质都可考虑用大网格聚合物吸附剂提取，如维生素B_{12}、四环素、土霉素、红霉素等的提取。在新的抗生素研究的早期阶段，大网格聚合物吸附法可作为普遍适用的粗提手段，以尽快得到浓缩液和尽可能纯化的制品，也是有实际意义的。此外，大网格聚合物吸附剂也可用于对已分离出的产物的各组分的分离；用于离子交换法洗脱液的脱盐；把盐制备成相应的游离有机酸或有机碱以及脱色等；用于污水处理，如含酚、氯、硝基等化合物的废水处理，造纸、印染、洗涤剂废水等的处理；食品工业上用作糖浆脱色剂等。

难点自测

1. 大网格吸附树脂和传统的吸附剂比有何优越性？
2. 选择大网格吸附树脂应考虑哪些因素？
3. 大网格吸附树脂常用的解吸方法有哪些？

5.3 影响吸附的因素

学习目标

影响吸附的主要因素及其影响规律。

固体在溶液中的吸附比较复杂，影响因素也较多，主要有吸附剂、吸附物、溶剂的性质以及吸附过程的具体操作条件等。了解这些影响因素有助于根据吸附物的性质和分离目的选择合适的吸附剂及操作条件。现将影响吸附作用的主要因素简述如下。

5.3.1　吸附剂的性质

吸附剂的比表面积（每克吸附剂所具有的表面积）、颗粒度、孔径、极性对吸附的影响很大。比表面积主要与吸附容量有关，比表面积越大，空隙度越高，吸附容量越大。颗粒度和孔径分布则主要影响吸附速度，颗粒度越小，吸附速度就越快，孔径适当，有利于吸附物向空隙中扩散，加快吸附速度。所以要吸附相对分子质量大的物质时，就应该选择孔径大的吸附剂，要吸附相对分子质量小的物质，则需选择比表面积高及孔径较小的吸附剂。例如，要除去废水中的苯酚（酚的分子横截面面积为 21×10^{-10} m^2，纵截面面积为 41.2×10^{-10} m^2），现有 Amberlite XAD-4（比表面积 750 m^2/g，孔径50×10^{-10} m）与 Amberlite XAD-2（比表面积 330 m^2/g，孔径 90×10^{-10} m）两种非极性大孔吸附树脂可供选择，根据其比表面积和孔径应选择 XAD-4 更合适，因为这个吸附剂既有高的比表面积，又有足够大的孔径，可供酚的分子出入。

5.3.2　吸附物的性质

吸附物的性质会影响到吸附量的大小，它对吸附量的影响主要符合以下规律：

（1）溶质从较容易溶解的溶剂中被吸附时，吸附量较少。所以极性物质适宜在非极性溶剂中被吸附，非极性物质适宜在极性溶剂中被吸附。

（2）极性物质容易被极性吸附剂吸附，非极性物质容易被非极性吸附剂吸附。

因而极性吸附剂适宜从非极性溶剂中吸附极性物质，而非极性吸附剂适宜从极性溶剂中吸附非极性物质。例如，活性炭是非极性的，它在水溶液中是吸附一些非极性有机化合物的良好吸附剂；硅胶是极性的，它在非极性有机溶剂中吸附极性物质较为适宜。

（3）结构相似的化合物，在其他条件相同的情况下，具有高熔点的容易被吸附，因为高熔点的化合物，一般来说，其溶解度较低。

（4）溶质自身或在介质中能缔合有利于吸附，如乙酸在低温下缔合为二聚体，苯甲酸在硝基苯内能强烈缔合，所以乙酸在低温下能被活性炭吸附，而苯甲酸在硝基苯中比在丙酮或硝基甲烷内容易被吸附。

5.3.3　吸附条件

1. 温度

吸附一般是放热的，所以只要达到了吸附平衡，升高温度会使吸附量降低。但在低温时，有些吸附过程往往在短时间达不到平衡，而升高温度会使吸附速度加快，并出现吸附量增加的情况。

对蛋白质或酶类的分子进行吸附时，被吸附的高分子是处于伸展状态的，因此这类吸附是一个吸热过程。在这种情况下，温度升高，会增加吸附量。

生化物质吸附温度的选择，还要考虑它的热稳定性。对酶来说，如果是热不稳定的，一般在 0℃左右进行吸附；如果比较稳定，则可在室温操作。

2. pH

溶液的 pH 往往会影响吸附剂或吸附物解离情况，进而影响吸附量，对蛋白质或酶类等两性物质，一般在等电点附近吸附量最大。各种溶质吸附的最佳 pH 需要通过实验来确定。

3. 盐的浓度

盐类对吸附作用的影响比较复杂，有些情况下盐能阻止吸附，在低浓度盐溶液中吸附的蛋白质或酶，常用高浓度盐溶液进行洗脱。但在另一些情况下盐能促进吸附，甚至有的吸附剂一定要在盐的存在下，才能对某种吸附物进行吸附。盐对不同物质的吸附有不同的影响，因此盐的浓度对于选择性吸附很重要，在生产工艺中也要靠实验来确定合适的盐浓度。

5.3.4　溶剂的影响

单溶剂与混合溶剂对吸附作用有不同的影响。一般吸附物溶解在单溶剂中容易被吸附；若是溶解在混合溶剂（无论是极性与非极性混合溶剂或者是极性与极性混合溶剂）中不容易被吸附。所以一般用单溶剂吸附，用混合溶剂解吸。

难 点 自 测

1. 吸附剂的哪些特性会影响到吸附过程？
2. 吸附物影响吸附量的规律如何？
3. 有哪些吸附条件会影响吸附过程？

第6章

离子交换分离技术

离子交换法是应用离子交换剂作为吸附剂，通过静电引力将溶液中带相反电荷的物质吸附在离子交换剂上，然后用合适的洗脱剂将吸附物从离子交换剂上洗脱下来，从而达到分离、浓缩、纯化的目的。离子交换法由于所用介质无毒性且可反复再生使用，少用或不用有机溶剂，因而具有设备简单、操作方便、劳动条件较好的优点。现已广泛应用于生物分离过程，在原料液脱色、除臭、目标产物的提取、浓缩和粗分离等方面发挥着重要作用。用离子交换法分离提纯各种生物活性代谢物质具有成本低、工艺操作方便、提取效率高、设备结构简单以及节约大量有机溶剂等优点。但是，离子交换法也有缺点：首先是不一定能找到合适的树脂，其次是生产周期长，生产过程中 pH 变化较大。

离子交换法要使用离子交换剂，常见的离子交换剂有两种：一种是使用人工高聚物作载体的离子交换树脂；另一种是使用多糖作载体的多糖基离子交换剂。本章将重点以离子交换树脂为例讲解离子交换分离技术的基础理论、操作方法和应用。

6.1 离子交换树脂的结构和分离机理

学习目标

1. 离子交换树脂的结构组成。
2. 离子交换反应。
3. 离子交换树脂的分离机理。

6.1.1 离子交换树脂的结构和离子交换

离子交换树脂是一种不溶于酸、碱和有机溶剂的固态高分子聚合物。它具有网状立体结构并含有活性基团，能与溶剂中其他带电粒子进行离子交换或吸着。

离子交换树脂由三部分构成（图 6-1）：①惰性、不溶的具有三维空间立体结构的网络骨架，称为载体或骨架；②与载体连成一体的、不能移动的活性基团，又称功能基团；③与功能基团带相反电荷的可移动的活性离子，又称平衡离子或可交换离子，当树脂处在溶液中时，活性离子可在树脂的骨架中进进出出，与溶液中的同性离子发生交换过程。

离子交换现象可用下面的方程式表示

$$R^- X^+ + Y^+ \rightleftharpoons R^- Y^+ + X^+$$

式中：R^- 表示阳离子交换剂的功能基团和载体；X^+ 为平衡离子；Y^+ 为交换离子。

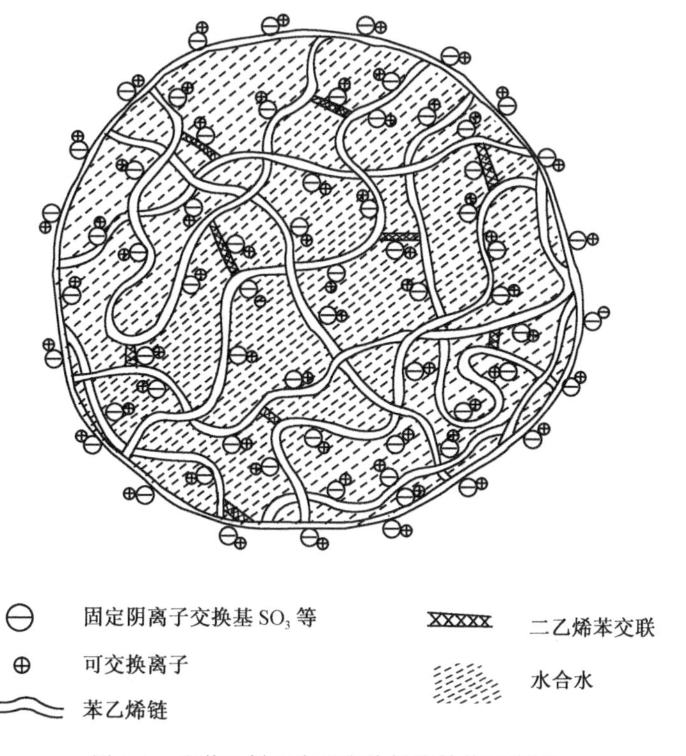

图 6-1　聚苯乙烯型离子交换树脂结构示意图

离子交换反应是可逆的，符合质量作用定律。向树脂中添加 Y^+，反应平衡向右移动，交换离子全部或大部分被交换而吸附到树脂上。向树脂中添加 X^+，反应平衡向左移动，交换离子全部或大部分从树脂上释放出来。例如，用 Na^+ 置换磺酸树脂上的可交换离子 H^+，当溶液中的钠离子浓度较大时，就可把磺酸树脂上的氢离子交换下来。当全部的氢离子被钠离子交换后，这时就称树脂为钠离子饱和。然后，如果把溶液变为浓度较高的酸时，溶液中的氢离子又能把树脂上的钠离子置换下来，这时树脂就“再生”为 H^+ 型（图 6-2）。

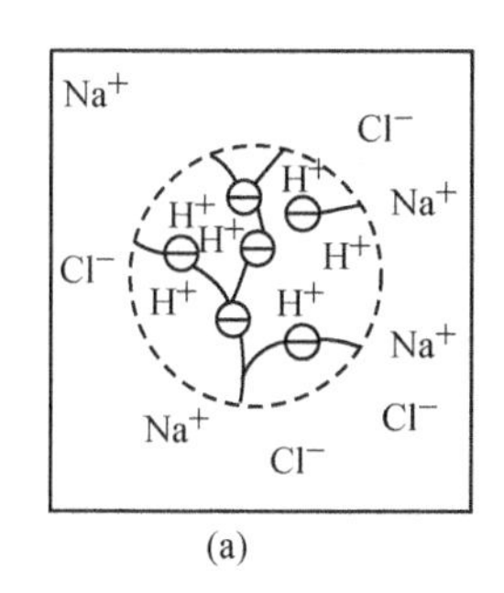

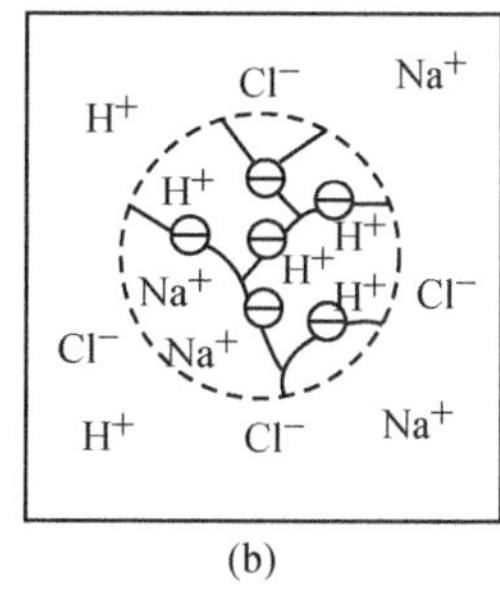

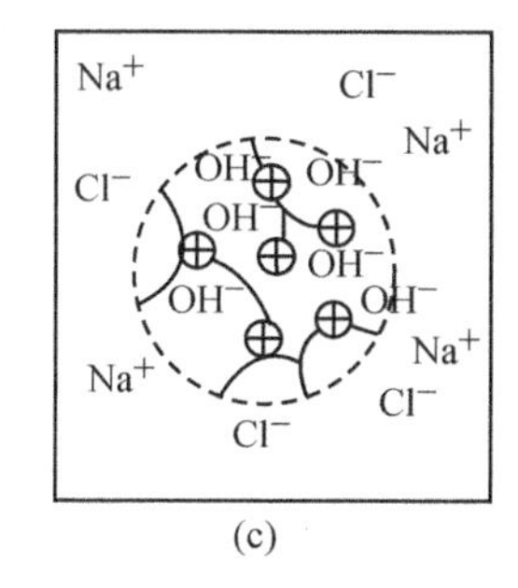

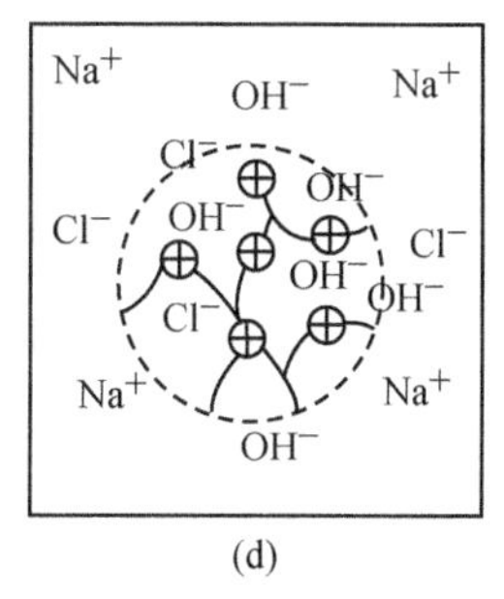

图 6-2　离子交换树脂的交换过程示意图

(a) 交换前氢型阳离子交换树脂与 Na^+ 的交换；(b) 交换后氢型阳离子交换树脂与 Na^+ 的交换；
(c) 交换前羟型阴离子交换树脂与 Cl^- 的交换；(d) 交换后羟型阴离子交换树脂与 Cl^- 的交换

离子交换树脂的活性离子决定树脂的主要性能，因此树脂可以按照活性离子分类。如果树脂的活性离子带正电荷，则可和溶液中的阳离子发生交换，就称为阳离子交换树脂；如果树脂的活性离子带负电荷，则可和溶液中的阴离子发生交换，就称为阴离子离子交换树脂。

6.1.2 离子交换树脂的分离机理

用离子交换树脂分离纯化物质主要通过选择性吸附和分步洗脱这两个过程来实现。

进行选择性吸附时，需要使目的物粒子具有较强的结合力，而其他杂质粒子没有结合力或结合力较弱。具体做法是使目的物粒子带上相当数量的与活性离子相同的电荷（如两性物质可通过调节溶液的 pH 来实现），然后通过离子交换被离子交换树脂吸附，使主要杂质粒子带上与活性离子相反的或较少的相同电荷，从而不被离子交换树脂吸附或吸附力较弱。

从树脂上洗脱目的物时，主要可采用两种方法：

（1）调节洗脱液的 pH，使目的物粒子在此 pH 下失去电荷，甚至带相反电荷，从而丧失与原离子交换树脂的结合力而被洗脱下来。

（2）用高浓度的同性离子根据质量作用定律将目的物离子取代下来。对阳离子交换树脂而言，目的物的 pK 越大（碱性越强），将其洗脱下来所需溶液的 pH 也越高。对阴离子交换树脂而言，目的物的 pK 越小，洗脱液的 pH 也越低。图 6-3 显示了离子交换吸附和洗脱的基本原理。

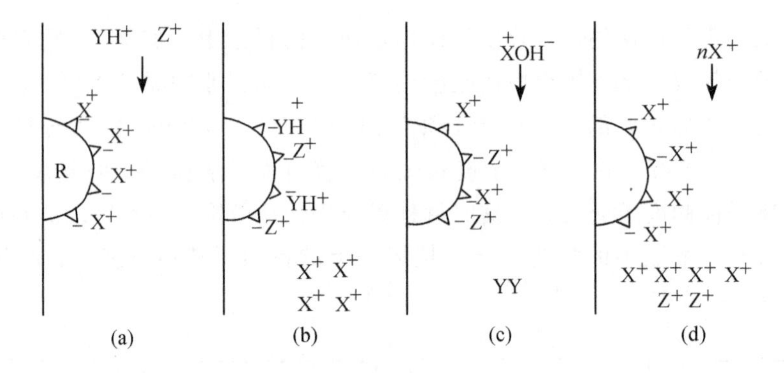

图 6-3 离子交换吸附、洗脱示意图

(a) X^+ 为平衡离子，YH^+ 及 Z^+ 为待分离离子；(b) YH^+ 和 Z^+ 取代 X^+ 而被吸附；(c) 加碱后 YH^+ 失去正电荷，被洗脱；(d) 提高 X^+ 的浓度取代出 Z^+

以氨基酸的分离纯化为例。氨基酸分子上的静电荷取决于氨基酸的等电点和溶液的 pH，那么在溶液低 pH 时，氨基酸分子带正电荷，它将结合到强酸性的阳离子交换树脂上。如果通过树脂的缓冲溶液的 pH 逐渐增加，氨基酸将逐渐失去正电荷，结合力减弱，最后被洗脱下来。由于不同的氨基酸等电点不同，这些氨基酸将依次被洗脱。首先被洗脱的是酸性氨基酸，如天冬氨酸和谷氨酸（在 pH3～4 时），随后是中性氨基酸，如甘氨酸和丙氨酸。碱性氨基酸，如精氨酸和赖氨酸，在 pH 很高的缓冲液中仍然带正电荷，因此这些氨基酸将在 pH10～11 的缓冲液中才最后出现。

另外，高价离子容易结合而不容易洗脱，对于典型的强酸性阳离子交换树脂来说，洗脱顺序如下：$H^+ < Na^+ < Mg^{2+} < Al^{3+} < Th^{4+}$，所以在用一种高价离子取代结合离子时使用稀溶液即可，如果要导入一种低价离子时则需用浓溶液。例如，含 Na^+ 型交换树脂，当通过含 Ca^{2+} 的稀溶液时，很容易变成 Ca^{2+} 型；反之，含 Na^+ 的稀溶液不能使 Ca^{2+} 型交换树脂再生成 Na^+ 型。这是因为稀溶液中 Na^+ 和交换树脂的亲和力小于 Ca^{2+}。如果用浓的 NaCl 溶液通过 Ca^{2+} 型交换树脂，Ca^{2+} 可以被代替，这是质量作用定律的结果。

难 点 自 测

1. 什么是离子交换树脂？简述其组成及结构。
2. 如何实现离子交换树脂的选择性吸附和分步洗脱？

6.2 离子交换树脂的分类和性能

学习目标

1. 树脂的四种分类方式，重点是按活性基团的分类方式。
2. 大网格树脂与凝胶树脂的区别。
3. 树脂的命名方法。
4. 离子交换树脂的主要理化性能。

6.2.1 分类

离子交换树脂有多种分类方法，主要有以下四种。

1. 按树脂骨架的主要成分分

（1）聚苯乙烯型树脂　这是最重要的一类离子交换树脂，由苯乙烯（母体）和二乙烯苯（交联剂）的共聚物作为骨架，再引入所需要的活性基团。

（2）聚苯烯酸型树脂　主要由苯烯酸甲酯与二乙烯苯的共聚物作为骨架。

（3）多乙烯多氨-环氧氯苯烷树脂　由多乙烯氨与还氧氯苯烷的共聚物作为骨架。

（4）酚-醛型树脂　主要由水杨酸、苯酚和甲醛缩聚而成，水杨酸和甲醛形成线状结构，苯酚和甲醛作为交联剂。

2. 按骨架的物理结构来分

（1）凝胶型树脂　也称微孔树脂。这类树脂是以苯乙烯或丙烯酸与交联剂二乙烯苯聚合得到的具有交联网状结构的聚合体，一般呈透明状态。这种树脂的高分子骨架中，没有毛细孔，而在吸水溶胀后能形成很细小的孔隙，这种孔隙的孔径很小，一般在 2～4 nm，失水后，孔隙闭合消失，由于是非长久性、不稳定的，所以称之为“暂时孔”。因此凝胶树脂在干裂或非水介质中没有交换能力，这就限制了离子交换技术的应用。即使在水介质中，由于孔隙细小，凝胶树脂吸附有机大分子比较困难，而且有的物质被吸附后也不容易洗脱，产生不可逆的“有机污染”，使交换能力下降。降低交联度，使“空隙”增大，交换能力和抗有机污染有所改善，但交联度下降，机械强度相应降低，造成树脂破碎，严重的根本无法使用。

（2）大网格树脂　也称大孔树脂。该树脂在制造时先在聚合物原料中加入一些不参加反应的填充剂（致孔剂，常用的致孔剂为高级醇类有机物）。聚合物成形后再将其除去，这样在树脂颗粒内部形成了相当大的孔隙。因此利于吸附大分子有机物，耐有机物的污染。

大孔型离子交换树脂的特征是：①载体骨架交联度高，有较好的化学和物理稳定性和机械强度；②孔径大，且为不受环境条件影响的永久性孔隙，甚至可以在非水溶胀下使用，所以它的动力学性能好，抗污染能力强，交换速度快，尤其是对大分子物质的交换十分有利；③表面积大，表面吸附强，对大分子物质的交换容量大；④孔隙率大，密度小，对小离子的体积交换量比凝胶型树脂小。

常见的大孔型离子交换树脂的重要特性见表 6-1。

表 6-1　大孔型离子交换树脂主要特征

树　　脂	比表面积/(m^2/g)	孔径半径范围/nm	孔隙率/(mL 孔隙/g 树脂)	总交换容量/(meq[①]/g 树脂)	水分含量/%
大孔型强酸树脂	54.8	6～30	0.363	4.8	49
大孔型强酸树脂	125.5	2～40	0.325	3.5	44
大孔型弱酸树脂	1.8	20～200	0.152	10.2	45
大孔型强碱树脂Ⅰ型	18.4	14～22	0.242	4.4	62
大孔型强碱树脂Ⅰ型	46.9	21～120	0.906	2.6	60
大孔型强碱树脂Ⅱ型	71.3	7～30	0.388	2.7	44
超大孔型强碱树脂	7.3	2500～25 000	0.972	4.0	72
大孔型弱碱树脂	32.4	17～75	0.826	4.8	50
大孔非离子型树脂Ⅰ型	100	10～200	0.470		36
大孔非离子型树脂Ⅱ型	313	10～100	0.600		47

① meq 为非法定单位，1 meq=1 mol÷离子价数，下同。

大孔树脂与凝胶树脂孔结构、物理性能比较见表 6-2。

表 6-2　大孔树脂与凝胶树脂孔结构、物理性能比较

类型	交联度/%	比表面积/(m^2/g)	孔径/μm	空隙度/(mL 空隙/mL 树脂)	外观	孔结构
大孔	15～25	25～150	8～1000[①]	0.15～0.55	不透明	大孔、凝胶孔
凝胶	2～10	<0.1	<3.0	0.01～0.02	透明(或半透明)	凝胶孔

① 美国 IRA-938 孔径达到 2500～25 000 nm。

（3）均孔树脂　也称等孔树脂。主要是阴离子交换树脂。均孔型树脂也是凝胶型树脂。与普通凝胶型树脂相比，骨架的交联度比较均匀。该类树脂代号为 IP 或 IR。普通凝胶型树脂在聚合时因二乙烯苯的聚合反应速率大于苯乙烯，故反应不容易控制，往往造成凝胶不同部位的交联度相差很大，致使凝胶强度不好，抗污染能力差。

如果在聚合时不用二乙烯苯作交联剂，而采用氯甲基化反应进行交换，将氯甲基化后的珠体，用不同的胺进行胺化，就可制成各种均孔型阴离子交换树脂，简称 IP 型树脂。这样制得的阴离子交换树脂，交联度均匀，孔径大小一致，质量和体积交换容量都较高，膨胀度相对密度适中，机械强度好，抗污染和再生能力强。如 Amberlite IRA 型树脂即为均孔型阴离子交换树脂。

另外，还有大孔均孔型离子交换树脂，它是二者特征的叠加，特别适用于分离大分子物质，在此不做专门介绍。

3. 按活性基团分类

1）阳离子交换树脂

活性基团为酸性，对阳离子具有交换能力，根据其活性基团酸性的强弱又可分为：

（1）强酸性阳离子交换树脂　这类树脂的活性基团为磺酸基团（$—SO_3H$）和次甲酸磺酸基团（$—CH_2SO_3H$）。它们都是强酸性基团，能在溶液中解离出 H^+，离解度基本不受 pH 影响。反应简式为

$$R—SO_3H \rightleftharpoons R—SO_3^- + H^+$$

树脂中的 H^+ 与溶液中的其他阳离子如 Na^+ 交换，从而使溶液中的 Na^+ 被树脂中的活性基团 SO_3^- 吸附，反应式为

$$R—SO_3^-\ H^+ + Na^+ \rightleftharpoons R—SO_3^-\ Na^+ + H^+$$

由于强酸性树脂的解离能力很强，因此在很宽的 pH 范围内都能保持良好的离子交换能力，使用时的 pH 没有限制，在 pH 为 1～14 范围内均可使用。

以磷酸基［$—PO(OH)_2$］和次磷酸基［—PHO(OH)］作为活性基团的树脂具有中等强度的酸性。

（2）弱酸性阳离子交换树脂　这类树脂的活性基团主要有羧基（—COOH）和酚羟基（—OH），它们都是弱酸性基团，解离度受溶液 pH 的影响很大，在酸性环境中的解离度受到抑制，故交换能力差，在碱性或中性环境中有较好的交换能力，羧基阳离子交换树脂必须在 pH>7 的溶液中才能正常工作，对酸性更弱的酚羟基时，则应在 pH>9 的溶液中才能进行反应。弱酸性阳离子交换树脂可进行如下反应

$$R—COOH + Na^+ \rightleftharpoons R—COONa + H^+$$

2）阴离子交换树脂

活性基团为碱性，对阴离子具有交换能力，根据其活性基团碱性的强弱又可分为：

（1）强碱性阴离子交换树脂　这类树脂的活性基团多为季铵基团（$—NR_3OH$），能在水中解离出 OH^- 而呈碱性，且离解度基本不受 pH 影响。反应简式为

$$R—NR_3OH \rightleftharpoons R—NR_3^+ + OH^-$$

树脂中的 OH^- 与溶液中的其他阴离子如 Cl^- 交换，从而使溶液中的 Cl^- 被树脂中的活性基团 NR_3^+ 吸附，反应式为

$$R—NR_3OH + Cl^- \rightleftharpoons R—NR_3^+\ Cl^- + OH^-$$

由于强碱性树脂的解离能力很强，因此在很宽的 pH 范围内都能保持良好的离子交换能力，使用时的 pH 没有限制，在 pH 为 1～14 范围内均可使用。

（2）弱碱性阴离子交换树脂　这类树脂含弱碱性基团，如伯胺基（—NH_2）、仲胺基（—NHR）或叔胺基（—NR_2），它们在水中能解离出 OH^-，但解离能力较弱，受 pH 影响较大，在碱性环境中的解离度受到抑制，故交换能力差，只能在 pH<7 的溶液中使用。

以上四种树脂是树脂的基本类型，在使用时，常将树脂转变为其他离子型式。例如，将强酸性阳离子树脂与 NaCl 作用，转变为钠型树脂。在使用时，钠型树脂放出钠离子与溶液中的其他阳离子交换。由于交换反应中没有放出氢离子，避免了溶液 pH 下降和由此产生的副作用，如对设备的腐蚀。进行再生时，用盐水而不用强酸。弱酸性树脂生成的盐如 RCOONa 很容易水解，呈碱性，所以用水洗不到中性，一般只能洗到 pH9～10。但是弱酸性树脂和氢离子结合能力很强，再生成氢型较容易，耗酸量少。强碱性阴离子树脂可先转变为氯型，工作时用氯离子交换其他阴离子，再生只需用食盐水。但弱碱性树脂生成的盐如 RNH_3Cl 同样容易水解。这类树脂和 OH^- 结合能力较强，所以再生成羟型较容易，耗碱量少。

各种树脂的强弱最好用其活性基团的 pK 来表示。对于酸性树脂，pK 越小，酸性越强，而对于碱性树脂，pK 越大，碱性越强。

以上四种类型树脂性能的比较见表 6-3。

表 6-3　四类树脂性能的比较

性　能	阳离子交换树脂		阴离子交换树脂	
	强酸性	弱酸性	强碱性	弱碱性
活性基团	磺酸	羧酸	季铵	伯胺、仲胺、叔胺
pH 对交换能力的影响	无	在酸性溶液中交换能力很小	无	在碱性溶液中交换能力很小
盐的稳定性	稳定	洗涤时水解	稳定	洗涤时水解
再生	用 3～5 倍再生剂	用 1.5～2 倍再生剂	用 3～5 倍再生剂	用 1.5～2 倍再生剂可用碳酸钠或氨水
交换速率	快	慢（除非离子化）	快	慢（除非离子化）

注：再生剂用量指该树脂交换容量的倍数。

主要的离子交换功能基团见表 6-4。

表 6-4　主要离子交换基团

类　型	强酸性基	弱酸性基	强碱性基	弱碱性基
离子交换基	磺酸基 磺丙基（SP） 磷酸基（P）	羧甲基（CM） 羧基	三甲胺基 二甲基-β-羧基乙胺 二乙氨基乙基（DEAE） 三乙氨基乙基（TEAE）	氨基 二乙胺基

6.2.2　离子交换树脂的命名

1977 年，我国原石油化工部颁布了离子交换树脂的命名法，规定离子交换树脂的型号由三位阿拉伯数字组成：第一位数字代表产品的分类；第二位数字代表骨架；第三位数字微顺序号。分类代号和骨架代号都分成 7 种，分别以 0～6 七个数字表示，其含义见表 6-5。

表 6-5　国产离子交换树脂命名法的分类代号及骨架代号

代号	分类名称	骨架名称
0	强酸性	苯乙烯系
1	弱酸性	丙烯酸系
2	强碱性	酚醛系
3	弱碱性	环氧系
4	螯合性	乙烯吡啶系
5	两性	脲醛系
6	氧化还原性	氯乙烯系

命名法还规定凝胶型离子交换树脂必须标明载体的交联度。交联度是合成载体骨架时交联剂用量的质量分数，它与树脂的性能有密切关系。在书写交联度时将百分号除去，写在树脂编号后并用乘号“×”隔开。对大孔型离子交换树脂，必须在型号前加字母“D”，以区别凝胶型离子交换树脂。

例如，001×7：表示凝胶型苯乙烯系强酸性阳离子交换树脂，交联度为 7%。D201：表示是大孔型苯乙烯系季铵Ⅰ型强碱性阴离子交换树脂。

但在国内的树脂商品中命名并不规范。有一些命名方式一直沿用至今。例如，732（强酸 001×7 树脂）；724（弱酸 101×7 树脂）；717（强碱 201×7 树脂）。

国外离子交换树脂命名因出产国，生产公司而异。多冠以公司名，接着是编号。在编号前注明大孔树脂（MR），均孔树脂（IR）等缩写字母。

6.2.3　离子交换树脂的理化性能

各种离子交换树脂的性能，由于基本原料和制备方法的不同，有很大的差别。在选用离子交换树脂时一般需要考虑以下理化性能。

1. 交联度

交联度表示离子交换树脂中交联剂的含量，如聚苯乙烯型树脂中，交联度以二乙烯苯在树脂母体总质量中所占百分数表示。交联度的大小决定着树脂机械强度以及网状结构的疏密。交联度大，树脂孔径小，结构紧密，树脂机械强度大，但不能用于大分子物质的分离，因为大分子不能进入网状颗粒内部；交联度小，则树脂孔径大，结构疏松，强度小。所以对相对分子质量较大的物质，选择较低交联度的树脂。分离纯化性质相似的小分子物质，则选用较高交联度的树脂。在不影响分离时，也以选用高交联度的树脂为宜。

2. 交换容量

交换容量是每克干燥的离子交换树脂或每毫升完全溶胀的离子交换树脂所能吸附的一价离子的毫摩尔数，是表征树脂离子交换能力的主要参数，实际上是表示树脂活性基团数量多少的参数。一般选用交换容量大的树脂，可用较少的树脂交换较多的化合物，但交换容量太大，活性基团太多，树脂不稳定。

交换容量的测定方法如下：

（1）对于阳离子交换树脂，先用盐酸将其处理成氢型后，加入过量已知浓度的 NaOH 溶液，发生下述离子交换反应

$$R^-H^+ + NaOH \rightleftharpoons R^-Na^+ + H_2O$$

待反应达到平衡后（强酸性离子交换树脂需要静置 24 h，弱酸性离子交换树脂必须静置数日），测定剩余的 NaOH 物质的量，从消耗的碱量，就可求得该阳离子交换树脂的交换容量。

（2）对阴离子交换树脂，因羟型不太稳定，市售多为氯型。测定时取一定量的氯型阴离子交换树脂装入柱中，通入过量的 Na_2SO_4 溶液，柱内发生下述离子交换反应

$$2R^+Cl^- + Na_2SO_4 \rightleftharpoons R_2^+\ SO_4^{2-} + 2NaCl$$

用铬酸钾为指示剂，用硝酸银溶液滴定流出液中的氯离子，根据洗脱下来的氯离子量，计算交换容量。

以上这样测定的仅是对无机小离子的交换容量，称为总交换容量。对于生物大分子如蛋白质由于相对分子质量大，树脂孔道对其空间排阻作用大，不能与所有的活性基团接触，而且已吸附的蛋白质分子还会妨碍其他未吸附的蛋白质分子与活性基团接触。另外，蛋白质分子带多价电荷，在离子交换中可与多个活性基团发生作用，因此蛋白质的实际交换容量要比总交换容量小得多。

3. 粒度和形状

粒度是树脂颗粒在溶胀后的大小，色谱用 50～100 目树脂，一般提取纯化用 20～60 目（0.25～0.84 mm）树脂则可。粒度小的树脂因表面大，效率高；粒度过小，堆积密度大，容易产生阻塞；粒度过大又会导致强度下降、装填量少、内扩散时间延长，不利于有机大分子的交换。所以，粒度大小应根据具体需要选择。一般树脂为球形，这样可减少流体阻力。

4. 滴定曲线

滴定曲线是检验和测定离子交换树脂性能的重要数据，可参考如下方法测定：分别在几个大试管中各放入 1 g 氢型（或羟型）树脂，其中一个试管中放入 50 mL 0.1 mol/L 的 NaCl 溶液，其他试管中加入不同量的 0.1 mol/L 的 NaOH（或 0.1 mol/L 的 HCl），再稀释至 50 mL，强酸（或强碱）性树脂静置 24 h，弱酸（或弱碱）性树脂静置 7 d。达到平衡后，测定各试管中溶液的 pH。以每克干树脂所加的 NaOH（或 HCl）的毫摩尔数为横坐标，以平衡 pH 为纵坐标作图，就可得到滴定曲线。图 6-4 为几种典型离子交换树脂的滴定曲线。由图 6-4 可见，强酸（或强碱）性离子交换树脂的滴定曲线开始是水平的，到某一点突然升高（或降低），表明在该点树脂上的活性基团已被碱（或酸）完全饱和；弱酸（或弱碱）性离子交换树脂的滴定曲线逐渐上升（或下降）无水平部分。

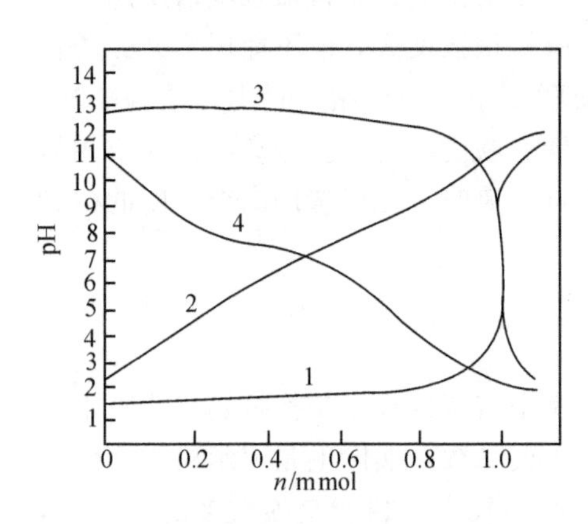

图 6-4 几种典型离子交换树脂的滴定曲线
n 为单位质量离子交换树脂所加入的 NaOH 或 HCl 的毫摩尔数
1. 强酸型（Amberlite IR-120）；2. 弱酸型（Amberlite IRC-84）；3. 强酸型（Amberlite IRA-400）；4. 弱碱型（Amberlite IR-45）

利用滴定曲线的转折点，可估算离子交换树脂的交换容量；转折点的数目，可推算不同离子交换基团的数目。同时，滴定曲线还表示交换容量随 pH 的变化。因此，滴定曲线比较全面地表征了离子交换树脂的性质。

5. 稳定性

树脂应有较好的化学稳定性，不容易分解破坏，不与酸、碱起作用。一般地说，阳离子交换树脂比阴离子交换树脂稳定性好。交联度小的稳定性好。树脂一般可反复使用上千次，稳定性仅成为次要的考虑因素。但含苯酚的磺酸型树脂及胺型树脂不宜与强碱长时间接触。

6. 膨胀性（膨胀度）

干树脂吸收水分或有机溶剂后体积增大的性能即为树脂的膨胀性。树脂的膨胀性主要由于树脂上活性基团强烈吸水或高分子骨架吸附有机溶剂所引起。当树脂浸入水或缓冲溶液中时，水分容易进入树脂内部使其膨胀。膨胀后的树脂与乙醇等有机溶剂或高浓度的电解质溶液接触时，体积就会缩小。此外，树脂在转型或再生后用水洗涤时也有膨胀现象。因此，在确定树脂装量时应考虑其膨胀性能。一般情况下，凝胶树脂的膨胀度随交联度的增大而减少，树脂上活性基团的亲水性越弱，活性离子的价态越高，水合程度越大，膨胀度越低。

难点自测

1. 根据活性基团的不同，离子交换树脂可分为几大类？各类特征如何？
2. 说明离子交换树脂的交联度、膨胀度、机械强度及交换容量之间的关系。
3. 选用离子交换树脂时应考虑树脂的哪些理化性能？
4. 为什么商品树脂多呈球形？

6.3　离子交换过程的理论基础

学习目标

1. 影响离子交换树脂选择性的因素。
2. 离子交换过程及影响离子交换速率的因素。

6.3.1　离子交换选择性

在实际应用中，溶液中常常同时存在着很多离子，离子交换树脂能否将所需离子从溶液中吸附出或将杂质离子全部（或大部分）吸附，具有重要的实际意义。这就要研究离子交换树脂的选择吸附性，即选择性。离子和离子交换树脂的活性基团的亲和力越大，就越容易被该树脂所吸附。

影响离子交换树脂选择性的因素很多，如离子化合价、离子的水化半径、离子浓度、溶液环境的酸碱度、有机溶剂和树脂的交联度、活性基团的分布和性质、载体骨架等，下面分别加以讨论。

1. 离子化合价

离子交换树脂总是优先吸附高价离子，而低价离子被吸附时则较弱。例如，常见的阳离子的被吸附顺序为

$$Fe^{3+} > Al^{3+} > Ca^{2+} > Mg^{2+} > Na^{+}$$

阴离子的被吸附顺序为

柠檬酸根 > 硫酸根 > 硝酸根

2. 离子的水化半径

离子在水溶液中都要和水分子发生水合作用形成水化离子，此时的半径才表达了离子在溶液中的大小。对无机离子而言，离子水化半径越小，离子对树脂活性基团的亲和力就越大，也就越容易被吸附。离子的水化半径与原子序数有关，当原子序数增加时，离子半径也随之增加，离子表面电荷密度相对减少，吸附的水分子减少，水化半径也因之减少，离子对树脂活性基团的结合力则增大。按水化半径的大小，各种离子对树脂亲和力的大小次序为

一价阳离子 $Li^{+} < Na^{+} \approx NH_4^{+} < Rb^{+} < Cs^{+} < Ag^{+} < Ti^{+}$

二价阳离子 $Mg^{2+} \approx Zn^{2+} < Cu^{2+} \approx Ni^{2+} < Ca^{2+} < Sr^{2+} < Pb^{2+} < Ba^{2+}$

一价阴离子 $F^{-} < HCO_3^{-} < Cl^{-} < HSO_3^{-} < Br^{-} < NO_3^{-} < I^{-} < ClO_4^{-}$

同价离子中水化半径小的能取代水化半径大的。

H^{+} 和 OH^{-} 对树脂的亲和力，与树脂的性质有关。对强酸性树脂，H^{+} 和树脂的结合力很弱，其地位相当于 Li^{+}。对弱酸性树脂，H^{+} 具有很强的置换能力。同样，OH^{-} 的位置取决于树脂碱性的强弱。对于强碱性树脂，其位置落在 F^{-} 前面；对于弱碱性树脂，其位置在 ClO_4^{-} 之后。强酸、强碱树脂较弱酸、弱碱树脂难再生，且酸、碱用量大，原因就在于此。

3. 溶液浓度

树脂对离子交换吸附的选择性，在稀溶液中比较大。在较稀的溶液中，树脂选择吸附高价离子。

4. 离子强度

高的离子浓度必定与目的物离子进行竞争，减少有效交换容量。另外，离子的存在会增加蛋白质分子以及树脂活性基团的水合作用，降低吸附选择性和交换速率。所以在保证目的物溶解度和溶液缓冲能力的前提下，尽可能采用低离子强度。

5. 溶液的 pH

溶液的酸碱度直接决定树脂活性基团及交换离子的解离程度，不但影响树脂的交换容量，而且对交换的选择性影响也很大。对于强酸、强碱性树脂，溶液 pH 主要是影响

交换离子的解离度，决定它带何种电荷以及电荷量，从而可知它是否被树脂吸附或吸附的强弱。对于弱酸、弱碱性树脂，溶液的 pH 还是影响树脂活性基团解离程度和吸附能力的重要因素。但过强的交换能力有时会影响到交换的选择性，同时增加洗脱的困难。对生物活性分子而言，过强的吸附以及剧烈的洗脱条件会增加变性失活的机会。另外，树脂的解离程度与活性基团的水合程度也有密切关系。水合度高的溶胀度大，选择吸附能力下降。这就是为什么在分离蛋白质或酶时较少选用强酸、强碱树脂的原因。

6. 有机溶剂的影响

当有机溶剂存在时，常会使离子交换树脂对有机离子的选择性降低，而容易吸附无机离子。这是因为有机溶剂使离子溶剂化程度降低，容易水化的无机离子降低程度大于有机离子；有机溶剂会降低离子的电离度，有机离子的降低程度大于无机离子。这两种因素就使得在有机溶剂存在时，不利于有机离子的吸附。利用这个特性，常在洗脱剂中加适当有机溶剂来洗脱难洗脱的有机物质。

7. 树脂物理结构的影响

通常，树脂的交联度增加，其交换选择性增加。但对于大分子的吸附，情况要复杂些，树脂应减小交联度，允许大分子进入树脂内部；否则，树脂就不能吸附大分子。由于无机小离子不受空间因素的影响，因此可利用这样原理，控制树脂的交联度，将大分子和无机小离子分开，这种方法称为分子筛方法。

8. 树脂与离子间的辅助力

凡能与树脂间形成辅助力如氢键、范德华力等的离子，树脂对其吸附力就大。辅助力常存在于被交换离子是有机离子的情况下，有机离子的相对质量越大，形成的辅助力就越多，树脂对其吸附力就越大；反过来，能破坏这些辅助力的溶液就能容易地将离子从树脂上洗脱下来。例如，尿素是一种很容易形成氢键的物质，常用来破坏其他氢键，所以尿素溶液很容易将主要以氢键与树脂结合的青霉素从磺酸树脂上洗脱下来。

6.3.2 离子交换过程和速度

1. 离子交换过程

假设一粒树脂在溶液中，发生下列交换反应

$$A^+ + RB \rightleftharpoons RA + B^+$$

不论溶液的运动情况怎样，在树脂表面上始终存在着一层薄膜，A^+ 和 B^+ 只能借扩散作用通过薄膜到达树脂的内部进行交换，如图 6-5 所示。实际的离子交换过程是由下面五个步骤组成的：①A^+ 自溶液中通过液膜扩散到树脂表面；②A^+ 穿过树脂表面向树脂孔内部扩散，到

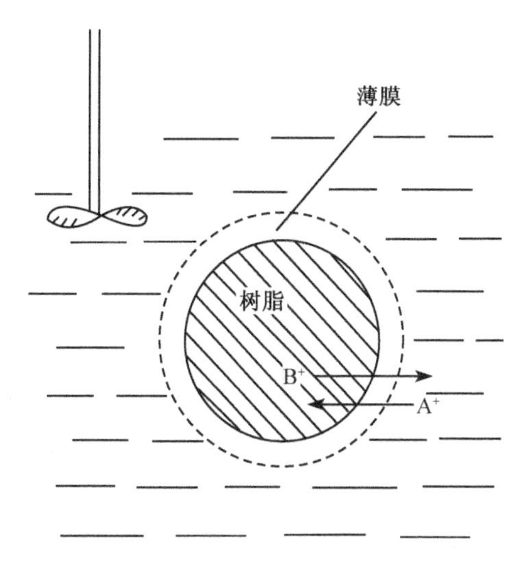

图 6-5　离子交换过程的机理

达有效交换位置；③A^+与树脂内部的活性离子B^+进行离子交换；④B^+从树脂内部的活性中心向树脂表面扩散；⑤B^+穿过树脂表面的液膜进入溶液中。

上述五个步骤中，步骤①和⑤、②和④互为可逆过程，扩散速度相同，而扩散方向相反。将步骤①和⑤称为外扩散；步骤②和④称为内扩散，步骤③称为交换反应。交换反应速度很快，而扩散速度很慢，离子交换过程的速度主要取决于扩散速度。

2. 离子交换速度的影响因素

影响离子交换速度的因素很多，综合起来主要有以下几个方面：

（1）树脂粒度　离子的外扩散速度与树脂颗粒大小成反比，而离子的内扩散速度与树脂颗粒半径的平方成反比。因此，树脂粒度大，交换速度慢。

（2）树脂的交联度　树脂交联度大，树脂孔径小，离子运动阻力大，交换速度慢。当内扩散控制反应速度时，降低树脂交联度能提高交换速度。

（3）溶液流速　外扩散随溶液过柱流速（或静态搅拌速度）的增加而增加，内扩散基本不受流速或搅拌的影响。

（4）温度　溶液的温度提高，扩散速度加快，因而交换速度也增加。

（5）离子的大小　小离子的交换速度比较快。大分子由于在扩散过程中受到空间的阻碍，在树脂内的扩散速度特别慢。

（6）离子的化合价　离子在树脂中扩散时，与树脂骨架间存在库仑引力。离子的化合价越高，这种引力越大，因此扩散速度就越小。

（7）离子浓度　若是溶液浓度低于 0.01 mol/L，交换速度与离子浓度成正比，但达到一定浓度后，交换速度不再随浓度上升。

难点自测

1. 影响离子交换树脂的选择性的因素有哪些？
2. 离子交换过程包括哪几个步骤？影响离子交换速度的因素有哪些？

6.4　离子交换操作方法

学习目标

1. 离子交换树脂和操作条件的选择方法。
2. 离子交换树脂的处理、转型、再生与保存。
3. 离子交换的基本操作方法。

6.4.1　离子交换树脂和操作条件的选择

1. 离子交换树脂的选择

1）对阴阳离子交换树脂的选择

一般根据被分离物质所带的电荷来决定选用哪种树脂。如果被分离物质带正电荷，应采用阳离子交换树脂；被分离物质带负电荷，应采用阴离子交换树脂。例如，酸性黏多糖易带负电荷，一般采用阴离子交换树脂来分离。如果某些被分离物质为两性离子，则一般应根据在它稳定的 pH 范围带有何种电荷来选择树脂，如细胞色素 c，等电点为 pH 10.2，在酸性溶液中较稳定且带正电荷，故一般采用阳离子交换树脂来分离；核苷酸等物质在碱性溶液中较稳定，则应用阴离子交换树脂。

2）对离子交换树脂强弱的选择

当目的物具有较强的碱性和酸性时，宜选用弱酸性或弱碱性的树脂，以提高选择性，并便于洗脱。因为强性树脂比弱性树脂的选择性小，如简单的、复杂的、无机的、有机的阳离子很多都能与强酸性离子树脂交换。如果目的物是弱酸性或弱碱性的小分子物质时，往往选用强碱性或强酸性树脂，以保证有足够的结合力，便于分步洗脱。例如，氨基酸的分离多用强酸树脂。对于大多数蛋白质、酶和其他生物大分子的分离多采用弱碱或弱酸性树脂，以减少生物大分子的变性，有利于洗脱，并提高选择性。

另外，pH 也影响离子交换树脂强弱的选择。一般地说，强性离子交换树脂应用的 pH 范围广，弱性交换树脂应用的 pH 范围窄。

3）对离子交换树脂离子型的选择

主要是根据分离的目的进行选择。例如，将肝素钠转换成肝素钙时，需要将所用的阳离子交换树脂转换成 Ca^{2+} 型，然后与肝素钠进行交换；又如制备无离子水时，则应用 H 型的阳离子交换树脂和 OH 型的阴离子交换树脂。

使用弱酸或弱碱性树脂分离物质时，不能使用 H 或 OH 型，因为这两种交换剂分别对这两种离子具有很大的亲和力，不容易被其他物质所代替，应采用钠型或氯型，而使用强酸性或强碱性树脂，可以采用任何型式，但如果产物在酸性或碱性条件下容易被破坏，则不宜采用氢型或羟型。

选择离子交换树脂时，还应考虑树脂的一些主要理化性能，如粒度、交联度、稳定性、交换容量等，这部分内容在本章 6.2.3 节已介绍。

2. 操作条件的选择

（1）交换时的 pH　合适的 pH 应具备三个条件：pH 应在产物的稳定范围内；能使产物离子化；能使树脂解离。

（2）溶液中产物的浓度　低价离子增加浓度有利于交换上树脂，高价离子在稀释时容易被吸附。

（3）洗脱条件　洗脱条件应尽量使溶液中被洗脱离子的浓度降低。洗脱条件一般应和吸附条件相反。如果吸附在酸性条件下进行，解吸应在碱性下进行；如果吸附在碱性条件下进行，解吸应在酸性下进行。例如，谷氨酸吸附在酸性条件下进行，解吸一般用氢氧化钠作洗脱剂。为使在解吸过程中，pH 变化不致过大，有时宜选用缓冲液作洗脱剂。如果单凭 pH 变化洗脱不下来，可以试用有机溶剂，选用有机溶剂的原则是：能和水混合，且对产物溶解度大。

洗脱前，树脂的洗涤工作很重要，很多杂质可以在洗涤时除去，洗涤可以用水、稀酸和盐类溶液等。

6.4.2　离子交换树脂的处理、转型、再生与保存

1. 树脂的处理和转型、再生

一般离子交换树脂在使用前都要用酸碱处理除去杂质，粒度过大时可稍加粉碎。具体方法如下：①用水浸泡，使其充分膨胀并除去细小颗粒（倾泻或浮选法）；②用 8～10 倍量的 1 mol/L 盐酸或 NaOH 交替浸泡（或搅拌）。每次换酸、碱前都要用水洗至中性。

例如，732 树脂在用作氨基酸分离前先用 8～10 倍量的 1 mol/L 盐酸搅拌浸泡 4 h，然后用水反复洗至近中性。再以 8～10 倍量的 1 mol/L NaOH 搅拌浸泡 4 h，用水反复洗至近中性后，又用 8～10 倍量的 1 mol/L 盐酸搅拌浸泡 4 h。最后用水洗至中性备用。其中最后一步用酸处理使之变为氢型树脂的操作也可称为转型（即树脂去杂后，为了发挥其交换性能，按照使用要求，人为地赋予平衡离子的过程）。对强酸性树脂来说，应用状态还可以是 Na 型。若把上面的酸-碱-酸处理改为碱-酸-碱处理，便可得到钠型树脂。

阴离子交换树脂的处理和转型方法与之相似。希望树脂是 Cl 型，则按酸-碱-酸的顺序处理；希望树脂是 OH 型，则按碱-酸-碱的顺序处理。

总之，树脂的处理和转型就是让树脂带上我们所需要的离子。

2. 树脂的再生

所谓再生就是让使用过的树脂重新获得使用性能的处理过程。再生时，首先要用大量水冲洗使用后的树脂，以除去树脂表面和空隙内部吸附的各种杂质，然后用转型的方法处理即可（表 6-6）。

表 6-6　离子交换树脂再生剂

树　脂	转　化	再生剂	再生剂溶剂/树脂溶剂
强　酸	$H^+ \rightarrow Na^+$	1 mol/L NaOH	2
中强酸	$H^+ \rightarrow Na^+$	0.5 mol/L NaOH	3
弱　酸	$H^+ \rightarrow Na^+$	0.5 mol/L NaOH	10
强　碱	$Cl^- \rightarrow OH^-$	1 mol/L NaOH	9
中强碱	$Cl^- \rightarrow OH^-$	0.5 mol/L NaOH	2
弱　碱	$Cl^- \rightarrow OH^-$	0.5 mol/L NaOH	2

再生可在柱外或柱内进行，分别称为静态法和动态法。前者是将树脂放在一定容器内，加进一定浓度的适量酸碱浸泡或搅拌一定时间后，水洗至中性。动态法是在柱中进行再生，其操作程序同静态法，该法适合工业生产规模的大柱子的处理，其效果比静态法好。

3. 树脂的保存

用过的树脂必须经过再生后方能保存。阴离子交换树脂 Cl 型较 OH 型稳定，故用

盐酸处理后，水洗至中性，在湿润状态密封保存。阳离子交换树脂 Na 型较稳定，故用 NaOH 处理后，水洗至中性，在湿润状态密封保存，防止干燥、长霉。短期存放，阴离子树脂可在 1 mol/L HCl 中保存，阳离子在 1 mol/L NaOH 中保存。

6.4.3　基本操作方法

1. 离子交换的操作方式

一般分为静态和动态操作两种。静态交换是将树脂与交换溶液混合置一定的容器中搅拌进行。静态法操作简单、设备要求低，是分批进行的，交换不完全。不适宜用于多种成分的分离。树脂有一定的损耗。

动态交换是先将树脂装柱。交换溶液以平流方式通过柱床进行交换。该法不需要搅拌、交换完全、操作连续，而且可以使吸附与洗脱在柱床的不同部位同时进行。适合于多组分分离。

2. 洗脱方式

离子交换完成后将树脂所吸附的物质释放出来重新转入溶液的过程称为洗脱。洗脱方式也分静态与动态两种。一般地说，动态交换也作动态洗脱，静态交换也作静态洗脱，洗脱液分酸、碱、盐、溶剂等类。酸、碱洗脱液旨在改变吸附物的电荷或改变树脂活性基团的解离状态，以消除静电结合力，迫使目的物被释放出来，盐类洗脱液是通过高浓度的带同种电荷的离子与目的物竞争树脂上的活性基团，并取而代之，使吸附物游离。实际工作中，静态洗脱可进行一次，也可进行多次反复洗脱，旨在提高目的物的收率。

动态洗脱在层析柱上进行。洗脱液的 pH 和离子强度可以始终不变，也可以按分离的要求人为地分阶段改变其 pH 或离子强度，这就是阶段洗脱，常用于多组分分离上。这种洗脱液的改变也可以通过仪器（如梯度混合仪）来完成，使洗脱条件的改变连续化。其洗脱效果优于阶段洗脱。这种连续梯度洗脱特别适用于高分辨率的分析目的。

难 点 自 测

1. 如何选择离子交换树脂？
2. 新树脂在使用前应如何进行预处理？
3. 离子交换的操作方式主要有哪两种？有什么区别？

6.5　多糖基离子交换剂

学习目标

1. 离子交换纤维素的选择和操作方法。
2. 离子交换葡聚糖的命名和主要种类。

离子交换树脂在无机离子交换和有机酸、氨基酸、抗生素等生物小分子的回收、提取方面应用广泛，但不适用于蛋白质等生物大分子的分离提取。这主要是由于其疏水性高、交联度大、空隙小和电荷密度高。以蛋白质类生物大分子为分离对象时，离子交换剂必须具有很高的亲水性、较大的孔径、较小的粒度和较低的电荷密度。较高的亲水性能使离子交换剂在水中充分溶胀后成为“水溶胶”类物质，从而为生物大分子提供适宜的微环境；较大的孔径使蛋白质容易进入离子交换剂的内部，提高实际交换容量；较小的粒度能增大生物大分子的扩散速率，减少其运动阻力；电荷密度适当的离子交换剂则可避免生物大分子的多个带电荷残基与交换剂的多个活性基团结合，从而使生物大分子的构象发生变化而失活。

采用生物来源稳定的高聚物——多糖作离子交换剂的载体时能满足分离生物大分子的全部要求。根据载体多糖种类的不同，多糖基离子交换剂可分为离子交换纤维素、离子交换葡聚糖和离子交换琼脂糖。

6.5.1　离子交换纤维素

离子交换纤维素为开放的长链骨架，大分子物质能自由地在其中扩散和交换，亲水性强，表面积大，容易吸收大分子；交换基团稀疏，对于大分子的实际交换容量大；吸附力弱，交换和洗脱条件缓和，不容易引起变性；分辨率强，能分离复杂的生物大分子混合物。

根据连接于纤维素骨架上的活性基团的性质，可分为阳离子交换纤维素和阴离子交换纤维素两大类。每大类又分为强酸（碱）型、中强酸（碱）型、弱酸（碱）型三类。常用的离子交换纤维素的主要特征见表 6-7。

表 6-7　常用的离子交换纤维素的特征

类型		离子交换剂名称	活性基简写	交换当量/(meq/g)	pK	特点
阳离子交换纤维素	强酸型	甲基磺酸纤维素	SM			
		乙基磺酸纤维素	SE	0.2～0.3	2.2	用于低 pH
	中强酸型	磷酸纤维素	P	0.7～7.4	pK_1 1～2 pK_2 6.0～6.2	用于低 pH
	弱酸型	羧甲基纤维素	CM	0.5～1.0	3.6	适用于中性和碱性蛋白质分离，在 pH>4 应用
阴离子交换纤维素	强碱型	二乙基氨基乙基纤维素	DEAE	0.1～1.1	9.1～9.2	在 pH<8.6 应用，适用于中性和酸性蛋白质的分离
		三乙基氨基乙基纤维素	TEAE	0.5～1.0	10	
		胍乙基纤维素	GE	0.2～0.5	>12	在极高 pH 仍可使用
	中强碱型	氨基乙基纤维素	AE	0.3～1.0	8.5～9.0	适用于分离核苷、核酸和病毒
		ECTEOLA-纤维素	ECTEOLA	0.1～0.5	7.4～7.6	
		苄基化的 DEAE 纤维素	DBD	0.8		适用于分离核酸
		苄基化萘酰基 DEAE 纤维素	BND	0.8		适用于分离核酸
		聚乙亚胺吸附的纤维素	PEL	0.1～0.3	9.5	适用于分离核苷酸
	弱碱型	对氨基苄基纤维素	PAB	0.2～0.5		

注：pK 为在 0.5 mol/L NaCl 中的表观解离常数负对数。

1. 离子交换纤维素的选择

1）类别的选择

与离子交换树脂的选择相似，一般情况下，在介质中带正电的物质用阳离子交换剂；带负电物质用阴离子交换剂。

对于已知等电点的两性物质，首先必须考虑保持其生物活性和可溶性的 pH 范围，然后根据其等电点和在上述 pH 范围内的带电情况，在此基础上选择合适的离子交换纤维素类别，在高于其等电点的 pH 条件下，因带负电荷而应采用阴离子交换纤维素；在低于其等电点的 pH 下，则应用阳离子交换纤维素。

对于未知等电点的两性物质，可在一定 pH 条件下进行电泳，向阳极泳动的物质，在同样条件下可被阴离子交换纤维素吸附；向阴极泳动的物质在同样条件下可被阳离子交换纤维素吸附。

实验室中最常用的为 DEAE-纤维素、CM-纤维素。如需在低 pH 下操作时，可用 P-纤维素和 SM-纤维素。在 pH 为 10 以上操作时，可用 GE-纤维素。对大分子两性物质（如蛋白质），其选择情况见图 6-6。

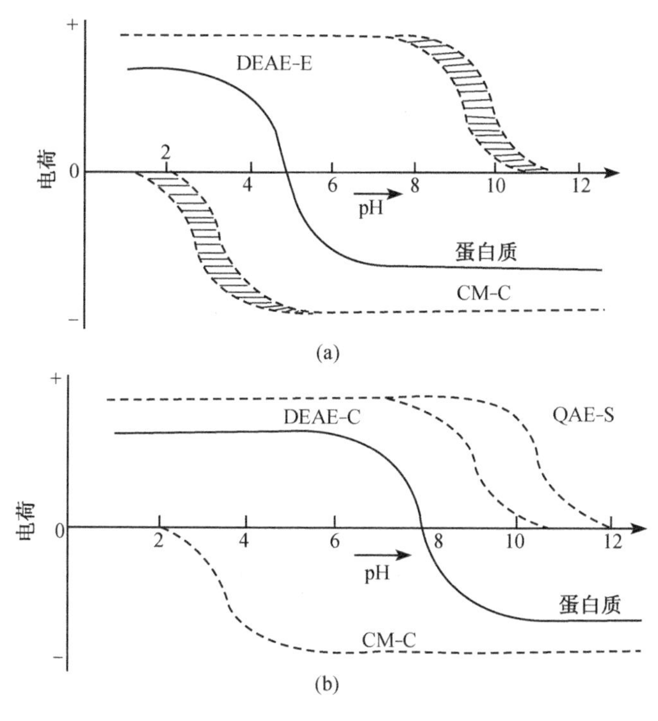

图 6-6 蛋白质离子交换层析中交换剂的选择

(a) 酸性蛋白质；(b) 碱性蛋白质

图 6-6 (a) 表示酸性蛋白质（等电点约为 pH 为 5）的解离曲线和 DEAE-纤维素及 CM-纤维素的解离曲线。蛋白质作为一个阴离子，它的 DEAE-纤维素柱层析可在 pH 为 5.5～9.0 范围内进行，在这个 pH 范围内，蛋白质和交换剂都是解离的，带相反的

电荷。在CM-纤维素上层析则必须限于较窄的pH范围内（pH为3.5～4.5）进行。

图6-6（b）表示碱性蛋白质（pH为8）和羧甲基纤维素的解离曲线，蛋白质作为一个阳离子，用羧甲基纤维素层析可在pH为3.5～7.5进行，如果作为阴离子用DEAE-纤维素，层析则仅限于pH为8.5～9.5的范围内进行。

在实际工作中，选择离子交换纤维素时还需要考虑目的物的稳定性和杂质情况。

2）颗粒大小的选择

通常采用100～325目的颗粒，最常用颗粒为100～230目。

纤维素颗粒大小的选择对吸附容量的影响不显著，主要影响分辨率和流速。粗颗粒装柱不够紧密，间隙大，容易引起区带扩散，所以其分辨率低，但流速大；细颗粒刚好相反。

2. 离子交换纤维素的实验操作技术

离子交换纤维与离子交换树脂相似，既可静态交换，也可动态交换，但因为离子交换纤维素比较轻、细，操作时需要仔细一些。又因为它交换基团密度低，吸附力弱，总交换容量低，交换体系中缓冲盐的浓度不宜高（一般控制在0.001～0.02 mol/L），过高会大大减少蛋白质的吸附量。

对离子交换纤维素进行吸附后的洗脱一般比从离子交换树脂上的洗脱缓和。无论是升高环境的pH还是降低pH，或是增加离子强度都能将被吸附物质洗脱下来。现以羧甲基纤维素为例加以说明（图6-7）。

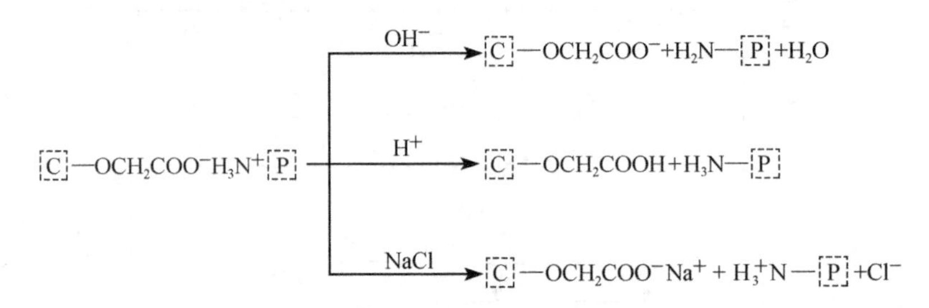

图6-7 离子交换纤维素的解吸过程

H_2N—P表示蛋白质；C表示纤维素

离子交换纤维素的处理和再生也与离子交换树脂相似，只是浸泡用的酸、碱浓度要适当降低，处理的时间也从4 h缩短为0.5～1 h。离子交换纤维素在使用前需要用多量水浸泡、漂洗，使之充分溶胀。然后用数十倍的（如50倍）0.5 mol/L盐酸和0.5 mol/L氢氧化钠反复浸泡处理，每次换液都需要用水洗至近中性。第二步处理时按交换的需要决定平衡离子。最后以交换用缓冲液平衡备用。所要注意的是离子交换纤维素相对来说不耐酸，所以用酸处理的浓度和时间必须小心控制。对阴离子交换纤维素来说，即使在pH为3的环境中长期浸泡也是不利的。此外，在用碱处理时，阳离子交换纤维素膨胀很大，以致影响过滤或流速。克服的办法是在0.5 mol/L氢氧化钠中加上0.5 mol/L氯化钠，防止膨胀。为方便起见，各类离子交换纤维素可采用浓度均为

0.5 mol/L NaOH(加 NaCl)→HCl→NaOH（加 NaCl）反复洗涤。

6.5.2　离子交换葡聚糖和离子交换琼脂糖凝胶

20 世纪 70 年代以来，以葡聚糖凝胶（sephadex gel）作为离子交换剂母体（载体），再引入不同的活性基团，制成了各种类型的离子交换葡聚糖。它和纤维素一样具有亲水性，对生物活性物质是一个十分温和的环境。它能引入大量活性基团而骨架不被破坏，交换容量很大，是离子交换纤维素的 3～4 倍，外形呈球形，装柱后，流动相在柱内流动的阻力较小，流速理想。另外，Sephadex、Sepharose 还具有分子筛效应，因此这类离子交换剂最适用于大分子的分离纯化。

离子交换葡聚糖命名时将活性基团写在前面，然后写骨架 Sephadex，最后写原骨架的编号。为使阳离子交换剂与阴离子交换剂便于区别，在编号前添一字母“C”（阳离子）或“A”（阴离子）。该类交换剂的编号与其母体（载体）凝胶相同。如载体 Sephadex G-25 构成的离子交换剂有 CM-Sephadex C-25、DEAE-Sephadex A-25 等。

市售的离子交换葡聚糖是由葡聚糖凝胶 G-25（Sephadex G-25）及 G-50（Sephadex G-50）两种规格的母体制成的。现有的离子交换葡聚糖凝胶和离子交换琼脂糖凝胶见表 6-8。

其中以 CM-Sephadex C-25（50）、DEAE-Sephadex A-25（50）、DEAE-Sepharose 4-B（6-B）在国内外使用最广泛。

离子交换葡聚糖在使用方法上和处理上与离子交换纤维素相似。

表 6-8　常用的离子交换剂类型

名　称	类　型	功能型基团	对抗离子
DEAE-Sephadex A-25　A-50	弱碱性阴离子交换剂	DEAE（二乙基氨基乙基）	Cl^-
DEAE-Sepharose 4-B　6-B	弱碱性阴离子交换剂	DEAE（二乙基氨基乙基）	Cl^-
CM-Sephadex 4-B　6-B	弱酸性阳离子交换剂	羧甲基	Na^+
CM-Sepharose 4-B　6-B	弱酸性阳离子交换剂	羧甲基	Na^+
QAE-Sephadex A-25　A-50	弱碱性阴离子交换剂	二乙基（二羧丙基）氨基乙基	Cl^-
SP-Sephadex C-25　C-50	弱酸性阳离子交换剂	磺丙基	Na^+

难 点 自 测

1. 蛋白质等生物大分子的分离提取应选用哪种离子交换剂？为什么？
2. 离子交换纤维素在使用方法和处理上与离子交换树脂有哪些不同？

6.6　离子交换分离技术的应用

学习目标

1. 离子交换分离技术在水处理中的应用。

2. 软水和无盐水的制备过程。

6.6.1 离子交换分离技术在水处理中的应用

水是工业生产的第一需要，不但用水量相当大，而且对水质也有一定的要求。普通的井水、自来水等都是含 Ca^{2+} 、Mg^{2+} 的硬水，是锅炉结垢的主要成分，不能直接供给锅炉和制药生产用水，必须进行软化除去 Ca^{2+} 、Mg^{2+} 。迄今为止，离子交换法仍然是最主要、最先进和最经济的水处理技术。

1. 软水的制备

利用钠型磺酸树脂除去水中的 Ca^{2+} 和 Mg^{2+} 等碱金属离子后即可制得软水，其交换反应式为

$$2RSO_3Na + Ca^{2+}(\text{或 } Mg^{2+}) \longrightarrow (RSO_3)_2Ca^{2+}(\text{或 } Mg^{2+}) + 2Na^+$$

失效后的树脂用10%～15%工业盐水再生成钠型，反复使用。

经过钠型离子交换树脂床的原水，残余硬度可降至0.05 mol/L以下，甚至可以使硬度完全消除。

2. 无盐水的制备

无盐水是将原水中的所有溶解性盐类、游离的酸、碱离子除去。无盐水的用途十分广泛，如高压锅炉的补给水、实验室用的去离子水，制药、食品等各行业都需要无盐纯水。离子交换法制备无盐纯水是将原水通过氢型阳离子交换树脂和羟型阴离子交换树脂的组合，经过离子交换反应，将水中所有的阴、阳离子除去，从而制得纯度很高的无盐纯水。

阳离子交换反应一般采用强酸性阳离子交换树脂为交换剂（氢型弱酸性树脂在水中不起交换作用），其反应式为

$$RSO_3H + MeX \rightleftharpoons RSO_3Me + HX$$

式中：Me^+ 代表金属离子；X^- 代表阴离子。

从上式可看出，经阳离子交换后出水呈酸性。阳离子交换树脂失效后，一般用一定浓度的盐酸或硫酸再生。

阴离子交换反应，可以采用强碱或弱碱性树脂作交换。其反应式为

$$R'OH + HX \longrightarrow R'X + H_2O$$

弱碱树脂再生剂用量少（一般用1%～3%的强碱再生，而强碱性树脂一般采用5%～8%的强碱再生），交换容量也高于强碱树脂，但弱碱树脂不能除去弱酸性阴离子如硅酸、碳酸等。在实际应用时，可根据原水质量和供水要求等具体情况，采用不同的组合。例如，一般用强酸-弱碱或强酸-强碱树脂。当对水质要求高时，经过一次组合脱盐，还达不到要求，可采用两次组合，如强酸-弱碱-强酸-强碱或强酸-强碱-强酸-强碱混合床。

原水经过阴、阳树脂一次交换，称为一级交换，交换过程是由一个阳离子交换树脂床和一个阴离子交换树脂床来完成。这种系统称为一级复床系统，一级复床处理后的水质较差，只能得到初级纯水，因为当水流过阳离子交换树脂时，发生的交换反应是可逆反应，不能将全部的金属离子都除去，这些阳离子就通过阳树脂而漏出。为了制备纯度

较高的无盐纯水，常常把几个阳离子交换器和几个阴离子交换器串联起来，组成多床多塔除盐系统。但是再多的复床也是有限的，因此发展了混合床离子交换系统。

将阴、阳离子交换树脂装在同一个交换器内直接进行离子交换除盐的系统称为混合床离子交换系统。混合床的操作较复杂，其操作方法如图 6-8 所示。在混合床中，阴、阳离子交换树脂均匀混合在一起，好像无数对阳、阴离子树脂串联一样。此时氢型阳树脂交换反应游离出的 H^+ 和羟型阴树脂交换反应游离出来的 OH^- 在交换器内立即得到中和。所以，混合床的反应完全，脱盐效果很好，在脱盐过程中可避免溶液酸、碱度的变化。但混合床离子交换系统的再生操作不便，故适宜于装在强酸-强碱树脂组合的后面，以除去残留的少量盐分，提高水质。

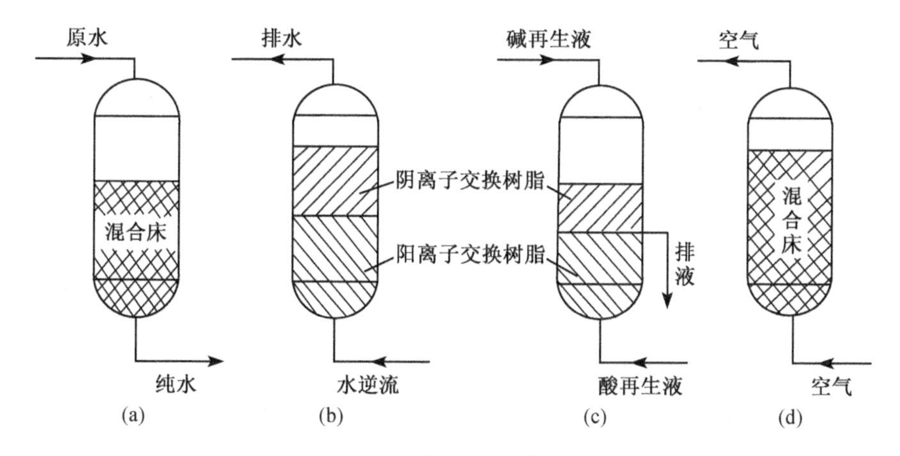

图 6-8　混合床的操作

(a) 水制备时的情形；(b) 制备结束后，用水逆流冲洗，阳、阴离子交换树脂根据相对密度不同分层，一般阳离子交换树脂较重在下面，阴离子交换树脂在上面；(c) 上部、下部同时通入碱、酸再生，废液自中间排出；(d) 再生结束后，通入空气，将阳、阴离子交换树脂混合，准备制水

6.6.2　离子交换分离技术在生物工程中的应用

生物和发酵行业的许多产品常常含量较低，并与许多其他化学成分共存，因而其提取分离是一项非常繁琐而艰巨的工作。使用离子交换树脂可以从发酵液中富集与纯化产物。

氨基酸是一类含有氨基和羧基的两性化合物，在不同的 pH 条件下能以正离子、负离子或两性离子的形式存在。因此，应用阳离子交换树脂和阴离子交换树脂均可富集分离氨基酸。例如，当 $pH<3.22$ 时，谷氨酸在酸性介质中，呈阳离子状态，可利用 732 强酸性阳离子交换树脂对谷氨酸阳离子的选择性吸附，以使发酵液中妨碍谷氨酸结晶的残糖及糖的聚合物、蛋白质、色素等非离子性杂质得以分离，后经洗脱达到浓缩提取谷氨酸的目的。

抗生素是发酵行业的一大类产品，利用离子交换树脂可以选择性吸附分离多种离子型抗生素，不仅回收率较高，而且得到的产品纯度较好。一些抗生素具有酸性基团，如苄基青霉素和新生霉素等，在中性或弱碱条件下以负离子的形式存在，故能用阴离子交换树脂提取分离。大量的氨基糖苷类抗生素，如红霉素、链霉素、卡那霉素等具有碱性，在中性或弱酸性条件下以阳离子形式存在，阳离子交换树脂适合于它们的提取与纯化。还有一些抗生素为两性物质，如四环素族的抗生素，在不同的 pH 条件下可形成正离子或负离子，因此，阳离子交换树脂或阴离子交换树脂都能用于这类抗生素的分离与纯化。

应用阴离子交换树脂，可从动物、植物和微生物发酵液中提取分离天然有机酸，也可用阳离子交换树脂除去有机酸溶液中的阳离子杂质，达到纯化的目的。例如，柠檬酸生产过程中，采用阳离子交换树脂脱除酸液中的金属离子。

核苷酸及脱氧核苷酸为两性化合物，与氨基酸相似，也可用阳离子交换树脂或阴离子交换树脂对其进行分离纯化。

难点自测

1. 如何制备软水和无盐水？
2. 举例说明离子交换分离技术在生物工程中的应用。

第 7 章

色谱分离技术

天然有机物和生物化学研究工作中经常遇到的一个问题是如何从极其复杂的、含量甚微的产物中分析和分离各种成分。随着科学的进步，某些关系到人们生命安全的生物药品，尤其是注射药品和基因工程产品等，都需要高度纯化。但经典的分离方法，如萃取、结晶等单元操作很难满足药品的生产和商业要求。色谱分离是生物制品纯化的一个关键的单元操作。

色谱分离是一组相关技术的总称，又叫做色谱法、层析法、层离法等，是一种高效而有用的生物分离技术，适用于很多生物物质的分离。色谱系统通常包括四个部分：固定相、流动相、泵和在线检测系统。用色谱法分离生物化学物质和生物聚合物时，涉及许多不同的物理、化学和生物反应。从多数生物产品纯化工艺来讲，色谱分离是产品包装前的最后纯化工序，也就是说，在用色谱纯化之前需要经过其他方法进行提取和初步纯化。与一般分离技术相比，色谱分离的规模是相当小的。根据分离时一次进样量的多少，色谱分离的规模可分为色谱分析规模（小于 10 mg）、半制备（10～50 mg）、制备（0.1～1 g）和工业生产（大于 20 g/d）。从数量上看，色谱分离的规模似乎很小，但从基因工程产品的销售价格来说，其产值是相当高的。例如，合格干扰素的销售价格为每毫克 1 万元，只要采用半制备规模，即可使年产值达 1 亿元以上。在近 40 年来，色谱技术的发展非常迅速，已成为生物大分子分离和纯化技术中极重要的组成部分。如今，以色谱技术分离纯化的产品种类越来越多，其中包括胰岛素、干扰素、疫苗、抗凝血因子、生长激素等。

7.1 概 述

学习目标

1. 色谱分离的基本概念。
2. 色谱法的分类及特点。

7.1.1 色谱分离技术的发展史

虽然 19 世纪就有人在滤纸和吸附剂上分离无机离子和石油烃类化合物，但直到 1903～1906 年，俄国植物学家 Tsweet 提出应用吸附原理分离植物色素，才发现色谱法是一个大有可为的分离技术。他把菊根粉或碳酸钙装在一根玻璃管中，将植物叶子的石油醚提取液倒入管内，然后加入石油醚自上而下淋洗。随着淋洗的进行，样品中的各种色素向下移动的速度不同，逐渐形成一圈圈的连续色带，它们分别是胡萝卜素、叶黄素和叶绿素 a、叶绿素 b。这种连续色带称为色层或色谱，色谱法由此而得名。后来色谱法不断发展，普遍用来分离无色物质，但色谱法这个名称一直被沿用下来。

虽然 20 世纪 40 年代出现了纸色谱，20 世纪 50 年代产生了薄层色谱，但色谱学产生的标志是气相色谱的出现。1952 年，Martin 和 James 首次用气体作流动相，配合微量酸碱滴定，发明了气相色谱，它给挥发性化合物的分离测定带来了划时代的变革。后者预见了高压液相色谱的产生，在 20 世纪 60 年代末为人们所实现。由于对现代色谱法的形成和发展所做的重大贡献，Martin 和 Synge 被授予 1952 年诺贝尔化学奖。

从色谱学领域全局来看，20 世纪 50～60 年代是以气相色谱为代表的大发展时期；20 世纪 70 年代进入高效液相色谱为代表的现代色谱时期。1975 年，离子色谱的出现和各种金属螯合物色谱的迅速发展，改变了现代色谱的面貌。现代色谱技术应用先进的仪器设备使分离纯化的效率越来越高。新型色谱介质层出不穷，新的流出液成分检测技术以及流程监控技术也不断出现，各种新技术及新材料的应用，大大提高了生物分离的效率。目前，亲和色谱、凝胶色谱等技术已在实验室和生产中得到了较为广泛的应用。

7.1.2　色谱法的特点

色谱分离是一种物理的分离方法，利用多组分混合物中各组分物理化学性质的差别，使各组分以不同的程度分布在两个相中。其中一相是固定相，通常为表面积很大的或多孔性固体；另一相是流动相，是液体或气体。当流动相流过固定相时，由于物质在两相间的分配情况不同，经过多次差别分配而达到分离，或者说，易于分配于固定相中的物质移动速度慢，易于分配于流动相中的物质移动速度快，因而逐步分离。与其他分离纯化方法相比，色谱分离具有如下基本特点：

（1）分离效率高　色谱分离的效率是所有分离纯化技术中最高的。这种高效的分离尤其适合于极复杂混合物的分离。通常使用的色谱柱长只有几厘米到几十厘米。

（2）应用范围广　从极性到非极性、离子型到非离子型、小分子到大分子、无机到有机及生物活性物质，以及热稳定到热不稳定的化合物，都可用色谱法分离。尤其是对生物大分子的分离，色谱技术是其他方法无法取代的。

（3）选择性强　色谱分离可变参数之多也是其他分离技术无法相比的，因而具有很强的选择性。在色谱分离中，既可选择不同的色谱分离方法，也可选择不同的固定相和流动相状态，还可选择不同的操作条件等，从而能够提供更多的方法进行目的产物的分离与纯化。

（4）设备简单，操作方便，且不含强烈的操作条件，因而不容易使物质变性，特别适用于稳定的大分子有机化合物。

色谱法的缺点是处理量小、操作周期长、不能连续操作，因此主要用于实验室，工业生产上还应用较少。

7.1.3　色谱法的分类

色谱法是一组相关分离方法的总称，根据分离机理的不同，色谱法可分为吸附色谱法、分配色谱法、离子交换色谱法、凝胶色谱法、亲和色谱法等。吸附色谱是各种色谱分离技术中应用最早的一类。当混合物随流动相通过固定相时，由于固定相对混合物中各组分的吸附能力不同，从而使混合物得以分离；分配色谱的固定相和流动相都是液体，其原理是根据混合物中各物质在两液相中的分配系数不同而分离；离子交换色谱是基于离子交换树脂上可电离的离子与流动相具有相同电荷的溶质进行可逆交换，由于混合物中不同溶质对交换剂具有不同的亲和力而将它们分离；凝胶色谱是以凝胶为固定相，靠各物质的分子大小和形状不同而对混合物进行分离；亲和色谱是利用偶联亲和配基的亲和吸附介质为固定相吸附目标产物，使目标产物得到分离纯化的液相层析方法。

根据操作方法的不同，可以分为柱色谱法、纸色谱法、薄层色谱法等。柱色谱法是指分离操作在柱中进行的方法，各种不同机理的色谱分离都可在柱中进行；纸色谱法是以滤纸为载体的分配色谱；薄层色谱分离是将固定相在玻璃平板上铺成薄层而进行分离的一种技术。

根据流动相的物态可以分为气相色谱法和液相色谱法。当流动相为气态时，称为气相色谱法；当流动相为液态时，称为液相色谱法。

根据实验技术，色谱法可分为迎头法、顶替法和洗脱分析法。迎头法是将混合物溶液连续通过色谱柱，只有吸附力最弱的组分最先自柱中流出，其他各组分不能达到分离。顶替法是利用一种吸附力比各被吸附组分吸附力都强的物质来洗脱，这种物质被称为顶替剂。此法处理量较大，且各组分分层清楚，但层与层相连，故不容易将各组分分离完全。洗脱法是先将混合物尽量浓缩，使体积缩小，引入色谱柱上部，然后用溶剂洗脱，洗脱溶剂可以是原来溶解混合物的溶剂，也可选用另外的溶剂。此法能使各组分分层分离且分离完全，层与层间隔着一层溶剂。此法应用最广，本章仅讨论洗脱分析法。

7.1.4 色谱分离方法的选择

应用色谱分离技术制备的目的产物包括初级代谢产物如氨基酸、有机酸、核苷酸、单糖类、脂肪酸等，次级代谢产物如生物碱、萜类、糖苷、色素、鞣质类、抗生素以及各种生物大分子物质如蛋白质、酶、多肽、核酸、多糖等。使用色谱技术分离纯化这些物质时常根据以下几个方面来选择不同的色谱分离方法：①目的产物的分子结构、物理化学特性及相对分子质量的大小；②主要杂质，特别是分子结构、大小和理化特性与目的产物相近的杂质成分与含量；③目的产物在色谱分离过程中生理活性的稳定性。

对于生物小分子的代谢物，由于它们的相对分子质量小、结构和性质比较稳定、操作条件不太苛刻，采用吸附、分配和离子交换色谱等方法分离比较适合。其中，氨基酸、有机酸等一些离子型的化合物多用离子交换色谱分离，而抗生素、生物碱、萜类、色素等次级代谢产物多采用吸附色谱法或反相分配色谱法进行分离。

对于蛋白质、酶、核酸等生物大分子，由于它们相对分子质量大，容易失活以及具有生物专一亲和性等特点，因而较多选用多糖基质离子交换色谱、凝胶色谱和亲和色谱等。表7-1列举了一些常用的色谱分离技术及其分离特点。

表 7-1　生物分离常用的色谱分离技术

色谱方法	常用来分离的化合物	分离机理	可能存在的优势	可能存在的缺陷
吸附色谱	DNA、RNA、蛋白质	非特异性的化学反应	分离单螺旋和双螺旋 DNA	对许多蛋白质混合物不具有特异性
亲和色谱	蛋白质、肽类	复杂的、特异性的反应	大范围的特异性的配基反应	固定相昂贵
凝胶色谱	除去缓冲离子、蛋白质	分子大小	简单，无反应机制	固定相刚性不强，限制流速
离子交换色谱	蛋白质、有机离子	静电作用	对蛋白质序列的微小改变很敏感，能够改变表面电荷	受pH 范围的限制，需要高盐等条件再生

难点自测

1. 选择色谱分离方法的理论依据是什么？试举例说明。
2. 试述色谱法的分类原则及其特点。

7.2　吸附色谱法

学习目标

1. 吸附色谱法的分离原理。
2. 吸附剂和展开剂的选择原则。
3. 薄层色谱法和柱色谱法的操作要点。

吸附色谱法（adsorption chromatography，AC）是靠溶质与吸附剂之间的分子吸附力的差异而分离的方法。吸附力主要是范德华力，有时也可能形成氢键或化学键。吸附法的关键是选择吸附剂和展开剂。

7.2.1　基本原理

吸附色谱法根据操作方法的不同，可分为吸附薄层色谱法和柱色谱法等。当溶液中某组分的分子在运动中碰到一个固体表面时，分子会贴在固定表面上，这就发生了吸附作用。一般地说，任何一种固体表面都有一定程度的吸引力。这是因为固体表面上的质点（离子或原子）和内部质点的处境不同。在内部的质点间的相互作用力是对称的，其力场是相互抵消的。而处在固体表面的质点，其所受的力是不对称的，其向内的一面受到固体内部质点的作用力大，而表面层所受的作用力小，于是产生固体表面的剩余作用力，这就是固体可以吸附溶液组分的原因，也就是吸附作用的实质。

吸附作用按其作用力的本质来划分，可分为物理吸附、化学吸附和交换吸附三大类型，其具体原理详见 5.1.1 节。

物理吸附与化学吸附可以并行发生，两者不是截然无关的。它们在一定条件下可以互相转化。例如，当低温时是物理吸附，在升温到一定程度后则可以转化为化学吸附。

在吸附色谱过程中，溶质、溶剂和吸附剂三者是相互联系又相互竞争的，构成了层析分离过程。

在吸附色谱法中，平衡关系一般用 Langmuir 方程式来表示

$$M = \frac{ac}{1 + bc}$$

式中：M 和 c 分别为溶质在固定相和流动相中的浓度；a，b 均为常数。

当浓度很低时，即 c 很小时，上式成为 $M=ac$，平衡关系成为一条直线。不论色谱分离的机理如何，当溶质浓度较低时，固定相浓度和流动相浓度都成线性的平衡关系，即两者之间的分配系数可用 K_d 表示

$$K_d = \frac{M}{c}$$

式中：K_d 为一常数，和溶质浓度无关。

在吸附色谱中，溶质在吸附介质（色谱柱、纸或薄层板）中的移动常以用阻滞因数 R_f 来表征。在一定的色谱系统中，各种物质有不同的阻滞因数。改变固定相、流动相的操作条件，可使阻滞程度从完全阻滞到不自由定向移动的很大范围内变化。假如溶质-固定相-移动相组成的色谱系统能很快达到平衡，则阻滞因数和分配系数有关。

阻滞因数（或 R_f）是在色谱系统中溶质的移动速度和一理想标准物质（通常是和固定相没有亲和力的流动相，即 $K_d=0$ 的物质）的移动速度之比，即

$$R_f = \frac{\text{溶质的移动速度}}{\text{流动相在色谱系统中的移动速度}} = \frac{\text{溶质的移动距离}}{\text{在同一时间内溶剂前沿的移动距离}}$$

吸附色谱的基本过程可用图 7-1 表示。

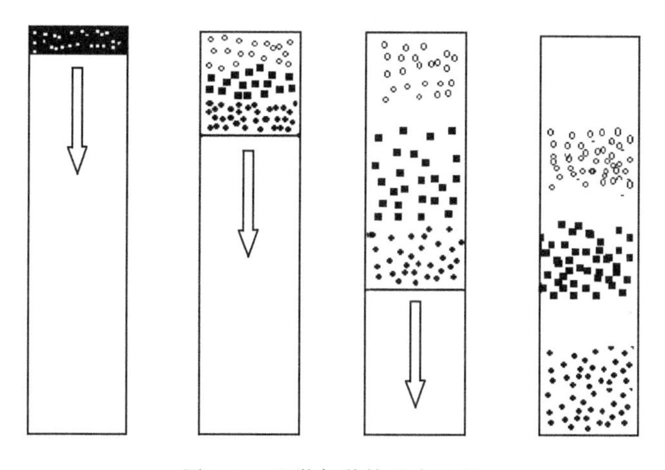

图 7-1　吸附色谱的基本过程

设将欲分离的混合物从色谱柱的顶端注入，混合物中的各组分分别用◦、▪和•(图 7-1)表示，固定相对混合物中各组分的吸附力的大小次序为：白球分子（◦）、方块分子（▪）、黑球分子（•）。当从柱顶端加入合适的洗脱剂冲洗时，黑球分子（•）与吸附剂的吸附力最小，因此最先流出色谱柱，白球分子（◦）与吸附剂的亲和力最大，因此最后流出色谱柱。

7.2.2　吸附薄层色谱法

薄层色谱法（thin layer chromatography，TLC）是将吸附剂或支持剂均匀地铺在玻璃板上，铺成一薄层，然后把要分离的样品点到薄层的起始线上，用合适的溶剂展开，最后使样品中各组分得到分离。

1. 基本原理

在吸附薄层色谱过程中，展开剂是不断供给的，所以在原点上溶质和展开剂之间的平衡不断遭到破坏，即吸附在原点上的物质不断地被解吸。此外，解吸出来的溶质溶解于展开剂中并随之向前移动，遇到新的吸附剂表面，物质和展开剂又会部分地被吸附而建立暂时的平衡，但立即又受到不断地移动上来的展开剂的破坏，因而又有一部分物质解吸并随展开剂向前移动，如此吸附-解吸-吸附的交替过程构成了吸附色谱法的分离基础。吸附力较弱的组分，首先被展开剂解吸下来，推向前去，故有较高的 R_f 值；吸附力较强的组分，被扣留下来，解吸较慢，被推移不远，所以 R_f 值较低。

2. 吸附剂和展开剂的选择

选用吸附色谱法分离化合物时，必须首先了解被分离化合物的性质，然后选择合适的吸附剂和展开剂。被分离化合物、吸附剂和展开剂三者关系配合恰当才能得到较好的分离效果。

薄层色谱法选择的主要吸附剂为氧化铝、硅胶和聚酰胺。色谱使用的吸附剂都是经过特殊处理的专用试剂，要求一定的形状与粒度范围，必要时，用前要过筛，不同吸附剂用于分离不同类型的化合物。吸附剂还必须具有一定的活度，活度太高或过低都不能使混合物各组分得到有效的分离。

在吸附色谱中，展开剂的选择一般应由实验确定。溶剂的极性越大，则对同一化合物的洗脱能力越强，R_f 值增加。因此，如果用某一种溶剂展开某一成分，当发现它的 R_f 值太小时，就可考虑改用一种极性较大的溶剂，或者在原来的溶剂中加入一定量的另一种极性较大的溶剂。

在吸附色谱法中，组分的展开过程涉及吸附剂、被分离化合物和溶剂三者之间的相互竞争，情况很复杂。到目前为止，还只是凭经验来选择。其基本原则主要有两个：①展开剂对被分离组分有一定的解吸能力，但又不能太大。在一般情况下，展开剂的极性应该比被分离物质略小；②展开剂应该对被分离物质有一定的溶解度。

第①个原则是从展开剂与被分离物质对吸附剂的活性表面的竞争力来考虑的。首先，展开剂应该对吸附剂有一定的亲和力，这样才能把被分离物质从吸附剂表面解吸出来。但是展开剂的竞争能力不能过强；否则，由于被分离物质在展开过程重新被吸附量会太小，以致被分离物质将会随着溶剂前沿向前移动，而不能达到分离目的。第②个原则是可以理解的，因为被顶替出来的物质如果不能溶于展开剂中，它就不能随着展开剂向前移动。

常用溶剂的极性次序为：

己烷＜环己烷＜四氯化碳＜甲苯＜苯＜氯仿＜乙醚＜乙酸乙酯＜丙酮＜正丙醇＜乙醇＜甲醇＜水＜冰醋酸

氧化铝和硅胶薄层色谱使用的展开剂一般以亲脂性溶剂为主，加一定比例的极性有机溶剂。被分离的物质亲脂性越强，所需要展开剂的亲脂性也相应增强。在分离酸性或碱性化合物时，需要少量酸或碱（如冰醋酸、甲酸、二乙胺、吡啶），以防止拖尾现象产生。聚酰胺薄层色谱常用展开剂为不同比例的乙醇-水及氯仿-甲醇。有机溶剂在不同的吸附介质上的色谱行为有所不同。表 7-2 列举了常用有机溶剂在硅胶薄层板上洗脱能力次序；表 7-3 列举了有机溶剂在氧化铝薄层上的洗脱能力顺序；表 7-4 列举了薄层分离各类物质常用的展开剂。

表 7-2　常用有机溶剂在硅胶薄层上的洗脱能力顺序

溶剂	洗脱能力递增									
	戊烷	四氯化碳	苯	氯仿	二氯甲烷	乙醚	乙酸乙酯	丙酮	二氧六环	乙腈
溶剂强度参数	0.00	0.11	0.25	0.26	0.32	0.38	0.38	0.47	0.49	0.50

表 7-3　常用有机溶剂在氧化铝薄层板上洗脱能力顺序

溶剂	溶剂强度参数	溶剂	溶剂强度参数	溶剂	溶剂强度参数
氟代烷	0.25	氯苯	0.30	乙酸乙酯	0.60
正戊烷	0.00	苯	0.32	二甲基亚砜	0.62
异辛烷	0.01	乙醚	0.38	苯胺	0.62
石油醚	0.01	氯仿	0.40	硝基甲烷	0.64
环己烷	0.04	二氯甲烷	0.42	乙腈	0.65
环戊烷	0.05	甲基异丁基酮	0.43	吡啶	0.71
二硫化碳	0.15	四氢呋喃	0.45	丁基溶纤剂	0.74
四氯化碳	0.18	二氯乙烷	0.49	异丙醇	0.82
二甲苯	0.26	甲基乙基酮	0.51	正丙醇	0.82
异丙醚	0.28	1-硝基丙烷	0.53	乙醇	0.88
氯代异丙烷	0.29	丙酮	0.56	甲醇	0.95
甲苯	0.30	二氧六环	0.56	乙二醇	1.11
氯代正丙烷		乙酸乙酯	0.58	乙酸	大

表 7-4　薄层色谱各类物质的常用展开溶剂

被分离的物质	载　体	展开溶剂
氨基酸	硅胶 G	(1) 70%乙醇，或 96%乙醇∶20%氨水=4∶1 (2) 正丁醇∶乙酸∶水=6∶2∶2 (3) 酚∶水=3∶1（质量比） (4) 正丙醇∶水=1∶1 或酚∶水=10∶4 (5) 氯仿∶甲醇∶17%氨水=2∶2∶1
	氧化铝	正丁醇∶乙醇∶水=6∶4∶4
	纤维素	(1) 正丁醇∶乙酸∶水=4∶1∶5 (2) 吡啶∶丁酮∶水=15∶70∶15 (3) 正丙醇∶水=7∶3 (4) 甲醇∶水∶吡啶=80∶20∶4
多　肽	硅胶 G	(1) 氯仿∶丙酮=9∶1 (2) 环己烷∶乙酸乙酯=9∶1 (3) 氯仿∶甲醇=9∶1 (4) 丁醇饱和的 0.1% NH_4OH
蛋白质及酶	Sephadex G-25	(1) 0.05 mol/L NH_4OH (2) 水
	DEAE-Sephadex G-25	各种浓度的磷酸缓冲液

续表

被分离的物质	载　体	展开溶剂
水溶性 B 族维生素	硅胶 G	乙酸∶丙酮∶甲醇∶苯＝1∶1∶4∶14
	氧化铝	甲醇，或四氯化碳，或石油醚
脂溶性 B 族维生素	硅胶 G	(1) 石油醚∶乙醚∶乙酸＝90∶10∶1 (2) 丙酮∶己烷∶甲醇＝50∶135∶13
核苷酸	纤维素 G	(1) 水 (2) 饱和硫酸铵∶1 mol/L 乙酸钠∶异丙醇＝80∶18∶2 (3) 丁醇∶丙酮∶乙醇∶5%氨水∶水＝3.5∶2.5∶1.5∶1.5∶1
	DEAE-纤维素	(1) 0.02～0.04 mol/L HCl (2) 0.2～2 mol/L NaCl
	硅胶 G	(1) 正丁醇饱和液 (2) 异丙酮∶浓氨水∶水＝6∶3∶1 (3) 正丁醇∶乙酸∶水＝5∶2∶3 (4) 正丁醇∶丙酮∶冰醋酸∶5%氨水∶水＝3.5∶2.5∶1.5∶1.5∶1
脂肪酸	硅胶 G、硅藻土	(1) 石油醚∶乙醚∶乙酸＝70∶30∶1 (2) 乙酸∶甲腈＝1∶1 (3) 石油醚∶乙醚∶乙酸＝70∶30∶1
脂肪类	硅胶 G	(1) 石油醚（沸点 60～90℃）∶苯＝95∶5 (2) 石油醚∶乙醚＝92∶8 (3) 四氯化碳 (4) 氯仿 (5) 石油醚∶乙醚∶冰醋酸＝90∶10∶1（或 80∶10∶1）
糖　类	硅胶 G-0.33 mol/L 硼酸	(1) 苯∶冰醋酸∶甲醇＝1∶1∶3 (2) 正丁醇∶丙酮∶水＝4∶5∶1 (3) 氯仿∶丙酮∶冰醋酸＝6∶3∶1 (4) 正丁醇∶乙酸乙酯∶水＝7∶2∶1
	硅藻土	(1) 乙酸乙酯∶异丙醇∶水＝65∶23.5∶11.5 (2) 苯∶冰醋酸∶甲醇＝1∶1∶3 (3) 甲基乙基丙酮∶冰醋酸∶甲醇＝3∶1∶1
磷　脂	硅胶 G	(1) 氯仿∶甲醇∶水＝80∶25∶3 (2) 氯仿∶甲醇∶水＝65∶25∶4（或 65∶2∶4，或 13∶6∶1）
生物碱	硅胶 G	(1) 氯仿＋(1%～15%) 甲醇 (2) 氯仿∶乙二胺＝9∶1 (3) 乙醇∶乙酸∶水＝60∶30∶10 (4) 环己烷∶氯仿∶乙二胺＝5∶4∶1
	氧化铝 G	(1) 氯仿 (2) 环己烷∶氯仿＝3∶7，再加 0.05%二乙胺 (3) 正丁醇∶二丁醚∶乙酸＝40∶50∶10
酚　类	硅胶 G	(1) 苯 (2) 石油醚∶乙酸＝90∶10 (3) 氯仿 (4) 苯∶甲醇＝95∶5

3. 基本操作

1) 薄层色谱板的制备

(1) 干法铺板（软板）　多用于氧化铝薄层板的制备。在一块边缘整齐的玻璃板上，撒上氧化铝，取一合适物品顶住玻璃板右端。两手紧握铺板玻璃棒的边缘，按箭头方向轻轻拉过，一块边缘整齐、薄厚均匀的氧化铝薄层即成。具体操作参见图7-2。

(2) 湿法铺板（硬板）　可用于硅胶、聚酰胺、氧化铝等薄层板的制备，但最常用的是硅胶硬板。为使铺成的硅胶板坚固，要加入黏合剂，用硫酸钙为黏合剂铺成的板称为硅胶G板，用羧甲基纤维素钠作黏合剂铺成的板为硅胶-CMC板。

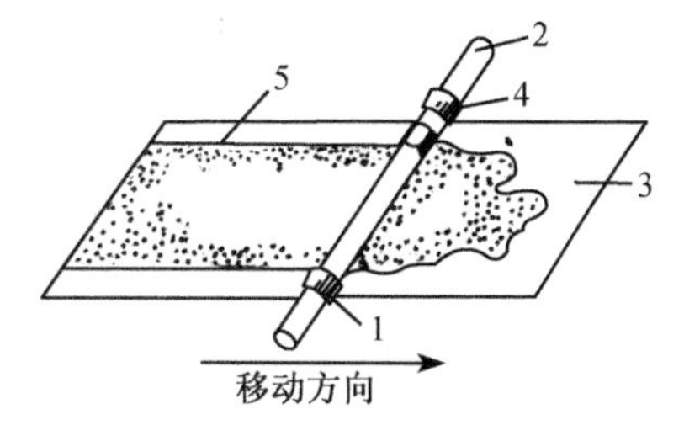

图7-2　干法铺板操作示意图

1. 调节薄层厚度的塑料环；2. 均匀直径的玻璃棒；3. 玻璃板；4. 防止玻璃滑动的环；5. 薄层吸附剂

硅胶G板：加硅胶重量5%、10%或15%的硫酸钙，与硅胶混匀，得到硅胶G5、G10或G15。用硅胶G和蒸馏水1∶(3～4)的比例调成糊状，倒一定量的糊浆于玻璃板上，铺匀，在空气中晾干，于105℃活化1～2 h，薄层厚度为2.5 mm左右。

硅胶-CMC板：取硅胶加适量0.5%CMC水溶液[1∶3左右(g/mL)]，将硅胶调成糊状，倒合适的量在玻璃板上或载玻片，控制铺板厚度在2.5 mm左右，转动或借助玻璃棒使其分布于整个玻璃表面，振动使之为均一平面，放于水平处在空气中晾干，于105℃活化1 h。一般情况薄层越薄，分离效果越好。

聚酰胺薄膜：为外购商品。

2）点样

用一根毛细管，吸取样品溶液，在距薄层一端1.5～2 cm的起始线上点样，样品点直径小于3 mm。注意点样量要适中，太少时，某些成分不能被检出；太多时容易产生拖尾现象，即每个斑点都拉得很长，互相重叠，不能分开。

3）展开

展开操作需要在密闭的容器中进行，根据薄层板的大小，选择不同的层析缸。配好展开剂，如果用5 cm×15 cm的薄板，需要展开剂10～20 mL，如果用2.5 cm×7 cm的薄板，只需要用2～5 mL展开剂。将展开剂倒入层析缸。放置一定时间，待层析缸被展开剂饱和后，再迅速将薄层板放入，密闭，展开即开始，这样可防止边缘效应的产生。所谓边缘效应为溶剂前不是一条直线，而是一条向上凸起的曲线。如果有边缘效应产生，即使把同一化合物点在一条笔直的起始线上，结果由于它们的移动速度不同，分离后斑点不在一条直线上，容易被误认为结构不同的几个化合物，且斑点不集中。

另外，注意在薄板放入层析缸时，切勿使溶剂浸没样品点。当溶剂移动到接近薄板上端边缘时，取出薄板，划出溶剂前沿。

展开方式可分为以下三类：

(1) 上行展开法和下行展开法　最常用的展开法是上行展开，就是使展开剂从下往上爬行展开：将滴加样品后的薄层，置入盛有适当展开剂的层析缸，使展开剂浸入薄层高度约为0.5 cm。下行展开是使展开剂由上向下流动。由于受重力作用，下行展开移动较快，所以展开时间比上行法快些。具体操作是将展开剂放在上位槽中，借助滤纸的毛细管作用转移到薄层上，从而达到分离的效果。

（2）单次展开法和多次展开法　用展开剂对薄层展开一次，称为单次展开。若展开分离效果不好时，可把薄层板自层析缸中取出，吹去展开剂，重新放入装有另一种展开剂的缸中进行第二次展开。可以使薄层顶端与外界敞通，以便当展开剂走到薄层的顶端尽头处，可以连续不断地向外界挥发使展开可连续进行，以利于 R_f 值很小的组分得以分离。

（3）单向展开法和双向展开法　上面谈到的都是单向展开，也可取方形薄层板进行双向展开。

4）显色

显色也称定位，即用某种方法使经色谱展开后的混合物各组分斑点呈现颜色，以便观察其位置，判断分离条件的好坏及各组分的性质。表 7-5 列举了各类物质常用的薄层显色剂，表 7-6 列举了万能薄层显色剂。

表 7-5　各类物质常用的薄层显色剂

化合物	显色剂
氨基酸类	茚三酮液：0.2～0.3 g 茚三酮溶于 95 mL 乙醇中，再加入 5 mL 2，4-二甲基吡啶
脂肪类	5%磷钼酸乙醇液；三氯化锑或五氯化锑氯仿液；0.05%若丹明 B 水溶液
糖　类	2 g 二苯胺溶于 2 mL 苯胺、10 mL 80%磷酸和 100 mL 丙酮液
酸　类	0.3%溴甲酚绿溶于 80%乙醇中，每 100 mL 中加入 30% NaOH 3 滴
醛　酮	邻联茴香胺乙酸溶液
酚　类	5%三氯化铁溶于甲醇-水（1∶1）中
脂　类	7%盐酸羟胺水溶液与 12% KOH 甲醇液等体积混合，喷于滤纸上将薄层在 30～40℃接触 10～15 min，取下滤纸，喷洒 5% $FeCl_3$（溶于 0.5 mol/L HCl 中）于纸上

表 7-6　腐蚀性万能薄层显色剂

试　剂	组成和用法
浓硫酸	喷上浓硫酸，加热到 100～110℃
50%硫酸	喷上后，加热到 200℃，在日光或紫外灯下观察
硫酸∶乙酸酐＝1∶3	喷上后加热
H_2SO_4-$KMnO_4$	0.5 g $KMnO_4$ 溶于 15 mL 浓硫酸，喷后加热
H_2SO_4-$HCrO_4$	将 $HCrO_4$ 溶于浓硫酸中使成饱和溶液，喷后加热
H_2SO_4-HNO_3	喷 H_2SO_4-HNO_3（1∶1）后加热，或用含有 5% HNO_3 的浓硫酸，喷后加热
$HClO_4$	喷 2%（或 25%）$HClO_4$ 溶液后，加热至 150℃
I_2	喷 1%碘的甲醇溶液，或放在含有 I_2 结晶的密闭器皿内

（1）紫外线照射法　常用的紫外线波长有两种：254 nm 和 365 nm。有些化学成分在紫外灯下会产生荧光或暗色斑点，可直接找出色点位置。对于在紫外灯下自身不产生颜色但有双键的化合物可用掺有荧光素的硅胶（GF254 或 HF254）铺板，展开后在紫外灯下观察，板面为亮绿色，化合物为黑色斑点。

（2）喷雾显色法　每类化合物都有特定的显色剂，展开完毕，进行喷雾显色，多数在日光下可找到色点。注意氧化铝软板在展开后，取出立即划出前沿，趁湿喷雾显色。如果干后显色，吸附剂后被吹散。图 7-3 显示了常用的喷雾器形式。

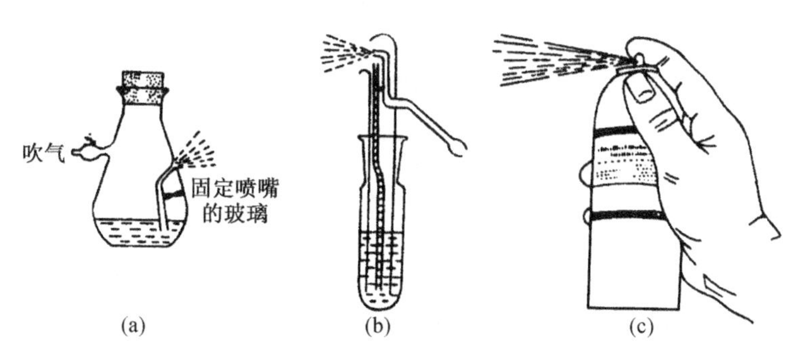

图 7-3 喷雾器的不同形式

(a)，(b) 常用的喷雾器；(c) 喷雾显色试剂

(3) 碘蒸气显色法 将薄层放在充满碘蒸气的容器中，过一段时间，多数天然药物成分都产生棕色斑点，而且此薄层再放置一段时间，碘会挥发，样品可回收。

(4) 生物显迹法 抗生素等生物活性物质可以用生物显迹法进行。取一张滤纸，用适当的缓冲溶液浸湿，覆盖在板层上，上面用另一块玻璃压住。10～15 min 后取出滤纸，然后立即覆盖在接有试验菌种的琼脂平板上，在适当温度下，经一定时间培养后，即可显出抑菌圈。

4. 影响 R_f 的主要因素

同一化合物由于薄层、溶剂、展开时温度不同，R_f 则不同。即使条件都相同有时也会因操作误差等原因造成 R_f 的不同。下面主要讨论不同类型化合物 R_f 的影响因素。

氧化铝和硅胶都为亲水性吸附剂，由于对极性稍大的成分吸附力大，所以极性大的成分难以解吸附，R_f 小，极性小的成分容易被解吸附，R_f 大。同类成分的极性大小主要取决于以下因素。

(1) 和功能基极性有关，以极性增加的顺序排列各功能基如下：烷烃、不饱和烃、醚、酯、酮、醛、醇、酚和羧酸，同一类化合物，极性基团越多，极性越大。

(2) 小分子的化合物比大分子的化合物极性大。

(3) 和某些细微结构有关，如氢键、异构体等。

5. 薄层色谱法的应用

薄层色谱法是一种微量、快速、简便、分离效果理想的方法，一般用于摸索柱色谱法的条件，即寻找分离某种混合物进行柱层析分离时所用的填充剂及洗脱剂；此外，用于鉴定某化合物的纯度；还可直接用于混合物的分离。

7.2.3 吸附柱色谱法

1. 基本原理

基本原理同吸附薄层色谱法。常用的吸附剂除氧化铝、硅胶和聚酰胺外，还有活性炭。

活性炭也是一种亲水性吸附剂，其规格和特性见本书6.6.1节。

2. 色谱柱、吸附剂和展开剂的选择

1）色谱柱的选择

色谱柱通常用玻璃柱，这样可以直接观察色带的移动情况，柱应该平直，直径均匀。工业上大型色谱柱可以用金属制造，有时在柱壁上嵌一条有机玻璃带，便于观察。柱的入口端应该有进料分布器，使进入柱内的流动相分布均匀。有时也可在色谱柱顶端加一层多孔的尼龙圆片或保持一段缓冲液层。柱的底部可以用玻璃棉，也可用砂芯玻璃板或玻璃细孔板支持固定相，最简单的也可以用铺有滤布的橡皮塞。砂芯板最好是活动的，能够卸下，这样色谱过程结束后，能够将固定相推出。如果色带是有颜色的，则可将它们分段切下，有时可以利用这种方法做定量检测。柱的出口管子应该尽量短些，这样可以避免已分离的组分重新混合。在分离生物物质时，有些色谱柱需要带有夹套，以保持操作过程能在适宜的温度下进行；还有些柱应该能进行消毒，以免微生物的污染。消毒可以是高压消毒，也可以用过氧乙酸等杀菌剂消毒。

一般情况下，柱的内径和长度比为1∶(10～30)。柱直径大多为2～15 cm。柱径的增加可使样品负载量成平方地增加，但柱径大时，流动很难均匀，色带不容易规则，因而分离效果差；柱径太小时，进样量小，且使用不便，装柱困难，但适用于选择固定相和溶剂的小实验。实验室中所用的柱，直径最小为几毫米。

色谱柱的长度与许多因素有关，包括色谱分离的方法、层析剂的种类、容量和粒度，填装的方法和填装的均匀度等。此外，设计柱长时需考虑下列几点：

(1) 柱的最小长度取决于所要达到的分离程度，目的产物的分离程度分辨率低，需要较长的色谱柱。

(2) 较大的柱直径需要较长的色谱柱。

(3) 柱越长，长度和内径比越大，就越难得到均匀的填装。就目前采用的匀浆填装技术，填装长度一般不超过50 cm，而大多数色谱柱的长度在25 cm左右。直径大时，柱长可长一些。

色谱柱填装的好坏，直接影响色谱分离的效果。不均匀的填装必然导致不规则的流型。装柱时，最好将层析剂先与不超过层析剂用量的一份缓冲液调成浆状料，然后将浆料慢慢地边加边搅拌，一次加完。同时，将柱底部的出口阀打开，以便层析剂迅速沉降。倾倒完浆料之后，再用几倍体积的缓冲液流过色谱柱，以保证平衡。浆料中如有空气，可用真空抽吸除去。

2）吸附剂的选择

吸附剂的选择是吸附色谱法的关键问题，选择不当，达不到要求的分离效果。吸附剂的种类很多，而对吸附剂的选择尚无固定的法则，一般需通过小样实验来确定。一般地说，所选吸附剂应有最大的比表面积和足够的吸附能力，它对欲分离的不同物质应该

有不同的解吸能力，即有足够的分辨力；与洗脱剂、溶剂及样品组分不会发生化学反应，还要求所选的吸附剂颗粒均匀，在操作过程中不会破裂。吸附的强弱可概括如下：吸附现象与两相界面张力的降低成正比，某物质自溶液中被吸附程度与其在溶液中的溶解度成正比，极性吸附剂容易吸附极性物质，非极性吸附剂容易吸附非极性物质，同族化合物的吸附程度有一定变化方向，如同系物极性递减，因而被非极性表面吸附能力将递增。

经典柱层析所用的吸附剂都比薄层用的略粗，而且被分离样品和吸附剂之间有一定的比例，一般规律见表 7-7。

表 7-7　常用吸附剂与样品量的关系

吸附剂	粒度/目	样品：吸附剂
氧化铝	100～150	1 g：(20～50) g
硅　胶	100～200、200～300	1 g：(30～60) g
聚酰胺	60～100（或颗粒状）	1 g：100 g
活性炭	粉末状、锦纶-活性炭、颗粒活性炭	(5～10) g：100 mL

3）洗脱剂的选择

吸附剂选择好之后，要进行洗脱剂的选择。原则上要求所选的洗脱剂纯度合格，与样品和吸附剂不起化学反应，对样品的溶解度大，黏度小，容易流动，容易与洗脱的组分分开。常用的洗脱剂有饱和的碳氢化合物、醇、酚、酮、醚、卤代烷、有机酸等。选择洗脱剂时，可根据样品的溶解度、吸附剂的种类、溶剂极性等方面来考虑，极性大的洗脱能力大，因此可先用极性小的作洗脱剂，使组分容易被吸附，然后换用极性大的溶剂作洗脱剂，使组分容易从吸附柱中洗出。

为了摸索色谱条件，可以首先将被分离物质进行薄层色谱分离，选择较好的色谱条件。如果混合物各组分的 R_f 相差很大，可直接用薄层展开剂作为柱层析洗脱剂。如果各组分结构相似，R_f 相差很小，则需采用梯度洗脱法。

氧化铝和硅胶柱层析色谱，常选用非极性溶剂加入少量极性有机溶剂作为梯度洗脱剂。柱层色谱开始时，只用非极性溶剂，然后慢慢增加极性溶剂的比例，这种洗脱方法叫做梯度洗脱。如果选择的薄层展开剂是氯仿-甲醇（8：2）时，做柱层析时先用氯仿洗脱，然后在适当的时候（洗脱液颜色变浅或新的成分不能被洗脱时），逐步更换为氯仿-甲醇（98：2、95：2、90：10 等）。

聚酰胺在水中吸附能力最强，在碱液中吸附能力最弱。聚酰胺柱层析色谱常用的洗脱剂为稀醇，一般柱层析色谱开始用水，然后依次用 10%、30%、50%、70%、95%的乙醇作为洗脱剂，也可用不同浓度的稀甲醇或丙酮为洗脱剂。分离极性较小的成分开始可用氯仿，然后用不同比例的氯仿-甲醇作为洗脱剂。如果有些成分难被洗脱，可用 3.5%氨水洗脱。

活性炭柱的洗脱剂先后顺序为 10%、20%、30%、50%、70%的乙醇溶液，也有用稀丙酮，稀乙酸或稀苯酚作洗脱剂的。某些被吸附的物质不能被洗脱，可先用适当的有机溶剂或 3.5%氨水洗脱。

3. 基本操作

1）装柱

装柱分为湿法装柱和干法装柱两种。

（1）干法装柱　在柱下端加少许棉花或玻璃棉，再轻轻地撒上一层干净的砂粒，打开下口，然后将吸附剂经漏斗缓缓加入柱中，同时轻轻敲动色谱柱，使吸附剂松紧一致，最后，将色谱柱用最初洗脱剂小心沿壁加入，至刚好覆盖吸附剂顶部平面，关紧下口活塞。

（2）湿法装柱　将吸附剂加入合适量的色谱最初用洗脱剂调成稀糊状，先把放好棉花、砂子的色谱柱下口打开，然后徐徐将制好的糊浆灌入柱子。注意，整个操作要慢，不要将气泡压入吸附剂中，而且要始终保持吸附剂上有溶剂，切勿流干，最后让吸附剂自然下沉。当洗脱剂刚好覆盖吸附剂平面时，关紧下口活塞。

2）上样

上样分为湿法上样和干法上样两种。

（1）湿法上样　把被分离的物质溶在少量色谱最初用的洗脱剂中，小心加在吸附剂上层，注意保持吸附剂上表面仍为一水平面，打开下口，待溶液面正好与吸附剂上表面一致时，在上面撒一层细砂，关紧柱活塞。

（2）干法上样　多数情况下，被分离物质难溶于最初使用的洗脱剂，这时可选用一种对其溶解度大而且沸点低的溶剂，取尽可能少的溶剂将其溶解。在溶液中加入少量吸附剂，拌匀，挥干溶剂，研磨使之成松散均匀的粉末，轻轻撒在色谱柱吸附剂上面，再撒一层细砂。

3）洗脱

在装好吸附剂的色谱柱中缓缓加入洗脱剂，进行梯度洗脱，各组分先后被洗出。若用50 g吸附剂，一般每份洗脱液量常为50 mL。但若所用洗脱剂极性较大或各成分的结构很近似时，每份的收集量要小。为了及时了解洗脱液中各洗脱部分的情况，以便调节收集体积的多少或改变洗脱剂的极性，现多采用薄层色谱或纸色谱定性检查各流分中的化学成分组成，根据层析结果，可将相同成分合并或更换洗脱剂。洗脱液合并后，回收溶剂，得到某一单一组分。含单一色点的部分用合适的溶剂析晶；仍为混合物的部分进一步寻找分离方法再进行分离。

整个操作过程必须注意不使吸附柱表面的溶液流干，即吸附柱上端要保持一层溶剂。如若一旦柱面溶液流干后，再加溶剂也不能得到好的效果，因为干后再加溶剂，常使柱中产生气泡或裂缝，影响分离，对此必须十分重视。

此外，应控制洗脱液的流速，流速不应太快。若流速过快，柱中交换来不及达到平衡，因而影响分离效果。

由于吸附剂的表面活性比较大，有时会促使某些成分破坏，所以应尽量在短时间内完成一个柱层析的分离，以避免样品在柱上停留时间过长，发生变化。

7.2.4　吸附色谱法的应用

吸附色谱在生物化学和药学领域有比较广泛的应用，主要体现在对生物小分子物质的分离。生物小分子物质相对分子质量小，结构和性质比较稳定，操作条件要求不太苛刻，其中生物碱、萜类、苷类、色素等次生代谢小分子物质常采用吸附色谱或反相色谱法。吸附色谱在天然药物的分离制备中占有很大的比例。

难点自测

1. 什么是梯度洗脱法？如何选择展开剂？
2. 薄层色谱常用的显迹方法有哪些？试述其适用范围。
3. 薄层色谱法的操作要点是什么？
4. 吸附柱色谱法的操作要点是什么？

7.3　分配色谱法

学习目标

1. 分配色谱的分离原理。
2. 分配色谱的适用范围和操作要点。

分配色谱法是靠溶质在固定相和流动相之间的分配系数不同而分离的方法。包括固定相、流动相和载体几个要素。

7.3.1　基本原理

分配色谱法是利用被分离物质中各成分在两种不相混溶的液体之间的分布情况不同而使混合物得到分离。相当于一种连续性的溶剂提取方法，只是把其中一个溶剂设法固定，用另一种溶剂来冲洗，这种分离不经过吸附程序，仅由溶剂的提取而完成，所以叫分配色谱法。

固定在柱内的液体叫做固定相，用作冲洗的液体叫做流动相。为了使固定相固定在柱内，需要有一种固体来吸牢它，这种固体本身不起什么分离作用，也没有吸附能力，只是用来使固定相停留在柱内，叫做载体。进行分离时先将含有固定相的载体装在柱内，加少量被分离的溶液后，用适当溶剂进行洗脱。在洗脱过程中，流动相与固定相发生接触，由于样品中各成分在两相之间的分布不同，因此向下移动的速度不同，容易溶于流动相中的成分移动快，而在固定相中溶解度大的成分移动就慢，因此得到分离。

7.3.2　载体的选择

分配色谱法中所用的载体，通常是惰性的、没有吸附能力的、能吸留较大量固定相的物质。主要有硅胶、硅藻土、纤维素等，近年来也有用有机载体的，如聚乙烯粉等。

1. 纤维素

纤维素可以购买，也可以自制。将纤维粉 2 g 加 8～12 mL 蒸馏水湿法铺板，晾干后，100℃左右活化 1 h。纤维素作为支持剂，与其羟基相结合的水作为固定相，其他溶剂为移动相可从纤维板上自由通过。

2. 硅胶

硅胶吸水量为 50%时仍为粉末状，当其吸水量在 17%以上时，硅胶就失去其吸附作用，作为载体使用，此时硅胶色谱则为分配色谱。

3. 硅藻土

硅藻土具有微孔结构，不具吸附作用，是现在使用最多的载体。其处理和装柱方法基本同硅胶相似，但在装柱时，要将拌成浆状的硅藻土分批小量放入柱中，用一端成平盘的棒把硅藻土压紧压平。流动相的流速一般与硅藻土所含水分有关，但水分太多，会造成流动困难，一般每克硅藻土可吸着 2～3 mL 水溶液。

必须指出，在分配色谱法中，固定相和流动相必须事先互相饱和后再使用，至少流动相应先用固定相饱和；否则，在以后展开时通过大量流动相，就会把载体中的固定相逐渐溶掉，只剩下载体，这样就不能称为分配色谱法。

7.3.3 固定相的选择

常用的固定相有水、各种缓冲溶液、酸的水溶液、甲酰胺、丙二醇以及为水所饱和的有机溶剂等。按一定比例与支持剂混匀后填装于层析柱内，用有机溶剂为洗脱剂进行分离。在水中添加某些物质作为固定相，其目的在于控制溶质的电离度，有时还能减轻色带“拖尾”现象。

有时也采用“反相层析法”，即用有机溶剂为固定相，而以水或水溶液或与水混合的有机溶剂为流动相。用此法层析，被分离物质的移动情况与正常的相反，亲脂性成分移动慢，在水中溶解度较大的成分移动快。因此，有时可用于正常层析法分离不好的体系。反相层析法常用的固定相有硅油、液体石蜡等。如果所处理的溶质憎水性很强，如高级脂肪酸等，则可将载体经适当的处理，吸着有机溶剂作为固定相，而以水作为流动相，进行色谱分离。

7.3.4 展开剂的选择

流动相一般用为水所饱和的有机溶剂或水-有机溶剂互溶的混合液，一般常用的流动相溶剂有石油醚、醇类、酮类、酯类、卤代烷类、苯类等，或它们的混合物。反相层析法常用的流动相，则为正相层析法中的固定相，如水、各种水溶液（包括酸、碱、盐与缓冲液)、低级醇类等。

固定相与流动相的选择，要根据被分离物质中各成分在两相溶剂中的溶解度比，即分配系数而定。一般在选择展开剂时，首先选择各组分溶解度相差大的溶剂。常用水或甲酰胺作为固定相，用其他有机溶剂作为流动相。最常见的溶剂系统为正丁醇：乙酸：水＝4：1：5，用前配好，摇匀，放置分层，用下层饱和蒸气处理薄板，然后用上层展开。如果用甲酰胺作固定相，应先用 20％的甲酰胺丙酮溶剂将薄层板展开一次，挥去丙酮后，点样，再用甲酰胺饱和过的流动相展开。例如，用氯仿为洗脱剂，甲酰胺为固定相，分离洋地黄苷时，几种苷很快就全被洗脱出来，分离不太好，但如果在氯仿中加入一些苯，洗脱的速率就变慢了。苯的含量越多，速率越慢，分离程度就越好。表 7-8 列举了分配色谱常用的展开剂系统。

表 7-8　分配色谱展开剂示例

载　　体	固 定 相	展 开 剂
纤维素	水	水饱和的酚、水饱和的正丁醇、正丁醇：乙酸：水（4：1：5）、异丙醇：氨水：水（45：5：10）等
硅藻土 纤维素 （硅胶）	乙二醇 丙二醇 聚乙二醇 甲酰胺	正己烷、正己烷：苯（1：1）、苯、苯：氯仿（1：1） 异丙醚：甲酸：水（90：7：3）、氯仿、以上也可用 苯：庚烷：氯仿：二乙胺（60：50：10：0.2）、氯仿 与乙二醇同
硅藻土 纤维素 硅胶	液体石蜡 正十一烷 硅油	甲醇：水或丙酮：水（90：5、90：10、80：20、70：30） 乙酸乙酯：水或丙腈（90：5、90：10、80：20、70：30） 氯仿：甲醇：水（75：25：5）

7.3.5　基本操作

1．装柱

分配柱层析的装柱比吸附柱层析麻烦一些，但又十分重要，直接影响分离效果。装柱前，将固定相与载体混合，如果用硅胶、纤维素等载体时，可以直接称出一定量固体，再加入一定比例的固定相液体，混匀后按吸附剂装柱法装入。装柱也分干法和湿法两种。应注意的是，因为分配柱层析法使用两种溶剂，所以事先必须先使这两个相互相饱和，即将两相溶剂放在一起振摇，待分层后再分别取出应用。至少流动相应先用固定相饱和后再使用；否则，在以后洗脱时当通过大量的流动相时，就会把载体中的固定相逐渐溶掉，最后只剩下载体，就不成为分配色谱了。

用硅藻土为载体，加固定相直接混合的办法不容易得到均匀的混合物。为此先把硅藻土放在大量流动相液体中，在不断搅拌下，逐渐加入固定相，加时不宜太快，加完后继续搅拌片刻。有时因局部吸着水分（固定相）过多，硅藻土会聚成大块，可用玻璃棒把它打散，使硅藻土颗粒均匀，然后填充柱管，分批小量地倒入柱中，用一端是平盘的棒把硅藻土压紧压平，随时把过多的溶剂放出。待全部装完后，应得到一个均匀填好的层析柱。

流动相通过时的流速与硅藻土所含的水分固定相有关，水分太多时流动困难。一般每克硅藻土最多可以吸着 2～3 mL 水溶液，再多时流动相就不容易通过。

反相分配柱层析中多用纤维素粉末为支持剂，与固定相方法混合方法按一般操作。

2．加样

分配柱层析的加样方法有三种：①将被分离物配成浓溶液，用吸管轻轻沿管壁加到含固定相载体的上端，然后加流动相洗脱；②被分离物溶液用少量含固定相的载体吸收，溶剂挥发后，加在层析管载体的上端，然后加流动相洗脱；③用一块比管径略小的圆形滤纸吸附被分离物溶液，溶剂挥发后，放在载体上，然后加流动相洗脱。

3. 洗脱

洗脱液的收集与处理与吸附层析法相同，不再重复。

7.3.6　分配色谱法的应用

分配色谱适用于分离极性比较大、在有机溶剂中溶解度小的成分，或极性很相似的成分。若所分离的化合物的极性基团相同和类似，但非极性部分（化合物的母核烃基部分）的大小及构型不同，或者所分离的各种化合物溶解度相差较大，或者所分离的化合物极性太强不适于吸附色谱分离时，可考虑采用分配色谱法。分配色谱法多用于分离亲水性的成分，如苷类、糖及氨基酸类。

难点自测

1. 试述分配色谱的装柱和上样操作与吸附色谱有哪些不同。
2. 分配色谱的载体选择依据是什么？

7.4　离子交换色谱法

学习目标

1. 离子交换色谱的分离原理。
2. 离子交换色谱的操作要点。
3. 离子交换色谱中树脂和流动相的选择依据。

离子交换色谱法是利用离子交换树脂作为固定相，以适宜的溶剂作为移动相，使溶质按它们的离子交换亲和力的不同而得到分离的方法。用离子交换纯化蛋白质，最早是在 20 世纪 50 年代由 H. Sober 和 E. Peterson 用纤维素离子交换介质完成的，他们合成了如今仍广为使用的 DEAE、CM 的纤维素衍生物。如今，离子交换介质得到了很大的发展，包括在交联葡聚糖、交联琼脂糖以及在合成有机高分子聚合物上引入带电基团的新一代层析介质，尤其为适应工业化大生产及高压液相色谱对压力和流速的要求而开发的刚性好的颗粒介质，使这一技术得到了更加广泛的应用。

7.4.1　基本原理

离子交换色谱是指带电物质因电荷力作用而在固定相与流动相之间分配得以相互分离的技术。两性电解质如蛋白质、氨基酸等在不同的溶液当中所带的净电荷的种类和数量是不同的。当某溶液中的某种两性电解质所带正负电荷数正好相等，即净电荷数为零时，该溶液的 pH 称为此两性电解质的等电点 pI。大部分蛋白质的 pI 值都在 5～9 之间。溶液 pH 如果高于蛋白质的 pI，蛋白质带净负电荷；反之，则带净正电荷。溶液 pH 偏离 pI 越远，则蛋白质等分子所带的净电荷量越大。由于各种蛋白质等生物大分子的等电点不同，可以通过改变溶液的 pH 和离子强度来影响它们与离子交换树脂的吸附作用，从而将它们相互分离开来。图 7-4 显示了离子交换的基本过程。

（1）初始稳定状态［7-4（a）］ 活性离子与功能基团以静电作用结合形成稳定的初始状态，此时从柱顶端上样。

（2）离子交换过程［7-4（b）］ 此时引入带电荷的目的分子，则目的分子会与活性离子进行交换结合到功能基团上。结合的牢固程度与该分子所带电荷量成正比。

（3）洗脱过程［7-4（c）、（d）］ 此时再以一梯度离子强度或不同 pH 的缓冲液将结合的分子洗脱下来。

（4）介质的再生过程［7-4（e）］ 以初始缓冲液平衡使活性离子重新结合至功能基团上，恢复其重新交换的能力。

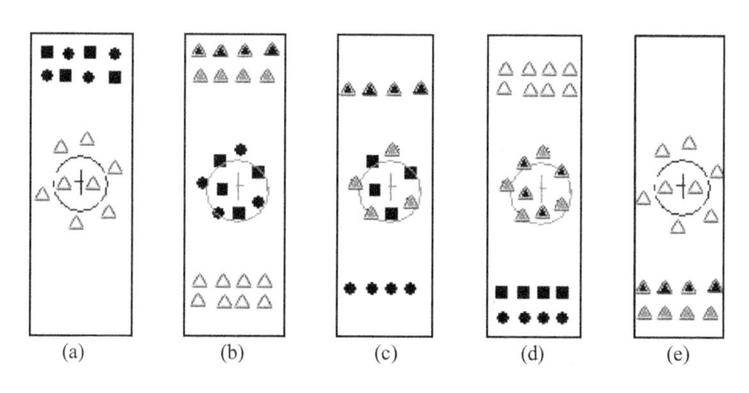

图 7-4　离子交换层析原理示意图

7.4.2　离子交换树脂的性质和种类

离子交换树脂的种类与特性详见本书第 6 章。

7.4.3　离子交换树脂的选择依据

离子交换色谱法常用较细的树脂（50～100 目），有时甚至用 200～400 目（0.074～0.038 mm）。但一般的树脂，粒度较大，大部分为 35～20 目（0.42～0.82 mm），因此常需要将树脂粉碎、过筛后使用。过筛分干法和湿法两种，阳离子交换树脂不能用氢型，应转变为钠型后再过筛，因为氢型树脂对筛子有腐蚀作用。干筛虽然较简单，但干树脂在水中要溶胀，使实际使用时粒度仍不均匀。利用水力浮选法，将树脂分级比较方便。改变水的流速就可得到不同粒度的树脂，流速越慢，流出的树脂粒度越小。

对于大分子物质的色谱法，还应注意选择低交联度的树脂。例如，对相对分子质量大于 400 的物质，通常选用交联度等于 2 或更低的树脂。

要建立一套离子交换色谱纯化工艺，首先要确定合适的树脂骨架结构，主要是看其流压性质和装填性质方面是否适合目的物分离的要求。如果是工业生产级别的大规模柱层析，就需要选择物理、化学性质都很稳定的凝胶骨架，以适应规模化和在位清洗等方面的需要。普通实验室级别的离子交换色谱中由于对柱载量和流速没有很高的要求，也可以选择一些普通级别的树脂。

选择离子交换介质首先要考虑目的分子的大小。因为目的分子的大小会影响其接近介质上的带电功能基团，因此也会影响介质对该目的分子的动力载量，从而影响其分离。不过，在选择离子交换介质时，只要目的分子的大小在介质凝胶骨架的排阻极限以下，便无需顾虑介质对原料分离产生凝胶过滤效应，因为静电作用才是离子交换层析的作用原理，只有不带电荷的分子才会在离子交换色谱中按凝胶过滤的原理分离。所以，在原料中含有大分子时，宜选用多孔性好、排阻范围广的凝胶骨架介质进行分离。

其次是对介质上带电功能基团的选择。需要了解在什么样的 pH 范围内目的分子会结合至离子交换基团上。如果不考虑目的分子 pH 的耐受性，可以通过调节流动相的 pH 而随意选择目的分子的带电性从而随意选择阳离子交换基团或阴离子交换基团。然而在实际应用中，必须考虑目的分子的 pH 稳定性。许多大分子的活性 pH 范围较狭窄，容易变性或失活，这时选择离子交换介质会受到原料稳定性的限制。例如，一个蛋白质在 pH 为 6～9 稳定，其等电点 pI 为 6.3，则在 pH 为 6.3 以下时，该蛋白质带正电，可与阳离子交换基团结合，但在此条件下该蛋白质不稳定，因此只能在 pH 为 6.3～6.9 选一个值令蛋白质带负电荷，与阴离子交换基团结合，所以此时应选择阴离子交换基团。

再次要考虑交换功能基团的强弱。如果目的分子很稳定，应首先选择强交换介质。强交换介质的动力载量不会随 pH 的不同而改变，离子交换过程遵循最基本的吸附原理，简单易控。使用强离子交换树脂允许较大吸附 pH 及离子强度选择范围，目的分子吸附后只需提高缓冲盐浓度即可洗脱，同时可有目的分子的浓缩效应。而弱离子交换介质 pH 适用范围较小，在 pH 小于 6 时，弱阳离子交换介质会失去电荷，而在 pH 大于 9 时，弱阴离子交换介质会失去电荷。所以，一般情况下，在分离等电点 pH 为 6～9 的目的分子，尤其是当目的分子不稳定时，需要较温和的层析条件时才会选用弱交换介质。

7.4.4　流动相的选择依据

离子交换色谱的流动相必须是有一定离子强度的并且对 pH 有一定缓冲能力的溶液。基于离子交换的原理，目的分子在与介质上的反离子交换后，释放到溶液中的反离子可以使液相中的离子强度增大，pH 可能会发生改变，有可能导致目的分子失活。所以，使用缓冲液可稳定流动相的 pH，使之在层析过程中不致发生明显变化，同时还可稳定目的分子上的电荷量，保证层析结果的重现性。

要使目的分子带有电荷并以适当的强度结合到离子交换介质上，需要选择一合适的吸附 pH。对于阴离子交换介质来说，吸附 pH 至少应高于目的分子等电点 1 个 pH 单位；而在阳离子交换介质，则应至少低于目的分子等电点 1 个 pH 单位，这样可保证目的分子与介质间的吸附的完全性。

吸附 pH 选好后，还需选择流动相的离子强度。吸附阶段应选择允许目的分子与介质结合达到最高离子强度，而洗脱时要选择可使目的分子与介质解吸的最低离子强度。

这也就定出了洗脱液离子强度的梯度起止范围。在介质再生之前往往还需用第三种离子强度更高的缓冲液流洗柱床以彻底清除可能残留的牢固吸附杂质。在大部分情况下，吸附阶段溶液盐浓度至少应在 10 mmol/L 以上，以提供足够的缓冲容量，但浓度不可过高而影响载量。

7.4.5 操作方法

1. 离子交换剂的处理

离子交换剂的处理详见本书第 6 章。

2. 装柱及加样

离子交换剂的装柱与一般柱色谱法相同，主要是防止出现气泡和分层，装填要均匀。防止产生气泡和分层的方法是装柱时柱内先保持一定高度的起始洗脱液（一般为柱高的 1/3），加入树脂时使树脂借水的浮力慢慢自然沉降。装柱完毕后，用水或缓冲液平衡到所需的条件，如特定的 pH、离子强度等。

上样时将溶解在少量溶剂（通常为展开剂）中的试样加到色谱柱的上部。上柱的一个重要问题是控制流速的加压或减压装置，尤其是采用细长柱或细目交换剂时，压力控制非常重要。加压法是用打气入柱的方式进行加压，可用一个装有样品的分液漏斗与柱用橡皮塞连接，分液漏斗上端串有压力计并经缓冲瓶与打气管相连，当达到所需压力时就将打气管夹紧。减压法是在柱的排出口增设抽气装置，工业上多采用此法。

3. 洗脱

分离不同的物质选用不同的洗脱液。原则是用一种更活泼的离子把交换在树脂上的物质再交换出来。常用的洗脱剂为酸类、碱类或盐类的溶液，改变整个系统的酸碱度和离子强度，以使交换物质的交换性能发生变化，已交换上的物质就逐渐被洗脱下来。为了提高分辨率，常采用梯度洗脱法。

7.4.6 离子交换色谱法的应用

离子交换色谱法广泛地应用于提取糖、抗生素、氨基酸、核苷酸、有机酸及生物大分子。

1. 分离氨基酸

离子交换树脂可用来分离氨基酸。早在 1958 年，人们就以离子交换色谱为机理，设计了氨基酸自动色谱仪，对多种氨基酸成分进行分离。

2. 分离糖

离子交换色谱法可用于中性不带电荷的糖类的分离。主要原理是糖和硼酸盐生成的糖-硼酸盐复合物有离子性质，从而可用离子交换色谱法分离。例如，用强碱型离子交换树脂可分离果糖、半乳糖和葡萄糖混合物。

3. 单核苷酸的分离

在酸性条件下，带正电荷的阳离子交换树脂能吸附5′-单核苷酸，分离效果较好。

4. 分离抗生素

用离子交换色谱法分离、精制的第一种抗生素是链霉素，它是在1947年合成出高性能的弱酸性羧酸基阳离子交换树脂以后才实现的。对于其他的碱性水溶性抗生素，如庆大霉素、卡那霉素、新霉素等，也可用羧酸树脂或磺酸树脂进行分离精制。

5. 其他

离子交换色谱还可用来分离腺苷、胰蛋白酶水解物等生化物质。

难点自测

1. 适合用离子交换色谱分离的物质应具有什么特性？为什么？
2. 如何选择离子交换色谱的洗脱剂？
3. 试说明离子交换色谱的特点，它在色谱分析中的地位和作用。

7.5 凝胶色谱法

学习目标

1. 凝胶色谱的分离原理。
2. 凝胶的种类和特性。
3. 凝胶色谱的操作要点。

凝胶色谱是基于分子大小不同而进行分离的一种分离方法，是近年来发展起来的新技术。它具有一系列的优点，如操作方便、不会使物质变性、适用于不稳定的化合物、凝胶不用再生、可反复使用，因此在生物分离中占重要地位。缺点是分离速度较慢。凝胶色谱的整个过程和过滤相似，又称凝胶过滤、凝胶渗透过滤、分子筛过滤等。由于物质在分离过程中的阻滞减速现象，也称阻滞扩散层析、排阻层析等。

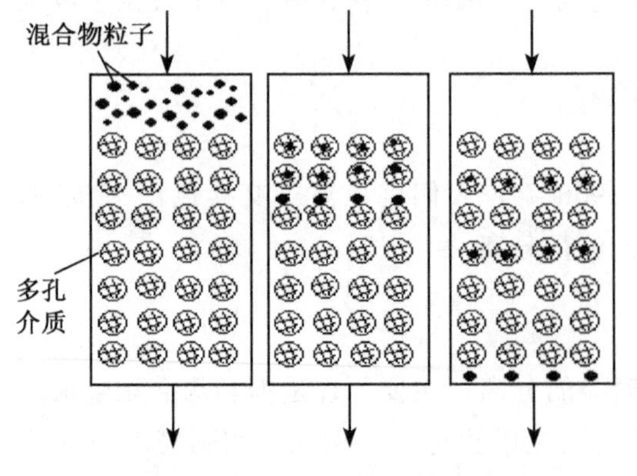

图7-5 凝胶过滤层析原理示意图

7.5.1 基本原理

混合物分子大小不同，在其流经多孔凝胶介质时，大分子物质从颗粒间隙中流过，而小分子物质则进入颗粒孔径内部，凝胶色谱利用此原理分离混合物。一般情况下，都是在层析柱中填入珠状多孔凝胶材料并浸透流动相，凝胶过滤层析原理如图7-5所示。

将有一定量的含有不同大小分子的混合原料加在柱上并用流动相洗脱，则无法进入多孔凝胶颗粒内部的大分子会直接随流动相由凝胶颗粒之间的空隙被洗脱下来；小分子因可深入凝胶颗粒内部而受到很大的阻滞，最晚洗脱下来；而中等大小的分子虽可进入凝胶颗粒内部但并不深入，受到凝胶颗粒的阻滞作用不强，因而在两者之间被洗脱下来。

7.5.2　凝胶过滤介质

基于凝胶过滤层析的原理，对其介质的最基本要求是不能与原料组分发生除排阻之外的任何其他相互作用，如电荷作用、化学作用、生物学作用等。理想的凝胶过滤介质具有高物理强度及化学稳定性，能够耐受高温高压和强酸强碱，具有高化学惰性，内孔径分布范围窄，珠粒状颗粒大小均一度高。目前，常用的有葡聚糖凝胶、琼脂糖凝胶、聚丙烯酰胺凝胶等，其主要性能及种类详见表 7-9～表 7-12。

表 7-9　葡聚糖凝胶（G 类）的性质

凝胶规格		吸水量	膨胀体积	分离范围		浸泡时间/h	
型号	干粒直径/μm	/(mL/g 干凝胶)	/(mL/g 干凝胶)	肽或球状蛋白	多　糖	20℃	100℃
G-10	40～120	1.0±0.1	2～3	～700	～700	3	1
G-15	40～120	1.5±0.2	2.5～3.5	～1 500	～1 500	3	1
G-25	粗粒 100～300	2.5±0.2	4～6	1 000～5 000	100～5 000	3	1
	中粒　50～150						
	细粒　20～80						
	极细　10～40						
G-50	粗粒 100～300	5.0±0.3	9～11	1 500～30 000	500～10 000	3	1
	中粒　50～150						
	细粒　20～80						
	极细　10～40						
G-75	40～120	7.5±0.5	12～15	3 000～70 000	1 000～5 000	24	3
	极细　10～40						
G-100	40～120	10±0.1	15～20	4 000～150 000	1 000～100 000	72	5
	极细　10～40						
G-150	40～120	15±1.5	20～30	5 000～400 000	1 000～150 000	72	5
	极细　10～40		18～20				
G-200	40～120	20±2.0	30～40	5 000～800 000	1 000～200 000	72	5
	极细　10～40		20～25				

表 7-10　琼脂糖凝胶的性质

商品名称	琼脂糖浓度/%	分离范围（蛋白质的相对分子质量）
Sepharose 6B	6	10^4～4×10^6
Sepharose 4B	4	6×10^4～2×10^7
Sepharose 2B	2	7×10^4～4×10^7
Bio-Gel A-0.5 m	10	10^4～5×10^5
Bio-Gel A-1.5 m	8	10^4～1.5×10^6
Bio-Gel A-5 m	6	10^4～5×10^6
Bio-Gel A-15 m	4	4×10^4～1.5×10^7
Bio-Gel A-50 m	2	10^5～5×10^7
Bio-Gel A-150 m	1	10^6～1.5×10^8

续表

商品名称	琼脂糖浓度/%	分离范围（蛋白质的相对分子质量）
Sagavac 10	10	10^4～2.5×10^5
Sagavac 8	8	2.5×10^4～7×10^5
Sagavac 6	6	5×10^4～2×10^6
Sagavac 4	4	2×10^5～1.5×10^7
Sagavac 2	2	5×10^4～1.5×10^8

表 7-11 聚丙烯酰胺凝胶的性质

聚丙烯酰胺凝胶	吸水量/(mL/g 干凝胶)	膨胀体积/(mL/g 干凝胶)	分离范围/相对分子质量	溶胀量时间/h	
				20℃	100℃
P-2	1.5	3.0	100～1 800	4	2
P-4	2.4	4.8	800～4 000	4	2
P-6	3.7	7.4	1 000～6 000	4	2
P-10	4.5	9.0	1 500～20 000	4	2
P-30	5.7	11.4	2 500～40 000	12	3
P-60	7.2	14.4	10 000～60 000	12	3
P-100	7.5	15.0	5 000～100 000	24	5
P-150	9.2	18.4	15 000～150 000	24	5
P-200	14.7	29.4	30 000～200 000	48	5
P-300	18.0	36.0	60 000～400 000	48	5

表 7-12 各类凝胶对比表

类　别	层析介质	分离范围
葡聚糖凝胶	水	<700～8×10^5（蛋白质） <700～8×10^5（多糖）
聚丙烯酰胺凝胶	水	200～40×10^4
琼脂糖凝胶	水	1×10^4～1.5×10^8
疏水性凝胶	有机溶剂	1600～4×10^7

1. 葡聚糖凝胶

葡聚糖凝胶是应用最广泛的一类凝胶，国外商品名为 Sephadex。它由葡聚糖 Dextran交联而得。葡聚糖是血浆的代用品，由蔗糖发酵而来。发酵得到的葡聚糖相对分子质量差别很大，用乙醇进行分部沉淀后，选择相对分子质量为 30 000～50 000 的部分，经交联后就得到不溶于水的葡聚糖凝胶。在制备凝胶时添加不同比例的交联剂可得到交联度不同的凝胶。交联剂在原料总质量中所占的百分数叫做交联度。交联度越大，网状结构越紧密，吸水量越小，吸水后体积膨胀越少；反之，交联度越小，网状结构越疏松，吸水量越多，吸水后体积膨胀越大。凝胶的型号就是根据吸水量而来，如 G-25 的吸水量（1 g 干胶所吸收水分）为 2.5 mL，型号数字相当于吸水量乘以 10。

如果凝胶用于脱盐，即从高相对分子质量的溶质中除去低相对分子质量的无机盐，则可选择型号较小的如 G-10、G-15 和 G-25。如果凝胶用于色谱法，则可根据表 7-9 所列的范围进行选择。市售凝胶的粒度分粗（相当于 50 目）、中（相当于 100 目）、细（相当于 200 目）、极细（相当于 300 目）四种。一般粗、中凝胶用于生产上的色谱法，细者用于提纯和科研；极细者由于装柱后容易堵塞，影响流速，不用于一般凝胶分离，但可用于薄层色谱法和电泳。

葡聚糖凝胶的化学性质比较稳定，不溶于水、弱酸、碱和盐溶液。本身具有很弱的酸性。低温时，在 0.1 mol/L 盐酸溶液中保持 1～2 h 不改变性质；室温时，在 0.01 mol/L盐酸中放置半年也不改变；在 0.25 mol/L 氢氧化钠中，60℃两个月不发生变化；在 120℃加热 30 min 灭菌而不被破坏，但高于 120℃即变黄。若长时间不用，需加防腐剂。

2. 琼脂糖凝胶

琼脂糖凝胶来源于一种海藻多糖琼脂，是一种天然凝胶，不是共价交联，是以氢键交联的，键能比较弱。它与葡聚糖不同，孔隙度是以改变琼脂糖浓度而达到的。琼脂糖凝胶的化学稳定性不如葡聚糖凝胶。琼脂糖凝胶没有干胶，必须在溶胀状态保存，除丙酮和乙醇外，琼脂糖凝胶遇脱水剂、冷冻剂和一些有机溶剂即被破坏。用琼脂糖凝胶进行分离操作的适宜工作条件是在 pH 为 4.5～9，温度 0～40℃。琼脂糖凝胶对硼酸盐有吸附作用，不能用硼酸缓冲液。

琼脂糖凝胶颗粒的强度很低，操作时必须十分小心。另外，由于琼脂糖颗粒弹性小，柱高引起的压力能导致变形，造成流速降低甚至堵塞，所以装柱时应设法对柱压进行调整。琼脂糖凝胶没有带电基团，所以对蛋白类物质的非特异性吸附力明显小于葡聚糖凝胶。在介质离子强度＞0.1 mol/L 时已不存在明显吸附。琼脂糖凝胶的特征是能分离几万至几千万高相对分子质量的物质，分离范围随着凝胶浓度上升而下降，颗粒强度却随浓度上升而提高，特别适用于核酸类、多糖类和蛋白类物质的分离，弥补了聚丙烯酰胺凝胶和葡聚糖凝胶的不足，扩大了应用范围。

琼脂糖凝胶的商品名因不同的厂家而不同。瑞典产品名为 Sepharose，美国称生物胶-A（Bio-Gel-A），英国称 Sagavac 等。表 7-10 列举了常见琼脂糖凝胶的性质和分离范围。

3. 聚丙烯酰胺凝胶

商品名为生物凝胶-P，是人工合成的，在溶剂中能自动吸水溶胀成凝胶。一般性质及应用与葡聚糖凝胶相仿，对芳香族、杂环化合物有不同程度的吸附作用。据报道，其稳定性比葡聚糖凝胶好。洗脱时不会有凝胶物质被洗脱下来。在 pH2～11 范围稳定。由于聚丙烯酰胺凝胶是由碳-碳骨架组成，完全是惰性的，适宜作为凝胶层析的载体。缺点是不耐酸，遇酸时酰胺键会水解成羧基，使凝胶带有一定的离子交换基团。

商品生物凝胶的编号大体上能反映出它的分离界限，如 Bio-Gel P-100，将编号乘以 100 为 100 000，正是它的排阻限。表 7-11 列举了各种型号的聚丙烯酰胺凝胶的有关性质。

4. 疏水性凝胶

常用的疏水性凝胶为聚甲基丙烯酸酯（polymethacylate）凝胶或以二乙烯苯为交联剂的聚苯乙烯（如 Styrogel Bio-Beads-S）凝胶。“Styrogel” 商品有 11 种型号，分离范围为相对分子质量 $1.6\times10^{3}\sim4\times10^{7}$ 的物质，混悬于二乙苯中供应。“Bio-Beads-S” 有三种型号，分离范围为相对分子质量小于 2 700 的物质，以干凝胶供应。这类凝胶专用于水不溶性有机物质的分离，以有机溶剂浸泡和洗脱。据报道，当改换溶剂时凝胶体积并不发生变化。

5. 多孔玻璃珠

多孔玻璃珠的化学与物理稳定性好，机械强度高，不但抵御酶及微生物的作用，还能够耐受高温灭菌和较强烈的反应条件。缺点是亲水性不强，对蛋白质尤其是碱性蛋白质有非特异性吸附，而且可供连接的化学活性基团也少。为了克服这些缺点，作载体的市售 Bio-Glass 的商品都已事先连接了氨烷基。用葡聚糖包被的玻璃珠则可改善其亲水性，并增加了化学活性基团。用抗原涂布的玻璃珠已成功地分离了免疫淋巴细胞，在 DNA 连接的玻璃珠上纯化了大肠杆菌的 DNA 和 RNA 聚合酶。

6. 其他载体

由聚丙烯酰胺和琼脂糖混合组成的载体已投入应用。它的特点是载体既有羟基又有酰胺基，并且都能单独与配基使用。但这类载体不能接触强碱，为了避免酰胺水解，使用温度不能超过 40℃。例如，一种称为磁性胶的载体是在丙烯酰胺与琼脂糖的混合胶中加入 7%的四氧化三铁。因此，当悬浮液中含有不均匀的粒子时，依靠磁性能将载体与其他粒子分离。磁性胶载体常用于酶的免疫测定、荧光免疫测定、放射免疫测定、免疫吸附剂和细胞分离等的微量测定和制备。

7.5.3 凝胶过滤介质的选择依据

选择合适的凝胶过滤介质应从分离目的和需要分离物质的分子大小两个方面进行考虑。

1. 分离范围

如果需要将一个复杂原料中所有相对分子质量较大（如大于 5 000）的物质与 5 000 以下的物质分开，可以装填排阻极限小的介质，如 Sephadex G-25 或 Sephadex G-50 等凝胶。该工艺也称为脱盐或成组分离。如果需要分离相对分子质量相差不大的分子，可根据表 7-9～表 7-11 所列各种凝胶的排阻范围加以选择。

2. 分辨率

介质粒径较小的凝胶通常可以提供比较高的分辨率，因为分子弥散作用较弱，因而层析的谱带宽作用也小。然而，小颗粒会带来高阻抗，因此在使用刚性较差的介质时必须使用较低的流速，这与大规模制备层析所要求的高效性相悖。所以，工业应用的凝胶过滤层析必须使用刚性较好、粒径较大的介质。

3. 稳定性

由于原料种类千变万化，其 pH、温度以及有无有机溶剂等因素是否影响介质的分离特性等问题都需要事先以小量试验摸索清楚。表7-12比较了各类凝胶的分离特性。

7.5.4　操作方法

1. 凝胶的预处理

市售凝胶必须经过充分溶胀后才能使用，如果溶胀不充分，则装柱后凝胶继续溶胀，造成填充层不均匀，影响分离效果。在烧杯中将干燥凝胶加水或缓冲液，搅拌、静置、倾去上层混悬液、除去过细的粒子。如此反复多次，直至上层澄清为止。G-75以下的凝胶只需要泡1 d，但G-100以上的型号，至少需要泡3 d，加热能缩短浸泡时间。

2. 层析柱的选择

凝胶层析用的层析柱，其体积和高径比与层析分离效果的关系相当密切。层析柱的长度与直径的比一般称为柱比。层析柱的有效体积（凝胶柱床的体积）与柱比的选择必须根据样品的数量、性质以及分离目的加以确定。对于相对分子质量差别大的混合物的分离，柱床体积为样品溶液体积的5倍或略多一些就够了，柱比为5∶1到10∶1即可。这样流速快，节省时间，样品稀释程度也小。对于分级分离，则要求柱床体积大于样品25倍以上，甚至多达100倍。柱比也在25～100之间。用大柱、长柱的分离效率比小柱、短柱高，可以使相对分子质量相差不大的组分得以分离。但这样的柱阻力大，流速慢，费时长，样品稀释也相当严重，有时达10倍以上。此外，层析柱下端缩口底部的支持物要满足不容易阻塞和死腔小两个条件。一般在柱的下端缩口底部放一团玻璃棉，或者放一块垂熔玻璃板，在玻璃板下端铺一层滤纸以防阻塞，在玻璃板下填充小玻璃球，以克服死腔体积过大，洗脱组分在死腔混合或稀释，影响分离效果。必要时层析柱可以外加套管，通入适当温度的液体，进行循环，以保持适当的温度。

3. 凝胶柱的装填

凝胶层析与其他许多层析方法不同，溶质分子与固定相之间没有力的作用，样品组分的分离完全依赖于它们各自的流速差异。因此，所有影响样品在层析系统中正常流动的因素都是有害的。正确的装柱是清除以上不良影响的关键和前提。

根据样品状况和分离要求选择层析柱后，开始装柱时，为了避免胶粒直接冲击支持物，空柱中应留1/5的水或溶剂。所用凝胶必须是经过充分溶胀的。为了防止出现气泡，胶液温度必须与室温平衡，并用水泵减压排气。开始进胶后应当打开柱端阀门并保持一定流速，太快的流速往往造成凝胶板结，对分离不利。进胶过程必须连续、均匀，不要中断，并在不断搅拌下使胶均匀沉降，使不发生凝胶分层和胶面倾斜。为此，层析柱要始终保持垂直。凝胶悬液浓度也需控制，过稀和过浓都会产生不利影响。过浓时难以均匀装柱，以致出现柱床分层。装柱后用展开剂充分洗涤，使溶剂和凝胶达到平衡。也可以将凝胶直接浸泡于展开剂中，这样可以使操作简化。

4. 样品处理和加样

由于凝胶层析的稀释作用，似乎样品浓度应尽可能大才好，但样品浓度过大往往导致黏度增大，而使层析分辨率下降。一般要求样品黏度小于0.01 Pa · s，这样才不至于对分离造成明显不良影响。对蛋白质类，样品浓度以不大于4%为宜。如果样品混浊，应先过滤或离心除去颗粒后上柱。

样品的上柱是凝胶层析中的关键操作。理想的样品色带应是狭窄且平直的矩形色谱带。为了做到这一点，应尽量减少加样时样品的稀释及样品的非平流流经层析凝胶床体；反之，会造成色谱带扩散、紊乱，严重影响分离效果。

加样时尽量减少样品的稀释及凝胶床面的搅动。通常有两种加样方法：

(1) 直接将样品加到层析床表面　首先，操作要熟练而仔细，绝对避免搅混床表面。将已平衡的层析床表面的多余的洗脱液用吸管或针筒吸掉，但不能完全吸干，吸至层析床表面2 cm处为止。在平衡床表面常常会出现凹陷现象，因此必须检查床表面是否均匀，如果不符合要求，可用细玻璃棒轻轻搅动表面，让凝胶自然沉降，使表面均匀。加样时不能用一般滴管，最好用带有一根适当粗细塑料管的针筒，或用下口较大的滴管，以免滴管头所产生的压力搅混表面。一切准备就绪后，将出口打开，使床表面的洗脱液流至表面仅剩1～2 mm。关闭出口，将装有样品的滴管放于床表面1 cm左右，再打开出口，使样品渗入凝胶内，样品加完后，用小体积的洗脱液洗表面1～2次，尽可能少稀释样品。当样品接近流干时，像加样品那样仔细地加入洗脱液，待洗脱液渗入床表面以内时，即可接上恒压洗脱瓶开始层析。

(2) 利用两种液体相对密度不同而分层　将高相对密度样品加入床表面低相对密度的洗脱液中，样品就慢慢均匀地下沉于床表面，再打开出口，使样品渗入层析床。如果样品相对密度不够大，由于糖不干扰层析效果，可在样品中加入1%的葡萄糖或蔗糖，当洗脱液流至床表面1 cm左右时，关闭出口，然后将装有样品的滴管头插入洗脱液表层以下2～3 cm处，慢慢滴入样品，使样品和洗脱液分层，然后上层再加适量洗脱液，并接上恒压洗脱瓶，开始层析。吸管的插入或取出都有可能带入气泡，因此在加样品时必须十分注意。尤其是取出滴管时，更应特别注意，洗脱液有可能倒吸而使样品稀释。

5. 洗脱与收集

为了防止柱床体积的变化，造成流速降低及重复性下降，整个洗脱过程中始终保持一定的操作压，并不超限是很必要的。流速不宜过快且要稳定。洗脱液的成分也不应改变，以防凝胶颗粒的胀缩引起柱床体积变化或流速改变。在许多情况下可用水作洗脱剂，但为了防止非特异性吸附，避免一些蛋白质在纯水中难以溶解，以及蛋白质稳定性等问题的发生，常采用缓冲盐溶液进行洗脱。洗脱用盐等介质应该比较容易除去，通常氨水、乙酸、甲酸铵等容易挥发的物质用得较多。对一些吸附较强的物质也可采用水和有机溶剂的混合物进行洗脱。

6. 凝胶的保存

凝胶过滤时，凝胶本身无变化，所以无再生的必要，柱可反复使用。但使用次数增加时，由于混入杂质，过滤速度因而减慢，此时可将柱反冲以除去杂质。

葡聚糖凝胶可以多次重复使用，如果不加以妥善保存，势必造成浪费和相当的经济损失。保存的方法有干法、湿法和半缩法三种。

（1）干法　一般是用浓度逐渐升高的乙醇（如 20%、40%、60%、80%等）分步处理洗净的凝胶，使其脱水收缩，再抽滤除去乙醇，用 60～80℃暖风吹干。这样得到的凝胶颗粒可以在室温下保存，但处理不好时凝胶孔径可能略有改变。

（2）湿法　用过的凝胶洗净后悬浮于蒸馏水或缓冲液中，加入一定量的防腐剂再置于普通冰箱中做短期保存（6 个月以内）。常用的防腐剂有 0.02%的叠氮化钠、0.02%的三氯叔丁醇、氯己定、硫柳汞、乙酸苯汞等。

（3）半缩法　以上两法的过渡法。即用 60%～70%的乙醇使凝胶部分脱水收缩，然后封口，置 4℃冰箱中保存。

7.5.5　影响凝胶色谱分离效果的因素

1. 凝胶的选择

各种凝胶在结构上是很相似的，都是三维空间网状交织的高分子聚合物。分离程度主要取决于凝胶颗粒内部微孔的孔径和混合物的相对分子质量这两个因素。微孔孔径的大小与凝胶物质中凝胶中的浓度的平方根成反比，与凝胶聚合物分子的平均直径成正比(其聚合物分子近似地当作球形)。和凝胶孔径直接关联的是凝胶的交联度，交联度越高，孔径越小；反之，孔径就大。移动缓慢的小分子物质，在低交联度的凝胶上不容易分离，大分子同小分子物质的分离也宜用高交联度的凝胶。葡聚糖凝胶的交联度随每克干燥凝胶的吸水量的增加而递减。

2. 洗脱液流速

根据具体实验情况决定洗脱液的流速，一般采用 30～200 mL/h。流速过快会使色谱带变形，影响分离效果。流速的调节可采用静液压法装置。

3. 洗脱液的离子强度和 pH

非水溶性物质的洗脱，采用有机溶剂。水溶性物质的洗脱，一般采用水或具有不同离子强度和 pH 的缓冲液。离子强度的变化，对于物质的分离有不同的影响。在洗脱碱性蛋白时，洗脱剂中必须含有一定浓度的无机盐，而且随着盐浓度的增加移动加快。pI 低于 pH 为 7 的蛋白质的洗脱，很少受离子强度变化的影响。在酸性 pH 时，碱性物质易于洗脱。多糖类物质洗脱以水最佳。

4. 上样量

凝胶层析很少用在分离纯化的开始阶段。为了达到良好的分离效果，柱子的上样量必须保持较小的体积。对于蛋白质来说，上样量通常为柱体积的 2%～5%。样品中含有杂质太多时就有可能堵塞柱子。凝胶色谱通常用在分离纯化的最后阶段，此时的目的产物已经比较纯，浓度较高。样品加到色谱柱后，选用合适的洗脱液进行洗脱，通常目的产物被稀释许多倍。

5．柱的选用

凝胶层析法一般要求有较长的柱长。例如，用凝胶层析分离蛋白质，柱子的长度通常为内径的25～40倍。工业规模的凝胶过滤层析还可用叠积柱系统，这种系统把凝胶介质分别装入同样大小的短粗的层析柱，然后再将这些柱子垂直地连成一套，柱子之间的连接距离控制到最小。这个系统的分离效果与只使用一根柱子一样，但凝胶所承受的压力要低得多。此外，如果这个系统中的一根柱子发生堵塞（通常是最上面的一根），可以很方便地拆下来更换另一根新柱子。

7.5.6 凝胶色谱法的应用

凝胶色谱法的应用范围较广。广泛用于分离氨基酸、蛋白质、多肽、多糖、酶等生物药物和生物制品。

1．脱盐和浓缩

脱盐用的凝胶多为大粒度、高交联度的凝胶。由于交联度大，凝胶颗粒的强度较好，加之凝胶粒度大，柱层析比较方便，流速也高。需要注意的是，有些蛋白质脱盐后溶解度下降，造成被凝胶颗粒吸附甚至以沉淀的形式析出，这种情况下必须改为稀盐溶液洗脱，所用溶液多为容易挥发盐的缓冲溶液，洗脱完成后易于真空干燥除去。用柱层析脱盐时，要求样品的体积必须小于凝胶柱内的水体积。在实际操作中由于扩散作用的存在，样品体积最好小于柱内水体积的1/3，以便得到理想的脱盐效果。

除用凝胶层析脱盐外，还可以采用包埋法和直接投入法。包埋法是将样品置于透析袋中埋入干胶颗粒内，经过相当时间后，样品中的水分与盐一道为干胶所吸收。直接投入法是将一定量的干胶投入盛样品的容器或直接使样品溶液从干胶柱上流下。例如，将固体葡聚糖凝胶加到待浓缩的溶液中，充分混合，放置10 min后，离心或过滤，即可得到浓缩的产物。但这类方法只能除去部分盐。

2．相对分子质量的测定

用凝胶过滤法测定生物大分子的相对分子质量，操作简便，仪器简单，消耗样品也少，而且可以回收。测定的依据是不同相对分子质量的物质，只要在凝胶的分离范围内，便可粗略地测定相对分子质量的范围。此法常用于蛋白质、酶、多肽、激素、多糖、多核苷酸等大分子物质的相对分子质量测定。

3．在生化制药中的应用

1）去热原

热原是指某些能够致热的微生物菌体及其代谢产物，主要是细菌的一种内毒素。注射液中如含热原，可危及病人的生命安全，因此，除去热原是注射药物生产的一个重要环节。去热原往往是生物药品生产过程中的一个难题，应用较多的是吸附法。但由于吸附的专一性不强，一般都造成损失或别的不利因素。用凝胶过滤法有时比较便利。例如，用 Sephadex-25 凝胶柱层析去除氨基酸中的热原性物质效果较好。另外，用 DEAE-Sephadex A-25除热原的效果也较好。800 g 凝胶可制备 5～8 t 无热原去离子水。

2）分离纯化

（1）分离相对分子质量差别大的混合组分　当待分离组分相对分子质量差别很大时，如若分离相对分子质量大于 1 500 的多肽和相对分子质量小于 1 500 的多糖，可选用葡聚糖凝胶 G-15。

（2）纯化青霉素等生物药物　青霉素致敏原因据认为是由于产品中存在一些高分子杂质，如青霉素聚合物，或青霉素降解产物青霉烯酸与蛋白质相结合而形成的青霉噻唑蛋白，这些高分子杂质是具有强烈致敏性的全抗原，可用凝胶色谱法进行分离。

（3）蛋白质降解产物的粗分　一种普通相对分子质量的蛋白质如果通过一些特异的酶或化学方法进行降解，则会生成相当复杂的肽混合物。采用凝胶色谱，可以对降解产物进行预分级分离。例如，将凝胶与 4 份 0.01 mol/L 的氨水溶液在室温下搅拌 30 min，沉降，然后倾去细颗粒的上层液。沉降的葡聚糖凝胶再与 3 份 0.01 mol/L 的氨水溶液混合并倒入柱中，柱用 5 倍于床体积的 0.01 mol/L 的氨水溶液洗涤。将 200 mg 被分离组分溶于 3～5 mL 0.01 mol/L 的氨水溶液，让样品慢慢吸入凝胶柱中，用 0.01 mol/L 的氨水溶液洗脱，流速 250～300 mL/h，收集各管在紫外 280 nm 处吸收的洗脱液，合并，冷冻干燥。

（4）其他生物药物的纯化　凝胶色谱还可用于许多其他的生物药物的纯化。例如，用 Sephadex G-50 可以纯化牛胰岛素及猪胰岛素，用它除去结晶胰岛素中前胰岛素和其他大分子抗原物质，这样大大改善了注射用胰岛素的品质。

难 点 自 测

1. 什么是凝胶色谱？试说明其特点和应用。
2. 凝胶色谱的装柱和上样与其他色谱有哪些不同？
3. 如何对凝胶进行预处理和保存？
4. 试说明凝胶色谱的分离机理，及与其他色谱分离机理的区别。

7.6　高效液相色谱法

学习目标

1. 高效液相色谱的特点和分离范围。
2. 高效液相色谱分离条件的选择依据。
3. 高效液相色谱的分离机理。

高效液相色谱（high pressure liquid chromatography，HPLC）作为一种分离方法，

是利用物质在两相之间吸附或分配的微小差异达到分离的目的。当两相作相对移动时，被测物质在两相之间做反复多次的分配，这样使原来微小的差异产生了很大的分离效果，达到分离、分析和测定一些理化常数的目的。

HPLC用于生物化学样品分析始于20世纪70年代中期，80年代针对生命科学领域分析和制备而设计的生物色谱填料为生命科学的发展做出了巨大贡献，同时也为HPLC在生命科学领域的地位奠定了坚实的基础。90年代，随着生物医药研究与开发的迅猛发展，各种类型的高通量和手性色谱柱纷纷出现。目前采用HPLC进行分析、分离和纯化生物大分子物质是极为活跃的研究领域，是生物化学、生物工程、制药等领域备受关注的技术。由于HPLC的分离效率高、选择性好、适用于各种复杂样品的分离纯化，其应用范围十分广泛，几乎包括所有类型的样品。从基本理论上来说，HPLC普通层析并无本质区别，在实际应用中也有凝胶过滤、离子交换、反相和疏水作用以及亲和层析等类型。可以根据样品的性质和分离对象的不同，从这些方法中选择适宜的分离机理，并有广泛的层析柱的操作参数的选择范围。既可进行精细高效的分离纯化，又可方便高效地进行定量分析，从痕量分析到较大规模制备都有应用。

高效液相色谱主要具有以下特点：①高压。供液压力和进样压力都很高，一般是100～300 kg/cm^2，甚至达到500 kg/cm^{2}以上。②高速。载液在色谱柱内的流速较之经典液相色谱高得多，可达1～10 mL/min，个别可达100 mL/min以上，分离速度快，一般可在1 h内完成多组分的分离。③高灵敏度。采用了基于光学原理的检测器，如紫外检测器灵敏度可达5～10^{-10} mg/L的数量级；荧光检测器的灵敏度可达10^{-11} g。高压液相色谱的灵敏度还表现在所需试样很少，微升数量级的样品足以进行全分析。④高效。由于新型固定相的出现，具有高的分离效率和高的分辨本领，每米柱子柱效可达5000塔板以上，有时一根柱子可以分离100个以上组分。⑤适用范围广。通常在室温下工作，对于无法用气相色谱分离的高沸点或不能气化的物质，热不稳定或加热后容易裂解、变质的物质，生物活性物质或相对分子质量在400以下的有机物质，都可采用高效液相色谱法进行分离分析。

7.6.1 HPLC的分类和基本原理

HPLC的最大特点是可以分离不可挥发而具有一定溶解性的物质或受热后不稳定的物质，而这类物质在已知化合物中占很大的比例。

HPLC按固定相的名称，可分为液-液色谱和液-固色谱；按作用原理可分为液-固吸附色谱、液-液分配色谱、凝胶渗透或体积排除色谱、离子交换色谱和亲和色谱。

1. 液-固吸附色谱

液-固色谱是以液体作为流动相，活性吸附剂作为固定相。被分析的样品分子吸附在吸附剂表面的活性中心产生吸附与洗脱过程，被分析样品不进入吸附剂内。与薄层色谱在分离机理上有很大的相似性。主要按样品的性能因极性大小的顺序而分离，非极性溶质先流出层析柱，极性溶质在柱内停留时间长。

2. 液-液分配色谱

液-液分配色谱以液体作为流动相，把另一种液体涂渍在载体上作为固定相。从理论上说流动相与固定相互不相溶，两者之间有一明显的分界面。样品溶于流动相后，在色谱柱内经过分界面进入到固定相中，这种分配现象与液-液萃取的机理相似，样品各组分借助于它们在两相间的分配系数的差异而获得分离。

3. 离子交换色谱

离子交换色谱以液体作为流动相，以人工合成的离子交换树脂作为固定相，用来分析那些能在溶液中解离成正或负的带电离子的样品。固定相是惰性网状结构，其上带固定电荷，溶剂中被溶解的样品如果具有与反向缓冲离子相同的电荷便可完成分离。由于不同物质在溶剂中离解后，对离子交换中心具有不同的亲和力，因此亲和力高的物质在柱中保留时间较长。

4. 凝胶渗透或体积排除色谱

以液体作为流动相，以不同孔穴的凝胶作为固定相。固定相通常是化学惰性空间栅格网状结构，它近乎于分子筛效应。当样品进入时随流动相在凝胶外部间隙以及凝胶孔穴旁流过。相对分子质量大的分子没有渗透作用，较早地被冲洗出来。这样，样品分子基本是按分子大小排斥先后，由柱中流出，完成分离和纯化的任务。

5. 亲和色谱

配位体以共价键形式与不溶性载体连接并以此为色谱介质，高选择地吸附分离生物活性物质。这里的配位体指底物、抑制剂、辅酶、变构效应物或其他任何能特异性地可逆地与被纯化的生物物质发生作用的化合物。在亲和色谱柱上加入生物活性大分子，其中只有与配位体表现出明显亲和性的生物大分子才被吸附，其他无亲和性的生物大分子便很快通过色谱柱而流出，被吸附的生物大分子只有在改变流动相的组成时才被洗脱。因此，亲和色谱可应用于任何两种有特异性相互作用的生物大分子。正因为亲和色谱应用的是生物学特异性而不是依赖于物理化学性质，因此非常适用于分离低浓度的蛋白质，如血清结合物和转运蛋白，一次性完成操作，稳定了蛋白质的四级结构，并且产率高。

7.6.2 设备配置

一套 HPLC 的主要组件为输液泵、进样器、色谱柱、检测器、记录仪及收集装置等，见图 7-6。

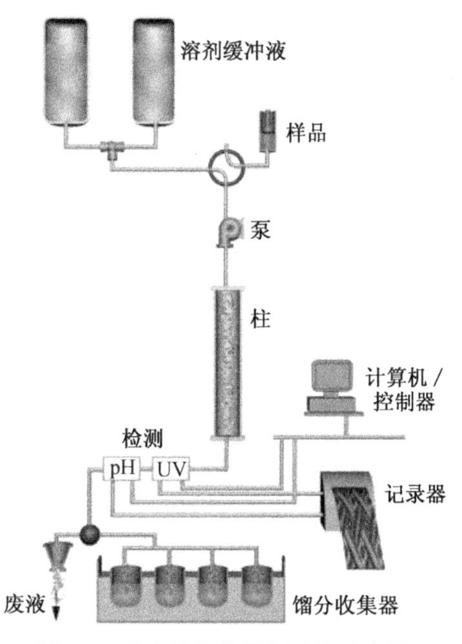

图 7-6　基本液相柱层析系统示意图

1. 高压泵

高压泵是高效液相色谱的动力部件，用它来完成流动相和试样的输送，使其以恒定的流量流经色谱柱以实现快速高效分离。流动相的最高压力为 150～300 kgf[①]/cm^2。目前应用较普遍的是柱塞往复泵。

2. 进样器

进样器是供样品进入色谱柱的通道。通常有隔膜进样器和高压进样阀两种。

3. 色谱柱

色谱柱是色谱仪的心脏，由色谱柱管和管内固定相组成。色谱柱管大部分采用优质不锈钢制成，管内壁要求有很高的光洁度。高效液相色谱对固定相性能及装填技术有一定要求。HPLC 的重要进展之一，体现在对高效柱的研究上。目前，具有几千万理论塔板数的 5 μm 或 10 μm 多孔硅胶柱（一般内径为 2～6 mm，柱长为 1～30 cm）已成为常规色谱分析的柱子。近年来，3 μm 微粒硅胶（以及以此为基体的十八烷基键合相）也开始进入商品市场。这种柱虽然承受更大的柱压降，但由于保留值短，峰容积减少，柱效大有增加，10～15 cm 的柱长就可以取得与 10 μm 微粒硅胶柱长 25 cm 的柱相似的柱效。当然，对于这样高效的柱子，必须充分重视所有的柱外效应，包括进样体积、溶解样品所用的溶剂、检测器的死体积有及检测器的响应常数等。对色谱柱的总的要求是柱效高、选择性好、分析速度快。目前的色谱柱多以反相柱为主，这种柱可以消除或减少碱性化合物（如胺）与残余硅羟基的作用，因而在药物分析中得到广泛的应用。

4. 检测器

检测器是 HPLC 的核心部件之一。其作用是将色谱柱流出物中样品的含量的变化转变为可供观测的信号（通常是电信号），以便自动记录下来。这种电信号又称为色谱图。目前应用较多的有紫外检测器、荧光检测器、二极管阵列检测器等。

7.6.3 固定相

色谱中的固定相是高效液相色谱分离分析的最重要组成部分，它直接关系到柱效。

1. 固定相的特性

HPLC 的固定相在物理化学性质方面具有以下特殊性：①较细的颗粒。一般为 5～10 μm，细颗粒装填的层析柱可获得更高的分辨率。②粒度均匀一致。颗粒大小越均匀，柱内压力分布也越均匀，不同柱之间的重现性也越好。③机械强度好，具有良好的耐高压刚性。④如果为多孔性颗粒，则孔径分布也要均匀，孔结构简单，利于大分子自由进出。⑤化学和热稳定性好，耐酸碱，不容易产生不可逆吸附。

HPLC 固定相骨架颗粒材料可分为无机和有机两类，无机类中应用最多的是硅胶，

---

① kgf 为非法定单位，1 kgf=9.806 65×10^4 Pa，下同。

其他如多孔玻璃、羟基磷灰石、石墨炭黑等。有机类主要为有机高分子合成材料，最为常见的是交联聚苯乙烯，其他常用的还有高交联琼脂糖、交联聚乙烯醇、交联聚乙烯吡啶和交联聚乙二醇等。

2. 固定相的分类

1）液-固相色谱固定相

液-固相色谱常用的固定相是硅胶、氧化铝和多孔聚合物。按其结构和性质的不同，可分为全多孔高效吸附剂、全多孔低效吸附剂和表面多孔吸附剂。

（1）硅胶　硅胶分为薄壳玻璃珠、无定形全多孔硅胶及堆积硅珠等类型，薄壳玻璃珠因柱效低，载样量少，已不多用。

（2）氧化铝　氧化铝分为球形和无定形两种，粒径均为 5～10 μm。氧化铝对不饱和的碳氢化合物和含卤素化合物的分离效果较好。在硅胶上吸附太强的化合物可试用氧化铝。氧化铝还可在较高的 pH 范围内使用，而硅胶在此条件下会溶解。

（3）多孔聚合物　多孔聚合物以聚苯乙烯胶体为代表，在 pH 为 1～14 中稳定。特点是选择性好、峰形好，但硬度不高。目前多在硅胶表面涂一层聚合物，在硬质凝胶上键合十八烷基硅烷，商品名为 Asahipak ODP，它既有硅胶较高的机械强度，又可在 pH2～13 的范围内使用，是一种优良的固定相，适合分离生物碱、肽等成分。

2）液-液色谱固定相

（1）正、反相色谱　流动相极性小于固定相的分配色谱法称为正相色谱法。以含水硅胶为固定相，烷烃为流动相的色谱法是正相液-液分配色谱的代表。因固定相容易流失，目前已被正相键合相色谱法代替。由于固定相是极性材料，流动相是非极性溶剂，所以正相色谱在正相洗脱时，样品中极性小的组分先流出，极性大的组分后流出。这是因为极性小的组分在固定相中的溶解度小，容量因子小的原因。正相色谱主要靠组分的极性差别分离，适用于含有不同官能团物质的分离。

流动相极性大于固定相极性的分配色谱法称为反相色谱法。最早的例子是以正辛烷为固定相，水为流动相，进行石蜡油的液-液色谱分离。在进行反相洗脱时，样品中极性大的组分先出柱，极性小的组分后出柱，主要分离对象是极性小的物质。由于反相洗脱固定相更容易流失，现已被化学键合相取代。

（2）化学键合相色谱法　化学键合相色谱法是应用最广的色谱法。将固定液的官能团键合在载体上形成的固定相称为化学键合相，其特点是不流失，一般认为有分配与吸附两种功能。其分离机制既不是全部吸附过程，也不是典型的液-液分配过程，而是双重机制兼而有之。由于 Si—O—Si—C 键型键合相稳定性好，容易制备，是目前占绝对优势的键合相类型。Si—O—Si—C 键型键合相，按极性分为非极性、极性和中性三种类型。中等极性键合相较少使用，本书只分析前两种类型。

A. 非极性键合相　非极性键合相又称反相键合相，其表面基团为非极性烃基，如十八烷基、辛烷基、乙基、甲基和苯基键合相。代表产品是十八烷基硅烷-硅胶（octadecylsilane，简称 ODS 或 C_{18}），是最常用的非极性键合相。

反相键合相色谱法是应用最广的色谱法，主要用于分离非极性至中等极性的各类分子型化合物，因键合相表面的官能团不容易流失，溶剂的极性可在较大范围内调整，因此应用范围较广，加之由它派生的反相离子对色谱、反相离子抑制色谱可分离有机酸、碱及盐等离子型化合物，几乎可解决绝大部分的液相色谱课题。键合相优点为使用过程中不流失、热稳定性好、适于梯度洗脱、表面改性灵活等，其流动相常用甲醇-水或乙腈-水，主要分离对象是非极性或弱极性化合物。

B. 极性键合相　极性键合相指键合有机分子中含某些极性基团，与空白硅胶相比，其极性键合相表面能量分布均匀，是一种改性的硅胶，常用的极性键合相有氨基、氰基等，可用作正相色谱的固定相。氨基键合相是分离糖类最常用的固定相，常用乙腈-水为流动相。

氰基、氨基化学键合相是正相色谱常用的固定相，流动相与吸附色谱法的流动相一致，也用烷基加适量的极性调整剂。氰基键合相的分离选择性与硅胶类似，但极性小于硅胶。若用相同的流动相时，同一组分的保留时间将小于硅胶。氨基键合相与硅胶的性质有较大的差异，前者为碱性，后者为酸性，在做正相洗脱时，表现出不同的选择性。氨基键合相主要用于分离糖类，是分析糖类专用色谱柱。

7.6.4　色谱方法和操作条件的选择

待分离样品对色谱方法的选择主要基于样品的理化性质及溶解度。对于一个未知样品，首先要了解它的分子大小，然后进一步试验其溶解性能。根据分子大小和溶解性能可粗略选定一种色谱柱进行初分。一般地说，吸附色谱多适用于非极性样品，它的柱容量主要取决于吸附表面积的大小。离子交换色谱和液-液分配色谱多用于分离水溶性样品，柱容量分别取决于离子交换量和固定相中固定液的体积，凝胶过滤色谱可根据填料的性能不同分别用于亲水和亲脂性样品，但以上选择也不能绝对化，如吸附色谱的填料经过特殊处理后也可吸附极性很强的水溶性化合物。

1. 样品

面对一个分析试样，如何正确选择合适的色谱分离方法和最佳操作条件，需要理论预测和实验相结合。为了合理选择色谱方法和操作条件，应尽可能获得样品来源、大致组成等有关信息，明确分析和分离目的：

（1）查明样品是天然产物还是合成产物，产品的生产过程及可能存在的中间产物。然而，来源于生物体的样品，往往成分非常复杂，试样组分的相对分子质量分布和沸点范围很宽，物理和化学性质以及样品各组分的浓度差别很大，需要进行预处理。

（2）样品的化合物类型、相对分子质量大小、沸点范围、在水及有机溶剂中的溶解度等是选择色谱方法和分离操作条件的主要依据。

（3）样品中的组分性质及大致的最高和最低含量、样品是否需要浓缩或富集处理也是选择检测器和操作条件的依据。

（4）分析的目的是检查纯度、定性或定量分析、制备等。对于不适于用直接用液相色谱分析的样品，在HPLC分离前，必须对样品进行预处理，细胞或组织匀浆或体液需要处理并除去颗粒性杂质，痕量成分必须经纯化、浓缩。样品最好能溶于初始流动相的溶剂中，多种溶剂能溶解蛋白质，有时需要用表面活性剂增加生物样品的溶解度、保持生物活性或预防聚集。例如，样品中含有相对分子质量大的肽或蛋白质，应避免剧烈振摇或混合；否则，容易产生大量泡沫，使蛋白质变性。对于蛋白质中氨基酸的分析，需要采用适当的方法对蛋白质进行水解，得到游离的氨基酸后进行HPLC分析。

2. HPLC方法和色谱体系的选择

色谱方法和色谱体系固定相、流动相的选择取决于样品性质和分离要求。主要是样品的相对分子质量范围、分子结构（同系物和异构体、极性和非极性、离子性或非离子性等）、溶解度等。选择HPLC的方法很多，首先考虑样品在水和有机溶剂中的溶解度。如果溶解度未知，采用水、戊烷或氯仿作溶剂，进行试验测定；其次考虑是相对分子质量或分子大小，如果不知道相对分子质量大小，通过简单的凝胶色谱试分离，能获得关于样品相对分子质量的信息。对于相对分子质量比2 000大的高分子化合物，一般来说，首选凝胶色谱。根据填料性质，凝胶色谱适用于水溶性或脂溶性样品。若样品组成比较简单，组分只是相对分子质量大小不同，能用凝胶色谱很好地分离样品。如果样品是水溶性的，那么采用水溶性液体作为流动相进行凝胶色谱分离效果较好。对于相对分子质量小于2 000的样品，可按下列步骤选择分离方法，将样品溶解后，分水溶性与非水溶性两种情况。若样品组成比较复杂，而组分相对分子质量差别很小，则需要采用其他色谱方法。表7-13汇总了HPLC分离方法的选择依据。

表7-13　HPLC分离方法的选择依据

样品种类	水溶性	HPLC分离方法的选择
相对分子质量大于2 000	溶于水	空间排斥色谱，水为流动相
	不溶于水	空间排斥色谱，非水为流动相
相对分子质量小于2 000	溶于水的离子	酸性化合物用阳离子交换色谱 碱性化合物用阴离子交换色谱
	溶于水，不解离	反向液-液色谱 空间排斥色谱，水作为流动相
	不溶于水	同系物用液-液色谱，凝胶渗透色谱 异构体多官能团用液-固色谱 分子大小差别大用空间排斥色谱（小孔）

1）水溶性样品

相对分子质量较大的用小孔度的Sephadex Biogel进行分离；相对分子质量较小的离子型和碱性化合物用阳离子树脂Dowex-50，对酸性化合物用阴离子树脂Dowex-1、Aminex-4，非离子型用Permaphase ODS等作反相色谱。

2）非水溶性

相对分子质量较大的用小孔度的Poragel、Porasil做凝胶透析；相对分子质量较小的稳定化合物与异构体分离用Zorbax、Corasil做液固吸附层析，不稳定化合物与极性化合物用正相分配；对非极性化合物用异三十烷作固定相做反相色谱。

3. 分离操作条件的选择

根据样品的性质，HPLC分离条件的选择包括选择液相色谱方法、选择色谱柱、建立合适和最佳条件、采用梯度洗脱等。

HPLC操作条件的选择主要是改变流动相的性质和组成以调节溶质保留值，提高分离选择性。流动相常为缓冲液，它不仅仅携带样品在柱内流动，更重要的是在流动相与溶质分子作用的同时，也与填料表面作用。正是流动相与填料表面的相互作用，而使液相色谱成为一项非常有用的分离技术。它们之间相互作用的大小直接决定了色谱的选择性和分离度。

1）流动相的选择

选择好一定的填料后，强溶剂使溶质在填料表面的吸附减少，而较弱的溶剂使溶质在填料表面吸附增大。选择流动相时要考虑以下几个方面：

（1）流动相不应改变填料的任何性质　在使用时必须充分脱气，溶解的氧还会对样品和填料产生氧化作用，需要特别注意，低交联度的离子交换树脂和凝胶填料有时遇到某些有机相会溶胀或收缩，从而改变色谱柱填充床的性质。在液-固色谱中，碱性流动相不能在硅胶柱系统应用，酸性流动相不能在氧化铝等吸附剂的柱系统中应用。

（2）纯度　色谱柱的寿命与大量流动相通过相关，特别是当所含介质在柱上积累时。在有紫外检测器时应排除流动相中的紫外吸收物质，流动相在循环时要注意排除系统带入的污染物。

（3）必须与检测器匹配　紫外吸收和紫外分光光度计是HPLC中使用最广泛的一类检测器，因此流动相应当在所使用的波长下没有吸收或吸收很小。

（4）黏度要低　色谱分离要求流动相的黏度必须低于2×10^{-3} Pa·s，高黏度溶剂会影响溶质的扩散，减慢组分的传质，降低柱效，在一定线速度下溶剂黏度增加会使柱压增加，往往使分离时间增长，最好选择100℃以下低沸点流动相。在体积排除色谱中，许多溶剂黏度很大，为保持聚合物的溶解度，可采用逐步升高柱温。离子交换色谱中，浓盐溶液作为流动相，黏度比较高，使用后要及时排除。

（5）溶解度要理想　样品在流动相中的溶解度与其溶剂的强度有很大的相关性，如果溶解度选择欠佳，样品会在柱头沉淀，不但影响纯化而且会使柱子恶化。

（6）样品容易回收　挥发性的溶剂是溶质回收的最好溶剂，一般采用键合相的填料比液-液分配色谱为好。主要是液-液分配色谱用的填料易于污染流动相。液-固色谱通常是在极性吸附剂上选用非极性（如己烷）以及极性（如醇）溶剂作为流动相运行，如果是非极性流动相和极性溶质，吸附剂表面上吸附溶质和吸附剂产生强的作用，由于这一作用使得保留时间增长产生峰形拖尾，柱效和线性容量降低。为了减少这一强作用，通常加入一定量的水控制吸附剂的活性，所需的水常常加到流动相或吸附剂中，水的量对非极性流动相是非常重要的。

正相色谱一般采用己烷、庚烷、异辛烷、苯和二甲苯等作为流动相。往往还在非极性溶剂中加入一定量的四氢呋喃等极性溶剂。反相色谱多使用甲醇、乙醇、乙腈、水-甲醇、水-乙腈作为流动相。绝大多数离子交换色谱在水溶液中进行。缓冲液作为离子平衡时的反离子源使得流动相 pH 和离子强度保持不变。体积排除色谱具有排阻和吸附的混合过程，因此可根据不同的分析对象选择合适的流动相。水和缓冲溶液是分离生物物质常用的流动相。缓冲系统的选择应考虑缓冲盐在流动相中的溶解度和缓冲容量，缓冲强度太弱时难于控制流动相的 pH，如果缓冲盐的浓度增加，黏度会相应增大，因此缓冲液的强度最好接近中间强度。

2）流动相的处理与脱气

HPLC 用溶剂虽然没有统一的规格指标，但免不了有些杂质，使用前应当纯化溶剂。例如，水必须是全玻璃系统二次蒸馏水。在使用电化学或其他高灵敏的检测器时，石英系统的二次蒸馏设备是需要的。目的在于除去普通蒸馏水中或去离子水中的微量尘埃、有机物或无机物杂质和溶于水中的酸、碱性气体等。

脱气的方法有很多，如抽真空、煮沸、回流、超声波振荡脱气等。对于混合溶剂，超声波处理比较好，10～20 min 的超声处理对许多有机溶剂或有机溶剂-水混合物的脱气就足够了。

3）样品的溶解

溶解样品的溶剂，可采用流动相本身，也可采用与流动相不同的溶剂，一般尽量选择流动相或接近流动相组成的溶剂，以便减小洗脱体积。被分离组分首先在流动相，紧接着又进入固定相。这样在柱内形成高含量的溶液区，如果被分离组分在流动相中溶解度低，就很难形成高含量的溶液区，如果选择的溶解样品的溶剂强度大于流动相的洗脱强度，那么，流动相洗脱体积就会增加。

4）进样量

样品在柱子的载量取决于柱体积、填料类型和分离的需要。不同的色谱模式，测定方法不同。在实际分离操作中，要根据生物原料的特点进行摸索。

5）其他条件

色谱柱温、流动相流速及柱效也有一定影响，但可变范围很小，远不如建立合适的色谱分离条件重要。一般地说，改变液相色谱流动相比较简单，易于建立合适操作条件。在 C_8 或 C_{18} 反相柱上，以甲醇-水或乙腈-水为流动相，若采用梯度洗脱，很快获得满意的分离。离子交换色谱的最佳操作条件选择常常比较复杂，这是由于流动相组成比较复杂，色谱过程存在多种物理化学平衡，影响保留时间因素很多。

7.6.5　操作方法

1. 进样前的准备工作

首先使用的溶剂（流动相）要求具有较高的纯度。有机溶剂要使用色谱纯，使用前要用 0.22 μm 或 0.45 μm 的膜过滤；用水要经过混合离子交换树脂处理和活性炭处理后，重蒸除去各种杂质并经 0.22 μm 或 0.45 μm 的膜过滤后再使用。各种溶剂一般要求新鲜配制，使用前经过脱气处理。

样品加入前，必须用流动相充分洗柱，待流出液经过检测器的基线校正，证明柱内残留杂质确已全部除尽，才能进样。

2. 样品处理

在某些生物样品中，常含有多量的蛋白质、脂肪及糖类等物质。它们的存在，将影响待测组分的分离测定，同时容易堵塞和污染色谱柱，使柱效降低，所以常需对试样进行预处理。样品的预处理方法很多，如溶剂萃取、吸附、超速离心及超滤等。

(1) 溶剂萃取 适用于待测组分为非极性物质。在试样中加入缓冲溶液调节 pH 进样时，样品用与流动相相同的或互溶的溶剂完全溶解，如果有悬浮颗粒，需要过滤除去，然后通过注射器或进样阀进样。进样量的多少，根据不同的柱容量而定。但如果待测组分和蛋白相结合，在大多数情况下，难以用萃取操作来分离。

(2) 吸附 将吸附剂直接加到试样中，或将吸附剂填充于柱内进行吸附。亲水性物质用硅胶吸附，而疏水性物质可用聚苯乙烯-二乙烯基等类树脂吸附。

(3) 去除蛋白质 向试样中加入三氯乙酸或丙酮、乙腈、甲醇，蛋白质就被沉淀下来，然后经超速离心，吸取上层清液供分离测定用。

(4) 超滤 用孔径 $10\times10^{-10}\sim500\times10^{-10}$ 的多孔膜过滤，可除去蛋白质等高分子物质。

3. 洗脱

按事先计划好的溶剂程序进行。如果样品中各组分与固定相之间的亲和力差别较大时，采用梯度洗脱方法（包括极性、pH 和离子强度的改变），可获得较好的分离效果。流动相的流速，选择恒速或变速或每分段时间内要求流动相的流速。实际上，样品展开后所得的色谱图一次很难获得良好的分离效果，需要根据色谱图各组峰形状、位置进行综合分析，并按自己所需分析或制备的谱峰分离情况，调整流动相的极性梯度组合、流速及展层时间等。

4. 色谱柱的清洗及保存

在正常情况下，色谱柱至少可以使用 3～6 个月，能完成数百次以上的分离。但是，若操作不当，将使色谱柱很容易损坏而不能使用。因此，为了保持柱效、柱容量及渗透性，必须对色谱柱进行仔细地保养。注意事项如下：

(1) 色谱柱极容易被微小的颗粒杂质堵塞，使操作压力迅速升高而无法使用。因此，必须将流动相仔细地蒸馏或用 0.45 μm 孔径的过滤器过滤，以防止固体进入色谱柱中。在水溶液流动相中，细菌容易生长，可能堵塞筛板，加入 0.01%的叠氮化钠能防止细菌生长。

(2) 色谱柱分离完毕后，应用溶剂彻底清洗色谱柱，或色谱柱存放过久也应定期清洗。硅胶柱先用甲醇和乙腈冲洗，再用干燥的二氯甲烷清洗后保存。烷基键合相色谱柱可用甲醇-氯仿-甲醇-水顺序交叉冲洗除去脂溶性和水溶性杂质。ODS C_{18}色谱柱用后先用水冲洗，然后用甲醇或乙腈冲洗至无杂质。离子交换柱可按一般经典方法经过酸碱缓冲液平衡后，再以水和甲醇洗净。凝胶柱则根据其流动相的不同分别以甲苯、四氢呋喃、氯仿或水大量冲洗至净。但亲水性凝胶及其他亲水性色谱柱保存时，常加入少量甲苯或氯仿以防止微生物污染。

（3）要防止色谱柱被振动或撞击；否则，柱内填料床层产生裂缝和空隙，会使色谱峰出现“驼峰”或“对峰”。

（4）要防止流动相逆向流动；否则，将使固定相层位移，柱效下降。

（5）使用保护柱。连续注射含有未被洗脱样品时，会使柱效下降，保留值改变。为了延长柱寿命，在进样阀和分析柱之间加上保护柱，其长度一般为了 3～5 cm，填充与分析柱相似的表面多孔型固定相，可以有效防止分析柱效下降。

7.6.6 HPLC的应用

HPLC对分离样品的类型具有非常广泛的适应性，样品还可以回收。HPLC由于对挥发性小或无挥发性、热稳定性差、极性强，特别是那些具有某种生物活性的物质提供了非常合适的分离分析环境，因而广泛应用于生物化学、药物、临床等。目前它已成为人们在分子水平上研究生命科学的有力工具。适合的种类从无机化合物、有机化合物到具有生理活性的生物大分子物质，极性和非极性的都适用。HPLC技术在生化制药方面的应用主要体现在以下几个方面：

1. 用于生化药物的分析

HPLC在分离过程中不破坏样品的特点，使之特别适合于对高沸点、大分子、强极性和热稳定性差的生化药物的分析，尤其在对具有生物活性物质的分析上，具有特殊的能力。此外，对于某些极性化合物药物如有机酸、有机碱等，使用液相色谱分析也较为方便。在生物化学和药学领域，HPLC广泛应用于氨基酸及其衍生物、有机酸、甾体化合物、生物碱、抗生素、糖类、卟啉、核酸及其降解产物、蛋白质、酶和多肽以及脂类等产物的分析。

2. 用于生化药物的分离提纯

HPLC的使用，引发了生化医药方面的一场革命。这一方面表现在分子生物领域中对基因重整而得到的新基因的分离和纯化，单克隆抗体的纯化等方面；另一方面在将基因工程产品工业化生产时，使用HPLC能有效地将产品从发酵液中提取出来，从而得到纯度足够高的、对人体无害的蛋白药物和疫苗产品。目前，除聚合物外，大约80%的药物都能用HPLC分离纯化，其中尤其以生化药品为多。对于一般手段较难分离的异构体药物及亲脂性很强的药物，采用硅胶柱即可达到分离的目的。与此同时，HPLC在对这类药物的质量控制上，也具有重要意义。

3. 用于临床的快速检测

临床分析要求“短平快”，特别是抢救过程中，样品的检测要求在最短时间内完成以尽可能挽救生命。对此，HPLC 具有不可替代的优势。例如，在对氨基酸样品的分析上，20 世纪 50 年代要经过离子交换等分离步骤，时间较长。现采用全自动氨基酸分析仪，但分析一个样品仍需要 2～6 h，这个时间对临床来说仍然过长。HPLC 进行这样的分析，所需时间大大缩短，如采用带梯度的 HPLC-ODS 柱分析氨基酸，不到 1 h 即可完成一次分析。

难点自测

1. 对于 HPLC 分析的样品，首先应掌握样品的哪些基本情况？
2. 进行 HPLC 分析的生物样品为什么要进行预处理？
3. 根据样品性质选择 HPLC 方法的一般规律是什么？

7.7　亲和色谱法

学习目标

1. 亲和色谱的分离机理。
2. 亲和色谱的分离过程。
3. 亲和色谱的操作要点。

亲和色谱（affinity chromatography，AFC）是专门用于纯化生物大分子的色谱分离技术，它是基于固定相的配基与生物分子间的特殊生物亲和能力来进行相互分离的。早在 1910 年，就发现了不溶性淀粉可以选择性吸附 α-淀粉酶。到 20 世纪 60 年代，亲和层析的优点得到了充分的认识。1968 年，亲和层析这一名称被首次使用，并在酶的纯化中使用了特异性配体。亲和色谱广泛用于酶、抗体、核酸、激素等生物大分子以及细胞、细胞器、病毒等物质的分离与纯化。特别是对分离含量极少而又不稳定的活性物质最有效，经一步亲和色谱即可提纯几百至几千倍。例如，从肝细胞抽提液中分离胰岛素受体时，以胰岛素为配基，偶联于琼脂载体上，采用亲和色谱可提纯 8000 倍。亲和层析经过 30 多年的发展，随着新型介质的应用和各种配体的出现，其应用日益广泛。

7.7.1　基本原理

亲和色谱的吸附作用主要是靠生物分子对它的互补结合体（配基）的生物识别能力，使目标产物得到分离纯化的液相层析法，如酶与底物、抗原与抗体、激素与受体、核酸中的互补链、多糖与蛋白复合体等。亲和色谱是应用生物高分子物质能与相应专一配基分子可逆结合的原理，将配基通过共价键牢固地结合于固相载体上制得亲和吸附系统。生物分子上具有特定构象的结构域与配体的相应区域结合，具有高度的特异性和亲和性。其结合方式为立体构象结合，具有空间位阻效应。结合的作用力包括静电作用、疏水作用、范德华力以及氢键等。例如，酶和底物的专一结合，被假设为是一种“多点结合”，底物分子中至少有 3 个官能团应与酶分子的各个对应官能团结合，而且这种结合必须持有特定的空间构型。也就是说，底物分子中的一些官能团必须同时保持着与酶分子中相应官能团起反应的构型。如果某个有关基团的位置发生改变，就不可能再有结合反应出现。亲和色谱的基本原理（图 7-7）大致可分为三步：

（1）配基的固定化　选择合适的配基与不溶性的支撑载体偶联，或共价结合成具有特异亲和性的分离介质。

（2）吸附样品　亲和层析介质选择性吸附酶或其他生物活性物质，杂质与层析介质间没有亲和作用，故不能被吸附而被洗涤除去。

（3）样品解吸　选择适宜的条件使被吸附的亲和介质上的酶或其他生物活性物质解吸下柱。

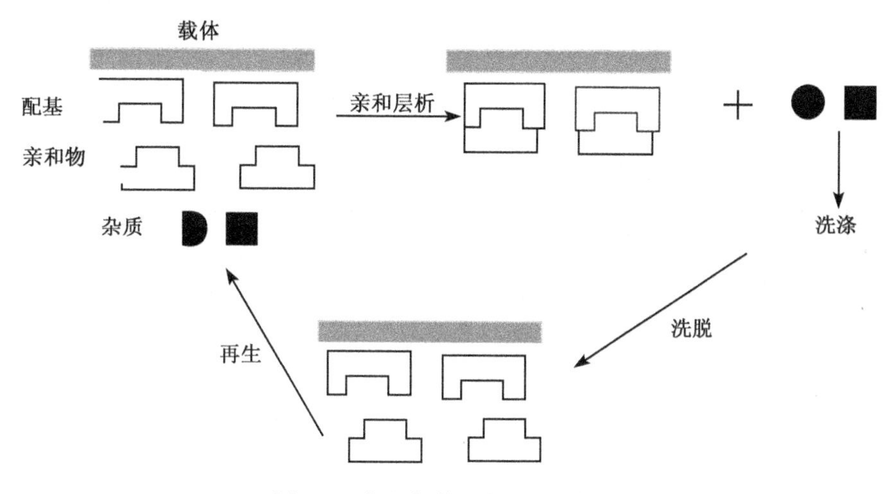

图 7-7　亲和色谱基本原理示意图

7.7.2　亲和吸附剂的制备

亲和吸附剂的制备包括三步：载体的选择、配基的连接和载体的活化与偶联。

1. 载体的选择

亲和层析理想的载体应具有如下特性：

（1）载体必须具有较好的理化稳定性和生物惰性，非专业吸附小，能耐受亲和、洗涤、洗脱等各种条件下的处理而不改变其膨胀度、网状结构和硬度等。

（2）具有大量可供活化和配基结合的化学基团，以供与配基共价连接之用。

（3）载体必须具有高度的水不溶性和亲水性。载体的亲水性往往是保证被吸附生物分子稳定性的重要因素之一。同时，亲水性还有助于达到亲和平衡，并减少因疏水造成的非特异性吸附。

（4）载体必须有稀松的网状结构使大分子能自由进入。高度的多孔性对大分子自由流动是必须的，同时也为提高配基及配体的亲和有效浓度提供了条件，使之接近溶液中的状态。

(5) 载体要有良好的机械性能，颗粒均匀，这样才能保证良好的流速，提高分离效果。

常用的亲和层析载体主要有多孔玻璃载体、聚丙烯酰胺凝胶载体、纤维素载体、葡聚糖凝胶载体、琼脂糖凝胶和交联琼脂糖凝胶载体等。玻璃对酸、碱、有机溶剂及生物侵蚀非常稳定，并且本身又特别坚硬，易于化学键合安装分子臂，是一极为理想的载体。多孔玻璃载体的缺点是价格昂贵，有时呈现硅羟基的非特异性吸附。由于其应用上具有极大优点，克服缺点方面的研究正在进行中。丙烯酰胺和 *N*，*N*-甲叉双丙烯酰胺的共聚物是一良好的载体。它具有三维网状结构和碳氢骨架，而它的大量酰胺基支链不但使凝胶具有亲水性，而且可供活化。但在配基偶联后网块缩小不利于亲和层析是其缺点。多糖类载体目前应用最广，纤维素是其中最经济的一种可作为固相载体的物质。但纤维素作为亲和层析载体尚有许多缺点。活化后会产生带电荷的离子而物理结构又较为紧密。虽然较小的配基能引入纤维素，但是蛋白和核酸的通透性则受空间位阻所阻碍，因此高度取代的配基并不能保证高容量的吸附，特别是配基和吸附物都是蛋白时更是如此。葡聚糖凝胶是用环氧氯丙烷作为交联剂，把多聚葡聚糖交联而成的珠状凝胶。其化学性能及物理稳定性都比较好，但多孔性较差。最松散的结构是 Sephadex-200，也只能让相对分子质量为 6×10^5 的球蛋白通过。在配基偶联上去后，凝胶膨胀度将进一步缩减，故其应用范围和纤维素载体相同，都有一定的局限性。葡聚糖凝胶只适合与小配基制成亲水吸附剂以及免疫吸附系统，由于用在这方面容量和通透性的要求都不高，一般较常用。琼脂糖凝胶是由 D-半乳糖和 3，6-脱水半乳糖相间结合的链状多糖，珠状商品名为 Sepharose。它高度亲水，具有极松散的网状结构，可以让相对分子质量达百万以上的大分子通过。物理和化学性能都比较稳定。通过溴化氰及环氧乙烷类试剂活化，引入活性基团，并在极温和的条件下连接上较多配基，吸附量较大。在非专一吸附方面，如果缓冲液离子浓度不太高，它对蛋白质几乎没有吸附作用。

2. 配基的选择

可以作为配基的物质很多，可以是较小的有机分子，也可以是天然的生物活性物质。根据配基应用和性质，可将其分为两类：特殊配基和通用配基。亲和层析中常用的特殊配基有某一抗原的抗体、某一酶的专一抑制剂、某一激素的受体等。通用配基可适用于一类物质的分离提纯，如用 NADH 作脱氢酶类亲和层析的通用配基。

亲和层析的关键在于配基的选择上。只有找到了合适的配基，才可进行亲和层析。一个理想的配基应具有以下性质：首先，应当仅仅识别被纯化的目的物（配体），而不与其他杂质发生交叉结合反应，可根据配体的生物学特性去寻找。在亲和色谱分离法中，经常被采用的生物亲和关系有酶与底物、底物类似物、抑制剂、辅酶及金属离子；抗体与抗原、病毒及细胞；激素或维生素与受体蛋白及载体蛋白；核酸与互补碱基链段、组蛋白、核酸聚合酶等。其次，配体与配基应该有足够大的亲和力。再次，配基与相应目的物之间的结合应具有可逆性。这样，既可以在层析的初始阶段抵抗吸附缓冲液的流洗而不致脱落，又可在随后的洗脱中不会因为结合得过于牢固而无法解吸，以致必须使用可能导致变性的强洗脱条件。第四，某些配基键合反应的条件可能比较强烈，因此要求配体具有足够的稳定性，能够耐受反应条件以及清洗和再生等条件。最后，配基的分子大小必须合适。

配体与目的分子之间的结合具有空间位阻效应，如果配体分子不够大，结合到介质骨架之后，目的分子的结合点由于空间构象的原因，无法或不能有效地与配体完全契合，会导致层析时吸附效率不佳。表 7-14 列举了亲和层析中常见的配基及洗脱液。

表 7-14　亲和层析中常见的配基及洗脱液

亲和对象	配　基	洗 脱 液
乙酰胆碱酯酶	对氨基苯-三甲基氯化铵	1 mol/L NaCl
醛缩酶	醛缩酶亚基	6 mol/L 尿素
羧肽酶 A	L-Tyr-D-Trp	0.1 mol/L 乙酸
核酸变位酶	L-Trp	0.001 mol/L *L*-Trp
α-胰凝乳蛋白酶	D-色氨酸甲酯	0.1 mol/L 乙酸
胶原酶	胶原	1 mol/L NaCl、0.05 mol/L Tris-HCl
脱氧核糖核酸酶抑制剂	核糖核酸	0.7 mol/L 盐酸胍
二氢叶酸还原酶	2，4-二氢-10-甲基蝶酰-L-谷氨酸	5-甲酰四氢叶酸
3-磷酸甘油脱氢酶	3-磷酸甘油	0.5 mol/L 3-磷酸甘油
脂蛋白脂酶	肝素	0.16～1.5 mol/L NaCl 梯度洗脱
木瓜蛋白酶	对氨基苯-乙酸汞	0.0005 mol/L $MgCl_2$
胃蛋白酶，胃蛋白酶原	聚赖氨酸	0.15～1.0 mol/L NaCl 梯度洗脱
蛋白酶	血红蛋白	0.1 mol/L 乙酸
血纤维蛋白溶酶原	L-Lys	0.2 mol/L 氨基己酸
核糖核酸酶-S-肽	核糖核酸酶-S-蛋白	50%乙酸
凝血酶	对氯苯胺	1 mol/L 苯胺-HCl
转氨酶	吡哆胺-5′-磷酸	0.25 mol/L 底物、1 mol/L 磷酸盐，pH 为 4.5
酪氨酸羟化酶	3-吲哚酪氨酸	0.001 mol/L KOH
β-半乳糖苷酶	β-半乳糖苷酶	0.1 mol/L NaCl、0.05 mol/L Tris-HCl、0.01 mol/L $MgCl_2$，pH 为 7.4
DNP 蛋白质	DNP 卵清蛋白	0.1 mol/L 乙酸
绒毛膜促性腺激素	绒毛膜促性腺激素	6 mol/L 盐酸胍
免疫球蛋白 IgE	IgE	0.15 mol/L NaCl、0.1 mol/L Gly-HCl，pH 为 3.5
IgG	IgG	5 mol/L 盐酸胍
IgM	IgM	5 mol/L 盐酸胍
胰岛素	胰岛素	0.1 mol/L 乙酸，pH 为 2.5

3．载体的活化与偶联

载体由于其相对的惰性，往往不能直接与配基连接，偶联前一般需先活化（活化的方法有很多，由于载体活化和键合的机理十分复杂，不在本书的讨论范围），载体表面经过活化后产生的活性基团可以在简单的化学条件下与配基上的氨基、羧基、羟基或醛基等功能基团发生共价结合反应，这一过程称为配基的键合。载体表面活性基团必须具有通用性和高效性，可以与上述配基上的常见基团发生简单、快速的反应。例如，溴化氰可以活化琼脂糖或其他多糖载体骨架上的羟基，然后同配基上氨基反应，生成氰酯基团和环碳酸亚胺。

7.7.3　影响吸附剂亲和力的因素

1．配基浓度

亲和力是亲和层析的基础，合适的亲和吸附剂必须与配体有足够的亲和结合力。亲和配体与配基的结合与配基的浓度有关。对于亲和力低的系统，为了取得较好的配体分离效果，必须提高载体上配基的有效浓度。此外，如果配体浓度高，也能相应提高吸附剂的亲和力，因为高浓度的配体有利于它在配基上的吸附和浓集。

2. 空间障碍

有的配体和配基特异性吸附很强，但当其中配基制成亲和吸附剂时，由于空间位阻，与相应配体的亲和力可能完全丧失。这种现象对亲和力低的或相对分子质量特大的亲和对以及小分子配基更明显。所以在制备该类吸附剂时需要在载体与配基之间插入一段适当长度的多烃链“手臂”，以增加与载体相连的配基的活动度并减轻载体的立体障碍。

3. 配基与载体的结合位点

在多肽或蛋白质等大分子作配基时，由于它们具有的数个可供偶联的功能基团，必须控制偶联反应的条件，使它以最少的键与载体连接，这样有利于保持蛋白质原有的高级结构，从而使亲和吸附剂具有较大的亲和能力。

4. 载体孔径

载体的孔隙是配体向配基接近的运动通道，所以载体的孔径大小对吸附剂的亲和能力有决定性影响。例如，对相对分子质量较小的葡萄球菌核酸酶，用 Sephadex 4B 制得的吸附剂，比用 Bio-Gel P-300 制得的吸附剂亲和力高得多；而对相对分子质量大的 β-半乳糖苷酶，用琼脂糖作载体的吸附剂是有效的，而生物胶作载体却无效。这是因为配基多位于凝胶环内，Bio-Gel 的孔径不够大，阻碍了配体的进入。

7.7.4　亲和色谱操作条件的选择

亲和色谱分离条件的选择主要考虑以下几个方面：

1. 吸附条件的选择

(1) 吸附反应条件　吸附条件最好是自然状态下配体与目的分子之间反应的最佳条件，如缓冲液中盐的种类、浓度及 pH 等条件。如果对配体和配基之间的结合情况不太了解，就必须对盐种类、浓度和缓冲液的 pH 进行条件摸索。如果对配体和蛋白的结合情况比较了解，可以人为设定反应条件，促进吸附。例如，金黄葡萄球菌蛋白 A 和免疫球蛋白 IgG 之间的结合主要是疏水作用，可以通过增大盐浓度、调节 pH 来增强吸附。

(2) 流速的控制　流速也是影响吸附的一个因素。流速不能太快；否则，影响吸附程度。

(3) 吸附时间的控制　延长吸附时间也可促进吸附，可以在进料后不洗脱，静置一段时间后再进行后续层析步骤。

(4) 进样量的大小　减小进样量，将体积较大的原料分次进料，可以提高吸附效果。

2. 清洗条件的选择

配体与蛋白之间的亲和力是很强的，并且属于特异性结合，能够耐受使非特异性蛋白质脱落的清洗条件。洗涤缓冲液的强度应介于目的分子吸附条件与目的分子洗脱条件之间。例如，如果蛋白质在 0.1 mol/L 的磷酸盐缓冲液中吸附，洗脱条件是 0.6 mol/L 的 NaCl 溶液，则可考虑用 0.3 mol/L 的 NaCl 溶液清洗。

3. 洗脱条件的选择

洗脱是使目的物与配体解吸并进入流动相流出柱床的过程，洗脱条件可以是特异性的，也可以是非特异性的。蛋白质与配体之间的作用力主要包括静电作用、疏水作用和氢键。任何导致此类作用减弱的情况都可用来作为特异性洗脱的条件。选择洗脱条件还要考虑蛋白质耐受性，过强的洗脱剂会使蛋白质变性。在实际操作过程中，应该在洗脱强度和耐受程度之间做好平衡，尤其是当配体与目的物之间的解离常数很小时更应如此。特异性洗脱条件是指在洗脱液中引入配体或目的分子的竞争性结合物，使目的分子与配体解吸。由于特异性洗脱通常都在低浓度、中性条件下进行，所以条件温和，不至于发生蛋白质的变性。

7.7.5 操作方法

亲和层析专一性高，操作简便，时间短，得率高，故对分离某些不稳定的高分子物质，更具优越性。

亲和层析的基本过程如下：把具有亲和力的一对分子任何一方作为配基，在不伤害其生物功能的情况下，与不溶性载体结合，使之固化，装入色谱柱，然后把含有目的物质的混合液作为流动相，在有利于固定相配基和目的物形成络合物的条件下进入色谱柱。这时，混合液中只有能与配基发生结合反应形成络合物的目的物质被吸附，不能发生结合反应的杂质分子则直接流出。变换通过色谱柱的溶液组成，促使配基与其亲和物解离，即可获得纯化的目的产物。具体描述如下。

1. 样品制备

因为生物料液中的目标产物浓度很低，而杂质大量存在，吸附过程中即使有少量杂质的非特异性吸附也会大大降低纯化效果。一般地说，杂质的非特异性吸附量与其浓度、性质、载体材料、配基固定化方法以及流动相的离子强度、pH 和温度等因素有关。亲和层析样品的预处理程序的主要程序是：①颗粒、细胞碎片、膜片段等的除去；②样品的浓缩及除去蛋白酶或抑制剂。通过蛋白沉淀或离子交换柱层析对样品进行预处理，很容易除去许多不需要的杂质。

2. 配基与配体结合条件的选择

配体与配基的特异性结合需要最适的 pH、缓冲液盐浓度和离子强度。pH 不仅能调节配体的电荷基团，也能调节配基的电荷基团，因此在结合过程与解吸过程中起到十分重要的作用。例如，中等盐浓度的缓冲液（0.1～0.15 mol/L NaCl）能够稳定溶液中的蛋白质并防止由于离子交换所引起的非特异性相互作用；去垢剂如 Tween-20 能够稳定溶液中的蛋白质并防止由于离子交换所引起的非特异性相互作用；很高的盐浓度如

2 mol/L硫酸铵能特异性地提高配体和靶蛋白的疏水相互作用；EDTA约10 mmol/L左右用于稳定蛋白质中能够被重金属催化氧化的—SH基；配体与配基结合缓冲液的优化往往也是减少亲和层析中非特异结合的关键。

3. 柱操作

柱的大小取决于吸附剂的容量和所需纯化的蛋白质的量。一般地说，高的容量可以用于粗的短柱，大多数情况下，可以采用一次性的塑料小柱和1～5 mL凝胶（如美国的Bio Rad和Pierce产品）。柱和柱顶及柱底多孔板的疏水性质（聚苯乙烯和聚丙烯）用0.1%的Tween-20溶液处理消除。但若靶蛋白通过低结合强度被滞留在柱材料上，则可以采用较长的柱，目标蛋白质与杂质的分离效率取决于柱的长度。

4. 流速的控制

料液流速是影响层析柱效和分离速度的重要因素。提高流速虽可提高分离速度，但柱效降低。因此，吸附操作要在适当的流速下进行，既要保证高速度，又要保证高效率。为了使纯化蛋白能够得到尖的洗脱峰、最小的稀释度和最大的回收率，最好使用低流速。太高的流速会降低分离效果和容量，因为它需要长的时间达到平衡。另外，当用可溶性的配体或类似物来竞争性洗脱时，解离动力学可能成为速率限制的关键步骤。此外，载体孔径的大小也会导致显著的物质转移限制。

5. 清洗

清洗操作的目的是洗去吸附介质内部及柱空隙中存在的杂质，一般使用与吸附操作相同的缓冲液，必要时加入表面活性剂，保证被吸附的杂质的除去。由于亲和吸附是可逆的，清洗过度会使目标产物的损失增多，特别是对亲和结合较弱的亲和体系，而清洗不充分则使洗脱回收的目标产物纯度降低。具体的操作是样品吸附在柱上之后，必须用几倍体积的起始缓冲液对柱清洗以除去不结合的所有物质。对于以静电作用吸附在柱上的非特异性结合物质，可用稍微增加离子强度的缓冲液淋洗去掉。整个过程用紫外进行监测，当紫外吸收达到原始的基线时，结束清洗。

6. 洗脱

目标产物的洗脱方法有两种，即特异性洗脱和非特异性洗脱。与其他色谱分离方法一样，可以通过改变溶剂或缓冲液的类型、改变缓冲液的pH，改变洗脱温度，以及添加促溶剂等措施进行洗脱。特异性洗脱利用含有与亲和配基或目标产物具有亲和结合作用的小分子化合物溶液作为洗脱剂，通过与亲和配基或目标产物的竞争性结合，洗脱目标产物。特异性洗脱的洗脱条件温和，有利于保护目标产物的生物活性。另外，特异性洗脱目标产物，对于特异性较低的亲和体系，或非特异性吸附较严重的物系，有利于提高目标产物的纯度。非特异性洗脱通过调节洗脱液的pH、离子强度、离子种类或温度等理化性质降低目标产物的亲和吸附作用，是较多采用的洗脱方法。

洗脱时要保证靶蛋白的生物活性维持不变。最基本的方法是用中等浓度的（0.1～

0.2 mol/L 左右）可溶性配体或类似物在比较温和的解吸条件下（如中性条件）竞争性地置换结合蛋白质。洗脱可采用分步洗脱或梯度洗脱，但对于结合特别强的亲和对，如生物素-抗生素蛋白的结合，除了用高浓度的可溶性配体洗脱外，则需要用 6 mol/L 的盐酸胍和 pH 为 1.5 的苛刻条件，使配体能在合理的时间内与配基解离。

7. 柱的再生

为分离纯化下一批原料液，需要利用清洗液清洗再生层析柱，使层析柱的物理环境适合目标产物的亲和吸附。具体操作是用几倍体积的起始缓冲液进行再平衡，一般足以使亲和柱再生，但一些未知的杂质往往仍结合在柱上，必须用苛刻的条件才能除去。根据载体材料的不同、配基的性质以及它与载体连接方式的不同可酌情处理。

7.7.6 亲和色谱法的应用

亲和色谱分离技术在生物制品分离和分析领域有宽广的应用开发前景。由于其具有简便、快速、专一和高效等特点，亲和色谱的应用十分广泛，已普及到生命科学的各个领域。亲和色谱主要用来纯化生物大分子，适用于从组织或发酵液中，分离杂质与纯化目的物间的溶解度、分子大小、电荷分布等物化性质差异较小，相对含量低、其他经典手段分离有困难的高分子物质。尤其是对分离某些不稳定的高分子物质，更具优越性。

1. 分离和纯化各种生物分子

亲和色谱可以用来分离与纯化各种生物分子，现举例如下：

1）干扰素的提纯

干扰素自从其发现以来，由于其产量特别低，提纯一直十分困难。细胞在诱导后能产生许多种蛋白质，而干扰素只占其中极小的一部分。因此，在蛋白类杂质极多的情况下要分离干扰素就极为困难。在研究了干扰素的性质后，发现干扰素是一种糖蛋白。1976 年，Davey 利用植物凝集素伴刀豆球蛋白 A 可以和糖蛋白专一结合的原理，把伴刀豆球蛋白 A 偶联在琼脂糖凝胶的层析柱上，制成亲和柱。纤维母细胞干扰素通过该柱就被吸附。用 0.1 mol/L α-D-甘露吡喃糖苷在 50％乙二醇中作为竞争洗脱剂，一次把粗品提纯了 3 000 倍，活力回收达 89％。Sulkowski 用 L-色氨酸-琼脂糖凝胶的层析柱，把纤维母细胞干扰素吸附后用 1 mol/L NaCl 的 50％乙二醇溶液洗脱，纯化了 2 300 倍。由此可见，用亲和色谱纯化干扰素，可以一步把人体纤维母细胞干扰素纯化数千倍，分离效果显著。

2）酶的分离

酶与底物能发生特异性结合，利用这一性质，可以采用亲和色谱对结构复杂的酶进行分离。例如，利用亲和色谱可以纯化醇脱氢酶和磷酸果糖激酶；当部分纯化的人血清制剂通过伴刀豆球蛋白 A-琼脂糖柱时，蛋白质出现在外体积中，其中包含大量血清白蛋白，随后用 0.1 mol/L 的 α-D-葡萄糖苷洗脱可得到 75％～80％的抗胰蛋白酶活性，其中也包括少量的蛋白质。

3）rRNA 的分离

用赖氨酸-琼脂糖 4B 可以把 *E. coli* rRNA 样品液中的几种 rRNA 按分子大小分开。

4）抗原和抗体的分离

如果把抗原固定化，制成免疫吸附剂，便可用来分离抗体。常用的载体仍然是琼脂糖凝胶。假如抗原是蛋白质，在固相化时要注意保持它的三级结构，以维护其生物活性。抗原-抗体复合物的解离常数是很低的。解离手段要使 pH 降至 3 以下。洗脱液通常是甘氨酸-盐酸缓冲液、盐酸、乙酸、20%甲酸或 1 mol/L 丙酸，甚至用高浓度蛋白变性剂如尿素或盐酸胍等。

5）绒毛生长激素的提纯

在抗 HCS-琼脂糖柱上，以正常人血清提纯人绒毛膜生物激素（HCS）。以放射免疫测定法测定，发现在非阻留组分中没有激素，99%的激素在胍洗脱液中，几乎定量回收。

2. 分离纯化各种功能细胞、细胞器、膜片段和病毒颗粒

亲和色谱为分离和纯化不同功能的细胞提供了可能性。由于组织中各类细胞的物理特性彼此重叠，用亲和色谱分离纯化细胞不能用常规方法实现。亲和色谱分离时要考虑许多因素。例如，如何选择最合适的不溶性基质，如何防止细胞非特异性吸附等。Sephadex 6MB 是一种专为细胞亲和色谱而设计的层析介质，能使细胞的物理捕获减至最小程度，有良好的流过性且可迅速而有效地与敏感的生物分子偶联。

3. 用于各种生化成分的分析检测

亲和色谱技术在生化物质的分析检测上也已广泛应用。例如，利用亲和层析可以测定检测羊抗 DNP 抗体。

4. 与亲和色谱相关的特殊技术应用

亲和色谱技术还可用于酶动力常数的测定，目前已建立起许多有关亲和层析的理论模型。实验表明，用色谱法推导出来的解离常数和平衡常数与其他方法在自由溶液中测得的数据十分相似。

难点自测

1. 亲和色谱的分离机理是什么？
2. 试比较亲和色谱的特异性洗脱法和非特异洗脱法的优缺点。
3. 亲和色谱主要适用于分离什么物质？其特点是什么？

第 8 章

膜分离技术

膜分离技术是指物质在推动力作用下由于传递速度不同而得到分离的过程，近似于筛分。由于其具有其他常规分离方法无法比拟的优越性，近 20 年来迅速崛起，被认为是 20 世纪末至 21 世纪中期最有发展前途的高新技术之一，已成为世界各国研究的热点。

8.1 概 述

学习目标

1. 膜分离技术的定义和类型。
2. 膜分离技术的优点和其存在的问题。

8.1.1 膜分离技术发展的历史

1. 国外膜分离技术的发展历史

对膜分离的研究始于 200 多年前，在 1748 年，Abbe Nollet 发现水能自发的扩散穿过猪膀胱而进入到乙醇中的渗透现象，但并未引起人们的重视。直至 1854 年，Graham 发现了透析现象（dialysis）、1956 年 Matteucei 和 Cima 观察到天然膜的各向异性特征后，人们才开始重视膜的研究。与此同时，Dubrunfaut 应用天然膜制成第一个膜渗透器并成功地分离了糖蜜与盐类，开创了膜历史的新纪元。随着新科学技术的发展，天然膜已经满足不了人们的需求，人们开始了对合成膜的研究。1864 年，Traube 成功研制成人类历史上第一片人造膜——亚铁氰化铜膜。随后，研究工作一直徘徊不前，直到 20 世纪中叶，才相继出现反渗透膜、超滤膜、微滤膜、纳米膜等，膜分离开始在水的脱盐和纯化、石油化工、轻工、纺织、食品、生物技术、医药、环境保护领域得到应用。60 年代以后，膜分离技术得到了飞速发展并逐步实现工业化，获得了巨大的经济效益和社会效益。各国政府对膜技术的研究开发都非常重视，纷纷投入巨资，80 年代日本政府对膜技术研究开发的支持就达到了每年 1 900 万美元，欧洲为 2 000 万美元，美国政府为 1 100 万美元。

2. 我国膜分离技术的发展历史

我国的膜技术研究开始于 1958 年，其发展大致分为三个阶段：①20 世纪 50 年代为奠定基础阶段；②60 年代和 70 年代为发展阶段；③80 年代和 90 年代为深化发展和推广应用阶段。

1958年，我国对膜技术的研究开始于离子交换膜，到20世纪60年代中期开始对反渗透进行探索，1967年的全国海水淡化会战推动了我国膜技术的进步。到20世纪70年代，电渗析、反渗透、超滤、微滤这四大液体膜相继得到了开发，并在70年代后期开始了复合膜的研制，1977～1978年间聚砜超滤膜研制成功，从而为复合膜的研制提供了基膜，1985年我国仿制的PEC-1000和FT-30复合膜的性能已达到和接近国外同类商品膜的水平。

总的说来，我国在膜技术的研究和应用方面有了长足的进步和可喜的成果，目前，我国的超滤和微滤发展迅速，已经有20多个单位和30多个厂家在从事超滤膜的研究和生产，年产值可达数百万元。离子交换膜、电渗析器的产量及应用都在世界上名列前茅。渗透气化技术走向了工业应用。液膜、各种膜基平衡过程、膜蒸馏等新膜过程的研究进展得相当活跃。

但同时我们也要认识到，我国的膜技术和发达国家相比还有很大的差距，如复合膜的研制仍处于仿制和少量改进阶段，品种少尚未进入工业化生产；超滤膜的品种虽然与国外差距不大，但膜的质量及产品的系列化和标准化方面还有很大差距等。要缩短和赶上发达国家，就需要政府对其大量的资金投入和更多的科研人员投身到膜技术的研发中，尽快形成自己的优势。

8.1.2 膜分离的技术特点

膜分离技术在应用上显示了很多优点：①易于操作。在常温下可连续使用，可直接放大，易于自动化；②成本低，寿命长。有些膜产品寿命可达10年以上，维护方便，能耗少；③高效，特别是对于热敏性物质的处理具有其他分离过程无法比拟的优越性；④常温下操作无相态变化，分离精度高，没有二次污染。

当然，它也存在着一些问题：①膜材质的价格比较高，大多数膜工艺运行费用昂贵；②操作过程中膜面容易被污染，导致膜性能降低，必须要有膜面清洗工艺；③膜的耐药性、耐热性、耐溶剂性能有限，使其应用受到限制。

8.1.3 几种常用的膜分离过程

（1）渗析（DS） 根据筛分和吸附扩散的原理，利用膜两侧的浓度差使小分子溶质通过膜进行交换，而大分子被截流的膜分离过程。是最早被发现和研究的膜现象，正逐渐被超滤技术所取代。

透析膜一般为孔径5～10 nm的亲水膜，如纤维素膜、聚丙烯腈膜和聚酰胺膜等。生化实验一般使用5～80 mm的透析袋，即将待分离料液装入透析袋中封口后浸入到透析液中，一段时间后完成透析。若处理量大，一般采用中空纤维式膜组件。

临床上，透析法常用于肾衰竭患者的血液透析。生物分离上，主要用于大分子溶液的脱盐。

（2）电渗析（ED） 在离子交换和直流电场的作用原理的基础上，利用分子荷电性质和分子大小的差别，用离子交换膜从水溶液和其他一些不带电离子组分中截流小离子的一种电化学分离过程（图8-1）。

这项技术较为成熟。主要用于中性溶液的脱盐及脱酸。工业上多用于海水和苦水的淡化以及废水处理。生物分离技术中，常用于生物小分子（氨基酸和有机酸等）的分离纯化。

（3）微滤（MF）　根据筛分原理，以压力差为推动力，截流超过孔径的大分子的膜分离过程。微滤被认为是目前所有膜技术中应用最广、经济价值最大的技术。微滤主要用于悬浮物分离、制药行业的无菌过滤等。

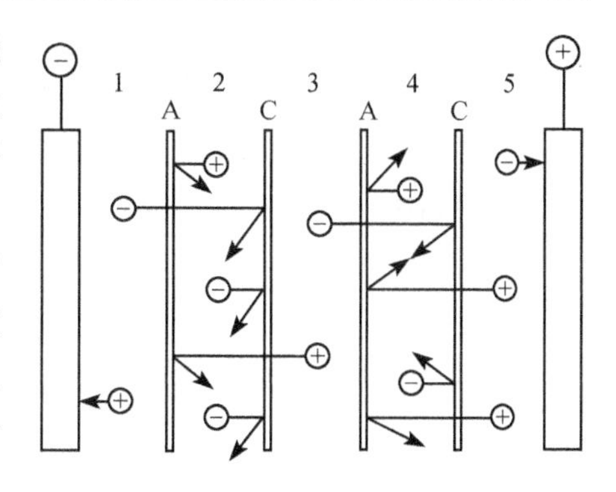

图 8-1　电渗析分离过程
A. 阴离子交换膜；C. 阳离子交换膜

（4）超滤（OF）　和微滤一样，也是根据筛分原理，以压力差为推动力，截流超过孔径的大分子的膜分离过程，仅在截流粒子的直径上有所差别，超滤膜的孔径较微滤小，两者之间的比较见图 8-2。超滤主要用于浓缩、分级、大分子溶液的净化等。

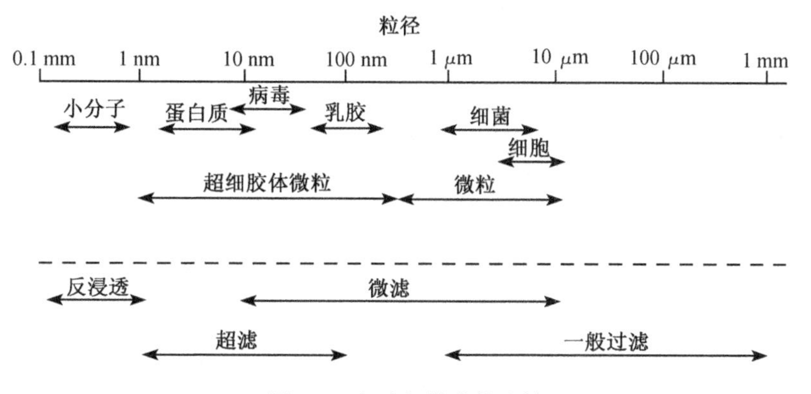

图 8-2　超滤与微滤的比较

超滤和微滤有共同的膜分离过程特点：透过容量与压差成正比，与滤液黏度成反比。

（5）反渗透（RO）　根据溶液的吸附扩散原理，在溶液的一侧施加一外加压力，当此压力大于溶液的渗透压时，迫使浓溶液中的溶剂反向透过膜流向稀溶液一侧。主要用于低相对分子质量组分的浓缩、水溶液中溶解的盐类的脱除。

（6）纳滤（NF）　根据吸附扩散原理，以压力差为推动力，截流 300～1000 小相对分子质量物质的膜分离过程。截流分子的相对分子质量介于超滤和反渗透之间。纳滤是目前比较先进的工业膜分离，应用于食品、医药、生化行业的各种分离、精制和浓缩过程。

（7）气体分离（GS）　根据混合气体中各组分透过膜的传递速率的不同，以静压差为推动力进行分离的过程。

难点自测

1. 我国膜分离技术发展分为哪几个阶段？
2. 膜分离技术有何优缺点？

8.2 膜和膜组件

学习目标

1. 膜的种类和特性。
2. 膜组件的种类和相应的优缺点。

8.2.1 膜的基本性能

1. 膜的定义

膜的定义分广义和狭义两种。最通用的广义定义是指两相之间的一个不连续区间，定义中“区间”用以区别通常的相界面。狭义定义是在一定流体相间的一薄层凝聚相物质，把流体相分隔开来成为两部分，这一薄层物质称为膜。膜可以为气相、液相和固相，或是它们的组合。膜的厚度应在 0.5 mm 以下；否则，就不称为膜。同时不管膜本身薄到何等程度，至少要有两个界面，通过它们分别与被膜分隔的两侧的流体相物质接触。

流体通过膜的传递是借助于吸着作用及扩散作用。描述传递速率的膜性能是膜的渗透性。例如，在相同条件下，假如一种膜以不同速率传递不同的分子样品，则这种膜就是半透膜。当然，膜只有具有高度的渗透选择性，才能作为一种有效的分离技术。所以，膜可以是完全透过性的，也可以是半透性的，但不能是完全不透性的。一般地说，气体渗透是指在膜的高压侧的气体透过膜至膜的低压侧；液体渗透是指在膜一侧的液相进料组分渗透至膜的另一侧的液相或气相中。

2. 膜的分类

膜的分类方法有很多种，下面介绍几种常用的分类方法。

(1) 按膜孔径大小分　微滤膜 0.025～14 μm；超滤膜 0.001～0.02 μm（10～200 Å）；反渗透膜 0.000 1～0.001 μm（1～10 Å）；纳米过滤膜，平均直径 2 nm。

(2) 按膜结构分类　对称性膜、对称膜、复合膜等。

(3) 按材料分　合成聚合物膜、无机材料膜等。

(4) 按来源形态和结构分类　如图 8-3 所示。

3. 膜材料的特性

在膜材料的实际应用中，针对不同分离对象必须采用与其相应的膜材料，但对膜的基本要求是共同的，主要有以下几个方面：①耐压。为了达到有效分离的目的，各种功能分离膜的微孔都是很小的，为提高各种膜的流量和渗透性，就必须施以推动力，如超滤膜可实现 10～200 nm 微粒分离，所需要施以推动力的压力差为 100～1 000 kPa，这就要求膜在一定压力下，不被压破或击穿。②耐温。分离和提纯物质过程中所需的温度范围为 0～82℃，清洗和蒸气消毒系统所需温度≥110℃。这就要求膜有非常好的热稳定性。③耐酸碱性。待分离的偏酸、偏碱性物质严重影响膜的寿命。例如，使用醋酸纤维膜的酸性范围是 pH 2～8，在此酸度范围内偏碱纤维素就会水解。④化学相容性。要求

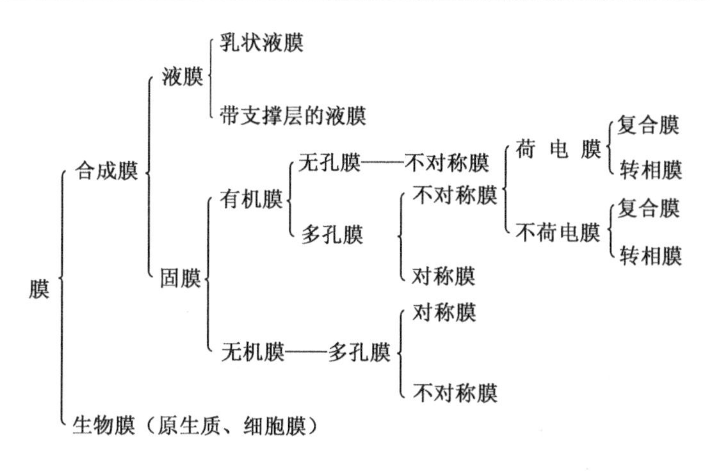

图 8-3　膜按来源形态和结构分类

膜材料能耐各种化学物质的侵蚀而不致产生膜性能的改变，有好的化学稳定性。⑤生物相容性。高分子材料对生物体来说是一个异物，所以必须要求它不使蛋白质和酶发生变性，无抗原性等。⑥低成本。

4. 各种膜材料

分离膜按来源分生物膜和合成膜，目前应用的分离膜主要是合成膜中的高分子膜。用于制备高分子膜的材料主要有以下几类：①纤维素类（醋酸纤维素膜）；②缩合系聚合物（聚砜膜）；③聚烯烃及其共聚物（聚乙烯醇膜）；④脂肪族或芳香族聚酰胺类聚合物（聚酰亚胺膜）；⑤聚碳酸酯；⑥有机硅（聚二甲基硅氧烷膜）；⑦液晶复合高分子（高分子聚合物-液晶-冠醚复合膜）；⑧高分子金属络合物（钴卟啉络合物膜）；⑨全氟磺酸共聚物和全氟羧酸共聚物。

5. 膜的制备

不同种膜的制备方法不尽相同，总的说来一般采用两种方法：溶液浇铸和延流。其中，对称膜通常用溶液浇铸法制备，即将一定浓度的高分子溶液倾倒在光洁的平板上形成薄层，再将溶剂蒸发而成。非对称膜用 Loeb-Sourirajan 发明的 L-S 相转移法制备。

6. 新型膜材料的开发趋势

近年来开发的新型膜材料有如下几种：①聚氨基葡萄糖；②在高分子材料中加入低分子液晶材料制成的复合膜，例如，聚氯乙烯与双十八烷基二甲基铵盐构成的复合膜；③无机多孔膜，如玻璃、陶瓷、α-Al_2O_3 和 ZrO_2 等；④功能高分子膜，不仅用于分离和输送流体物质，而且扩展到了能量传递；⑤纳米过滤膜，优化膜体结构，“超薄膜”和“复合膜”是目前研究和开发的一个新方向；⑥仿生膜，建立在分子有序排列基础上的单分子层膜或多分子层膜，具有与生物膜相似的特性，兼顾高的渗透率和高的选择性，有较好的传递性能和好的分离效率。

8.2.2　膜组件

由膜、固体膜的支撑体、间隔物（spacer）以及收纳这些部件的容器构成的一个单元（unit）称为膜组件（membrane module）或膜装置。目前市售的膜组件大致有四种型式：平板式、管式、螺旋卷式和中空纤维式。

1. 平板式膜组件

与板式换热器或加压叶滤器相似，由多枚圆形或长方形平板膜以 1 mm 左右的间隔重叠加工而成，膜间衬有多孔薄膜，供液料或滤液流动［图 8-4（a)］。

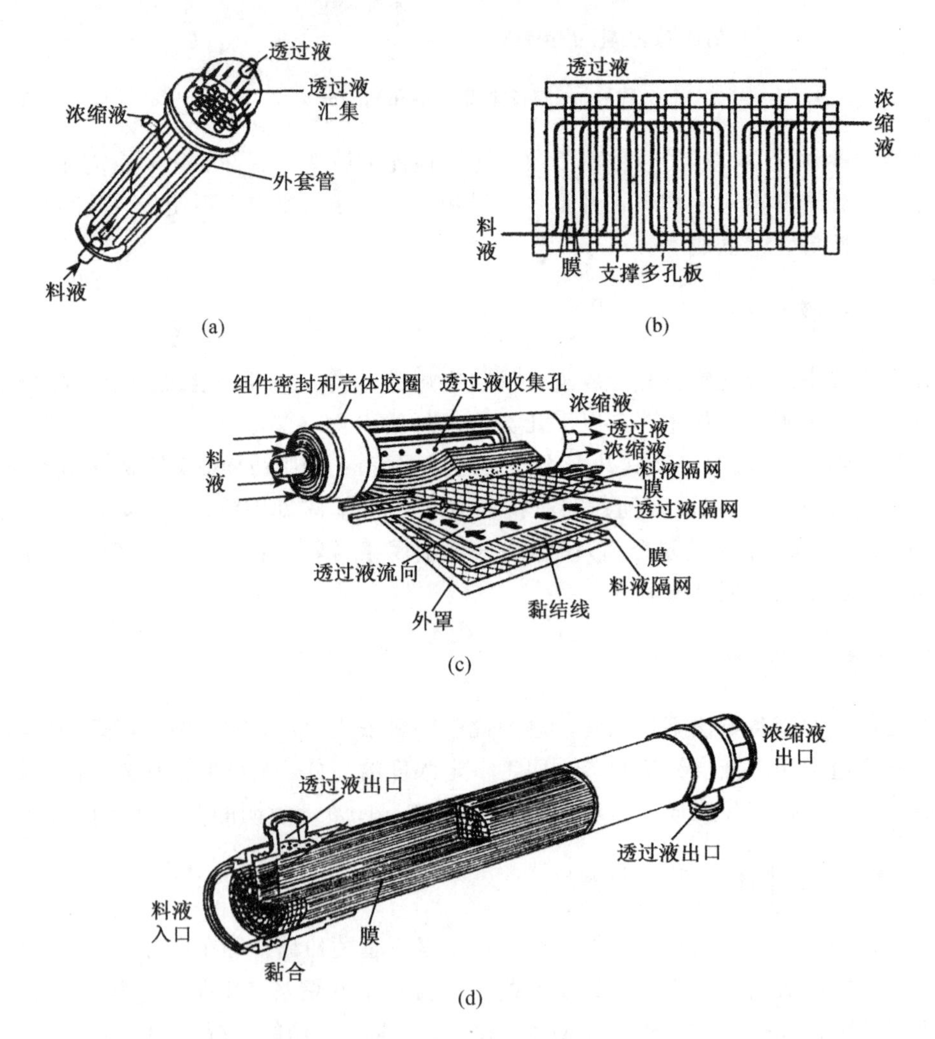

图 8-4　各种膜组件结构图

(a) 管式膜组件；(b) 平板式膜组件；(c) 螺旋卷式膜组件；(d) 中空纤维（毛细管）式膜组件

2. 管式膜组件

将膜固定在内径为 10～25 mm，长约 3 m 的圆管状多孔支撑体上构成，10～20 根管式膜并联［图8-4（b)］或用管线串联，收纳在筒状的容器内构成管式膜组件。

3. 螺旋卷式膜组件

两张平板膜固定在多孔性滤液隔网上（隔网为滤液流路)，两端密封［图8-4（c)］。

4. 中空纤维式膜组件

中空纤维式膜组件由数百至数百万根中空纤维膜固定在圆筒形的容器内构成［图8-4（d)］。

各种膜组件具体结构见图8-4，它们的优缺点见表8-1，各种膜组件的特性和应用范围见表8-2。

表8-1　各种膜组件的优缺点

型　式	优　点	缺　点
管　式	易清洗，无死角适宜于处理含固体较多的料液，单根管子可以调换	保留体积大，单位体积中所含过滤面积较小，压降大
中空纤维式	保留体积小，单位体积中所含过滤面积大，可以逆洗，操作压力较低（小于0.25 MPa)，动力消耗较低	料液需要预处理，单根纤维损坏时，需调换整个模件
螺旋卷式	单位体积中所含过滤面积大，换新膜容易	料液需要预处理，压降大，容易污染，清洗困难
平板式	保留体积小，能量消耗界于管式和螺旋卷绕式之间	死体积较大

表8-2　各种膜组件的特性和应用范围

膜组件	比表面积/(m^2/m^3)	设备费	操作费	膜面吸附层的控制	应　用
管　式	20～30	极高	高	很容易	UF、MF
平板式	400～600	高	低	容易	UF、MF、PV
螺旋卷式	800～1 000	低	低	难	RO、UF、MF
毛细管式	600～1 200	低	低	容易	UF、MF、PV
中空纤维式	～10^4	很低	低	很难	RO、DS

难点自测

1. 膜是如何进行分类的？
2. 常用的膜组件有哪些种？

8.3　微　　滤

学习目标

1. 微滤的分离范围和分离机理。
2. 微滤分离方法的选择依据。

微滤（MF）是世界上开发应用最早的膜过滤技术。早在19世纪中叶，人们就已经开始利用天然或人工合成的高分子聚合物制得微滤膜。1907年，Bechhold第一次报道了系列多孔火棉胶膜的制备方法和膜孔径的检测方法。1921年，在德国建立了第一个专门从事微滤膜生产和销售的公司。到了20世纪60年代，随着高分子材料的研究与开发，极大的促进了微滤膜的发展，形成了孔径范围为 0.1～75 μm 的系列化产品，应用范围由实验室和微生物检测扩展到了医药、饮料、生物工程、超纯水、饮用水、石化、环保等广阔的领域。目前世界上最有影响力的两个公司是美国 Millipore 公司和德国的 Sartorius 公司。

8.3.1 微滤的基本概念和分离范围

微滤又称为微孔过滤，是以静压差为推动力，利用膜的"筛分"作用进行分离的膜分离过程。微孔滤膜具有明显的孔道结构，主要用于截流高分子溶质或固体微粒。在静压差的作用下，小于膜孔的粒子通过滤膜，粒径大于膜孔径的粒子则被阻拦在滤膜面上，使粒子大小不同的组分得以分离。

MF 同 RO、NF、UF 一样，均属于压力驱动型膜分离过程。微滤主要从气相和液相物质中截留 0.1μm 至数微米的细小悬浮物、微生物、微粒、细菌、酵母、红细胞、污染物等，在生物分离中，广泛地用于菌体的净化、分离和浓缩。

微滤膜在过滤时介质不会脱落、没有杂质溶出、无毒、使用和更换方便、使用寿命较长、耐高温、抗溶剂且膜组件价廉。同时，膜孔分布均匀，可将大孔径的微粒、细菌、污染物截留在滤膜表面，滤液质量高。也可称为绝对过滤（absolute filtration），适合用于过滤悬浮的微粒和微生物（表 8-3）。

表 8-3　MF 滤除微粒与微生物的效率

测试微粒	球形 SiO_2	球形聚苯乙烯		细　菌	热　原
直径/μm	0.21	0.038	0.085	0.1～0.4	0.001
脱除率/%	>99.990	>99.990	100	100	>99.997

注：Pall 公司产的 NT2EN66 Posidyne。

8.3.2 微滤的基本原理及操作模式

1. 微滤的分离机理

一般认为，MF 的分离机理为筛分机理，膜的物理结构起决定作用。此外，吸附和电性能等因素对截留也有影响。

微孔滤膜的截留机理因其结构上的差异而不尽相同。通过电镜观察认为，微孔滤膜截留作用大体可分为以下两大类（图 8-5）。

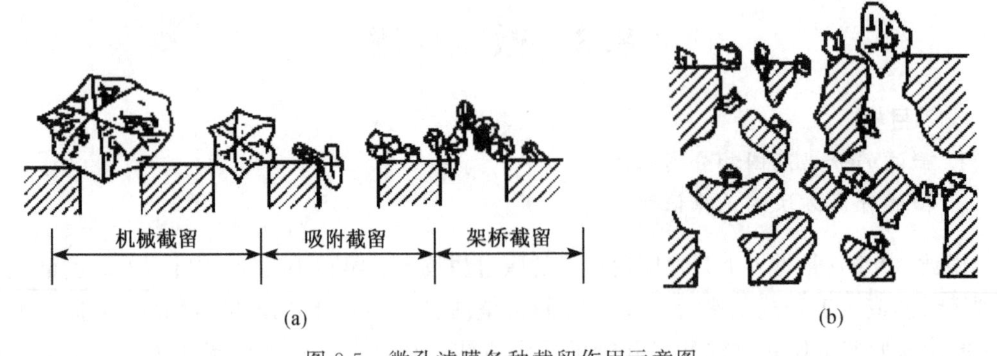

图 8-5　微孔滤膜各种截留作用示意图

（a）在膜的表面层截留；（b）在膜内部的网络中截留

1）表面层截留

（1）机械截留作用　指膜具有截留比它孔径大或与孔径相当的微粒等杂质的作用。此即筛分作用。

（2）物理作用或吸附截留作用　除了要考虑筛分过程中的孔径因素之外，还要考虑其他因素的影响，其中包括吸附和电性能的影响。例如，荷正电的微滤膜能够去除热原就是此原理。

（3）架桥作用　通过电镜可以观察到，在孔的入口处，微粒因为架桥作用也可被截留。

2）膜内部截留

膜内部截留作用是指将微粒截留在膜内部而不是在膜的表面。对于表面层截留而言，其过程接近于绝对过滤，容易清洗，但杂质捕捉量相对于内部截留较少，而对于膜内部截留而言，杂质捕捉量较多，但不容易清洗，多属于一次性使用。

2. 微滤的操作模式

1）常规过滤（静态过滤或死端过滤）

如图 8-6（a）所示，原料液置于膜的上游，在压差推动下，溶剂和小于膜孔的颗粒透过膜，大于膜孔的颗粒则被膜截留，该压差可通过上游加压或下游侧抽真空产生。在操作中，随时间的增长，被截留颗粒会在膜表面形成污染层，使过滤阻力增加，随着过

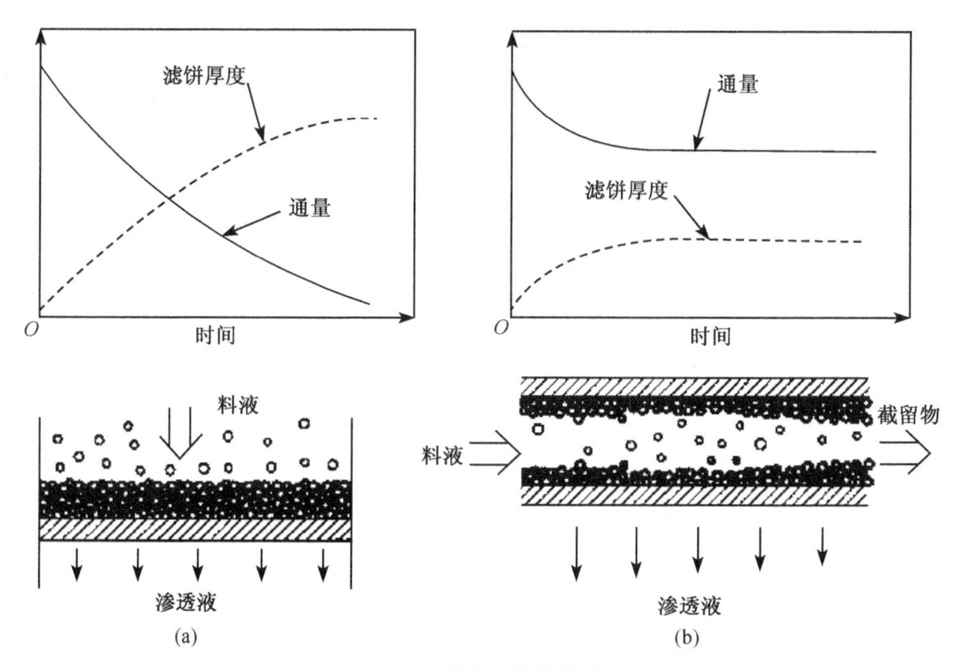

图 8-6　微滤的操作模式

（a）常规过滤（静态过滤）；（b）错流过滤（动态过滤）

程的进行，污染层将不断增厚和压实，过滤阻力也会不断增加。在操作压力不变的情况下，膜渗透速率将下降。因此，常规过滤操作只能是间歇的，必须周期性地停下来清除膜表面的污染层或更换膜。

常规过滤操作简便易行，适合实验室等小规模场合。对于固体含量低于0.1%的料液通常采用常规过滤；固体含量在0.1%～0.5%的料液则需要进行预处理或采用错流过滤；对于固体含量高于0.5%的料液通常采用错流过滤操作。

2）错流过滤（动态过滤）

微滤的错流过滤操作类似于超滤和反渗透，如图8-6（b）所示，原料液以切线方向流过膜表面。溶剂和小于膜孔的颗粒，在压力作用下透过膜，大于膜孔的颗粒则被膜截留而停留在膜表面形成一层污染层。与常规过滤不同的是，料液流经膜表面产生的高剪切力可使沉积在膜表面的颗粒扩散返回主体流，从而被带出微滤组件，使污染层不能无限增厚。由于过滤导致的颗粒在膜表面的沉积速度与流体流经膜表时由速度梯度产生的剪切力引发的颗粒返回主体流的速度达到平衡，可使该污染层在一个较薄的水平上达到稳定，此时，膜渗透速率可在较长一段时间内保持在相对高的水平上。当处理量大时，为避免膜被堵塞，宜采用错流操作。

微滤的错流操作在近20年发展很快，有替代常规操作的趋势。

8.3.3　微滤分离方法的选择

一个体系的最佳分离方法选择由多种因素决定，其中起决定性作用的因素是要分离的悬浮物质的尺寸大小。

除去这个最重要的因素外，分离方法选择的影响因素还包括悬浮物的物理特性和浓度、所要求的分离率、产品产率和需要保持杀菌的条件等，也要加以考虑。

8.3.4　微滤的应用

微滤目前主要用于无菌液体的生产、生物制剂的分离、超纯水制备以及空气过滤、生物及微生物的检查分析等方面。

1. 实验室中的应用

在实验室中，微孔滤膜是检测有形微细杂质的重要工具。

（1）微粒子检测　例如，注射剂中不溶性异物、石棉粉尘、水中悬浮物和排气中粉尘的检测，锅炉用水中铁成分的分析和放射性尘埃采样等。

（2）微生物检测　例如，对饮用水中大肠菌群、啤酒中酵母和细菌、饮料中酵母、医药制品中细菌的检测和空气中微生物检测等。

2. 工业上的应用

微滤是所有膜过程中应用最普遍、总销售额最大的一项技术。制药行业的过滤除菌是其最大的市场，电子工业用高纯水制备次之。

（1）制药工业　在制药工业中，注射液及大输液中微粒污染可引起血管阻塞、局部缺血、水肿和过敏反应等病理现象，需要除去。此外，医院中手术用水及洗手用水也要除去悬浊物和微生物。这些都可应用 MF 过滤技术解决。

目前，应用微滤技术生产的西药品种有葡萄糖大输液、维生素 C、复合维生素、硫酸阿托品、肾上腺素、盐酸阿托品、安痛定等注射液。此外，还有报道应用微滤技术获取昆虫细胞、分离大肠杆菌以及抗菌素、血清和血浆蛋白等多种溶液的灭菌等。

（2）生物领域　生化和微生物的研究中，常利用不同孔径的微滤膜收集细菌、酶、蛋白、虫卵等提供检查分析，应用这种方法，可脱除酒中的酵母、霉菌和其他微生物，使处理后的产品清澈、透明、存放期长。

目前，微滤正被引入更广泛的领域：在食品工业领域许多应用已实现工业化；饮用水生产和城市污水处理是微滤应用潜在的两大市场；用于工业废水处理方面的研究正在大量开展；随着生物技术工业的发展，微滤在这一领域在市场中所占的份额将越来越大。

难点自测

1. 微滤是利用什么样的分离机理实现分离目的的？
2. 简述微滤的应用前景。

8.4　超　　滤

学习目标

1. 超滤的分离范围和分离机理。
2. 超滤的应用。
3. 超滤的操作模式。
4. 超滤膜污染的防治。

超滤（ultra-filtration，UF）首先出现在 19 世纪末，1861 年，Schmidt 用牛心包膜截取阿拉伯胶被认为是世界上第一次 UF 实验，但之后很长时间 UF 只用于实验室纯化及浓缩，并不能满足实际的需要，1963 年 Michaels 开发成功了第一张不对称超滤膜，推动了科学家们寻找更优异的超滤膜，从而形成了 1965～1975 年的超滤大发展时期，开发成功了聚砜、聚丙烯腈、聚碳酸酯、聚醚砜及聚偏二氟乙烯等超滤膜。膜的截留相对分子质量为 10^3～10^6，膜组件的类型有管式、平板式、中空纤维式、毛细管式及螺旋卷式。20 世纪 80 年代又开发成功了以陶瓷膜为代表的无机膜，并已工业化。虽然 UF 的发展历史不长，但其独特的优点，使其成为目前膜分离技术的重要操作单元。

8.4.1　超滤的基本概念和分离范围

超滤是一种在静压差为推动力的作用下，原料液中大于膜孔的大粒子溶质被膜截留，小于膜孔的小溶质粒子通过滤膜，从而实现分离的过程，其分离机理一般认为是机械筛分原理。

UF、RO、NF和MF一样，均属于压力驱动型膜分离过程。超滤主要用于料液澄清、溶质的截留浓缩及溶质之间的分离。其分离范围为相对分子质量500～1×10^6的大分子物质和胶体物质，相对应粒子的直径为0.005～0.1 μm。操作压强低，一般为0.1～0.5 MPa，可以不考虑渗透压的影响，易于工业化，应用范围广。

8.4.2　超滤的基本原理及操作模式

1. 分离机理

超滤过程如下：在压力作用下，料液中含有的溶剂及各种小的溶质从高压料液侧透过超滤膜到达低压侧，从而得到透过液或称为超滤液；尺寸比膜孔径大的大溶质分子被膜截留成浓缩液。溶质在被膜截留的过程中有以下几种作用方式：①在膜面的机械截留；②在膜表面及微孔内吸附；③膜孔的堵塞。不同的体系，各种作用方式的影响也不同。

2. 操作模式

超滤的操作模式可分为重过滤和错流过滤两大类，常用的操作模式有以下几种：

1）重过滤操作

重过滤操作（diafiltration）也称透滤操作，如图8-7所示。是在不断加水稀释原料的操作下，尽可能高地回收透过组分或除去不需要的盐类组分。重过滤操作包括间歇式和连续式两种。其特点是设备简单、小型、能耗低，可克服高浓度料液渗透速率低的缺点，能更好地去除渗透组分。但浓差极化和膜污染严重，尤其是间歇操作中，要求膜对大分子的截留率高。通常用于蛋白质、酶之类大分子的提纯。

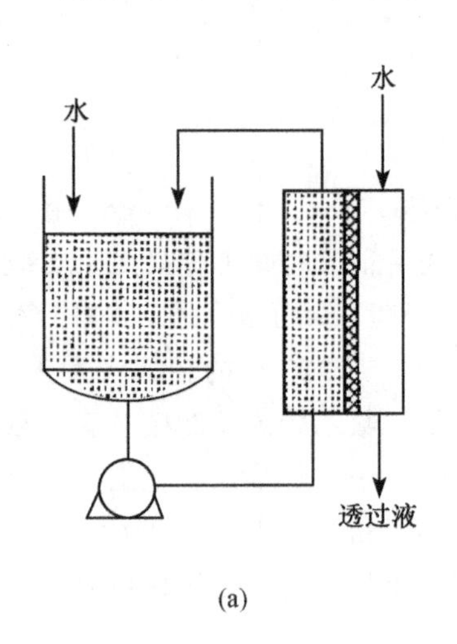

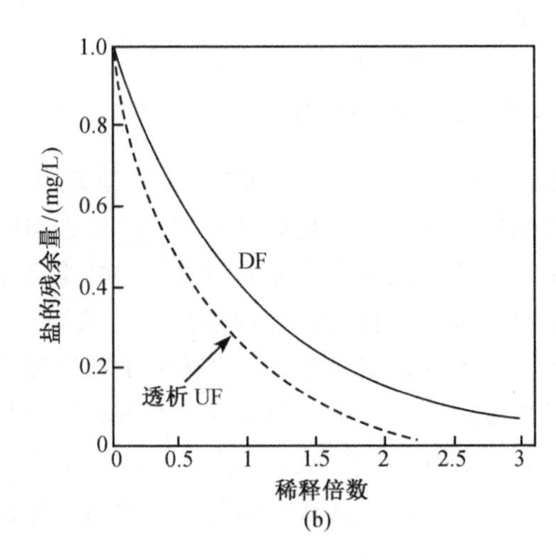

图8-7　透析超滤过程

（a）原理；（b）连续式重过滤与透析超滤比较

2）透析超滤

透析超滤（dialysis ultrafiltration）是将透析与超滤结合起来使用的一种重过滤技

术。其原理如图8-7（a）所示，即用泵将新鲜水通过产品侧将透过物带出，而不是透过物从组件自由流出，新鲜水的流量约为组件水通量的3～10倍，并保持一定的跨膜压差。显然，该方法的工作效率比传统的重过滤要好，如图8-7（b）所示。由于该方法的传质动力除了压力差外还有浓度梯度，所以即使没有压差存在，也有传质发生，这一特点能改善尺寸相近分子的分离。透析超滤主要应用于无醇啤酒和果酒、脱盐明胶的制备，离子的替换或溶质的交换，以及血液净化等。

3）间歇错流操作

间歇错流操作是将料液从储罐连续地泵送至超滤膜装置，然后再回到储罐。随着溶剂被滤出，储罐中料液的液面下降，溶液浓度升高。该操作的特点为操作简单；浓缩速度快；所需膜面积小。但全循环时泵的能耗高，采用部分循环可适当降低能耗。通常被实验室和小型中试系统采用。

4）连续错流操作

连续错流操作包括单级错流连续操作和多级连续错流操作。单级连续操作是从储罐将加料液泵送至一个大的循环系统管线中，料液在这个大循环系统中通过泵提供动力，进行循环超滤后成为浓缩产品，慢慢从这个循环系统管线中连续地流出，这个过程中要保持进料和出料的流速相等。多级连续操作是采用两个或两个以上的单级连续操作。大规模生产中连续错流操作被普遍使用，特别是在食品工业领域。

8.4.3 超滤膜与膜材料

超滤的膜材料包括有机高分子材料和无机材料两大类，这些材料经过不同的制膜工艺可以获得不同结构和功能的膜。一张理想的超滤膜应该具备良好的耐溶剂性、稳定的机械性能、好的热稳定性、高渗透速率和高的选择性。许多微滤膜的制备方法只能得到膜最小孔径为0.05～0.1 μm的膜，不能满足纳米级的超滤膜的需要，所以用于制备超滤膜的聚合物材料完全不同于微滤膜材料。常用超滤膜归纳如下：

（1）醋酸纤维素　这是一种研究的最早的超滤膜，是利用纤维素及其衍生物分子线性不容易弯曲特点，来制备反渗透和超滤膜。具有亲水性好、通量大、工艺简单、成本低、无毒、操作范围窄、适用的pH范围窄（3～6）、容易被生物降解等特点。

（2）聚砜类超滤膜　具有化学稳定性优异、适用的pH范围宽（1～13）、耐热性好（0～100℃）、耐酸碱性好、抗氧化性和抗氯性能好等特点。由于其相对分子质量比较高，适于制作超滤膜、微滤膜和复合膜的多孔支撑膜。鉴于其良好的耐高温性，且无毒，因此适用于食品、医药和生物工程。

（3）聚丙烯腈膜　聚丙烯腈（PAN）是常用来制备超滤膜的聚合物。虽然有强极性氰基基团，但聚丙烯腈并不十分亲水。通常通过引入另一种共聚单体（如乙酸乙烯酯或甲基丙烯酸甲酯）的方法来增加它的柔韧性和亲水性。

（4）聚酰胺类超滤膜　具体包括聚砜酰胺超滤膜、芳香聚酰胺膜。其中聚砜酰胺超滤膜有耐高温(125℃)、耐酸碱(pH为2～10)、耐有机溶剂(耐乙醇、丙酮、乙酸乙酯、乙酸丁酯、苯、醚及烷烃等多种溶剂)等特性。芳香聚酰胺膜具有高吸水性(吸水率12%～15%)、良好的机械强度、好的热稳定性、不耐氯离子和容易被污染等特点。

(5) 其他类聚合物膜　具体包括聚偏氟乙烯超滤膜和再生纤维素膜等。其中聚偏氟乙烯超滤膜被广泛地用于超滤和微滤过程，具有可高温消毒、耐一般溶剂、耐游离氯等特点。

(6) 复合超滤膜　分别用不同材料制成致密层和多孔支撑层，从而使两者达到最优化。应用这用复合的方法改善了膜的表面亲水性、可截留相对分子质量小的溶质、增加水通量和提高膜的耐污染性。例如，ETNA 复合超滤膜，其支撑层为聚偏氟乙烯，超薄层为纤维素。复合膜虽然有无可比拟的良好性能，但应用还未得到充分发挥，仍需进一步研究。

(7) 无机膜　相对于聚合物材料而言，无机材料通常具有非常好的化学稳定性、热稳定性和机械稳定性，但无机材料用于制膜还很有限。

8.4.4 超滤分离系统

1. 前处理

降低供给水的浑浊度→悬浮物和交替物质的去除→可溶性有机物的去除→微生物(细菌、藻类等)去除→调整进水水质(供水温度、pH)。

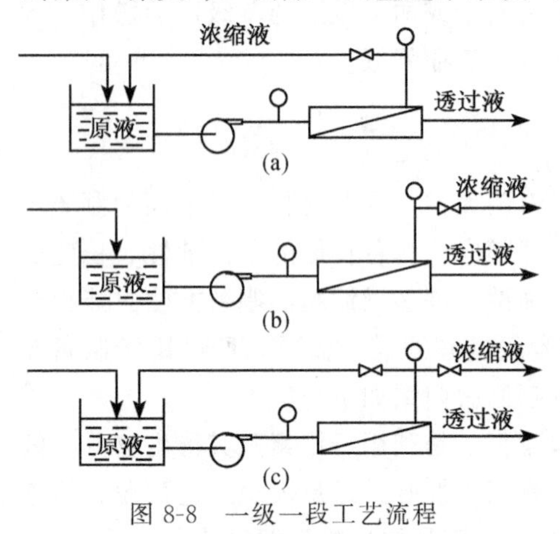

图 8-8 一级一段工艺流程

(a) 循环式；(b) 连续式；(c) 部分循环连续式

2. 超滤系统工艺流程

超滤系统工艺流程设计有多种多样，按运行方式分为循环式、连续式和部分循环连续式。按组件组合排列形式分为一级一段(图8-8)、一级多段和多级等。原料溶液升压后一次通过超滤组件的叫做一级一段，如果浓缩液直接进入下游组件称为一级二段。同理，其余段数依此类推。

8.4.5 超滤的应用

超滤是在目前膜技术领域中成为独树一帜的重要的单元操作技术，在很多方面都有应用。例如，用于水处理、食品化工、饮料、医药、医疗用人工肾、电子和电泳漆等。

1. 在水处理中的应用

用超滤和微滤技术净化饮用水是膜技术的主要应用之一，超滤在去除对人有害的微生物方面效果显著。水处理系统流程见图 8-9。

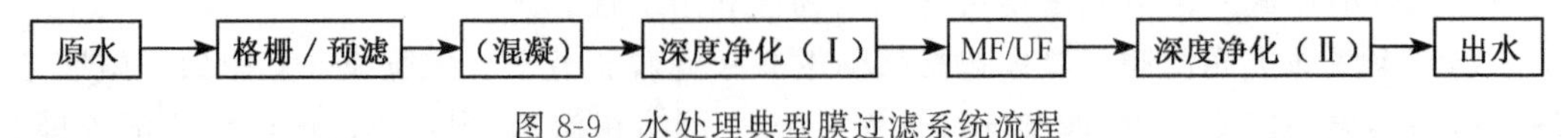

图 8-9 水处理典型膜过滤系统流程

同时，超滤还可用于海水淡化、高纯水制备等，根据对高纯水的要求不同，采取不同的工艺流程，如原水→预处理→反渗透→离子交换→UV→离子交换→超滤（或微滤）→用水点。

2. 在食品及发酵工业中的应用

1）在乳品工业中的应用

超滤在牛乳和乳清加工中应用如图 8-10 所示，主要是用超滤法从干酪乳清中回收乳清蛋白以及用超滤法浓缩脱脂牛乳，采用图 8-10 可获得多种乳制品。目前估计有 30 万 m^2 的膜用于乳品行业，其中 2/3 用于乳清处理、1/3 用于浓缩牛乳。

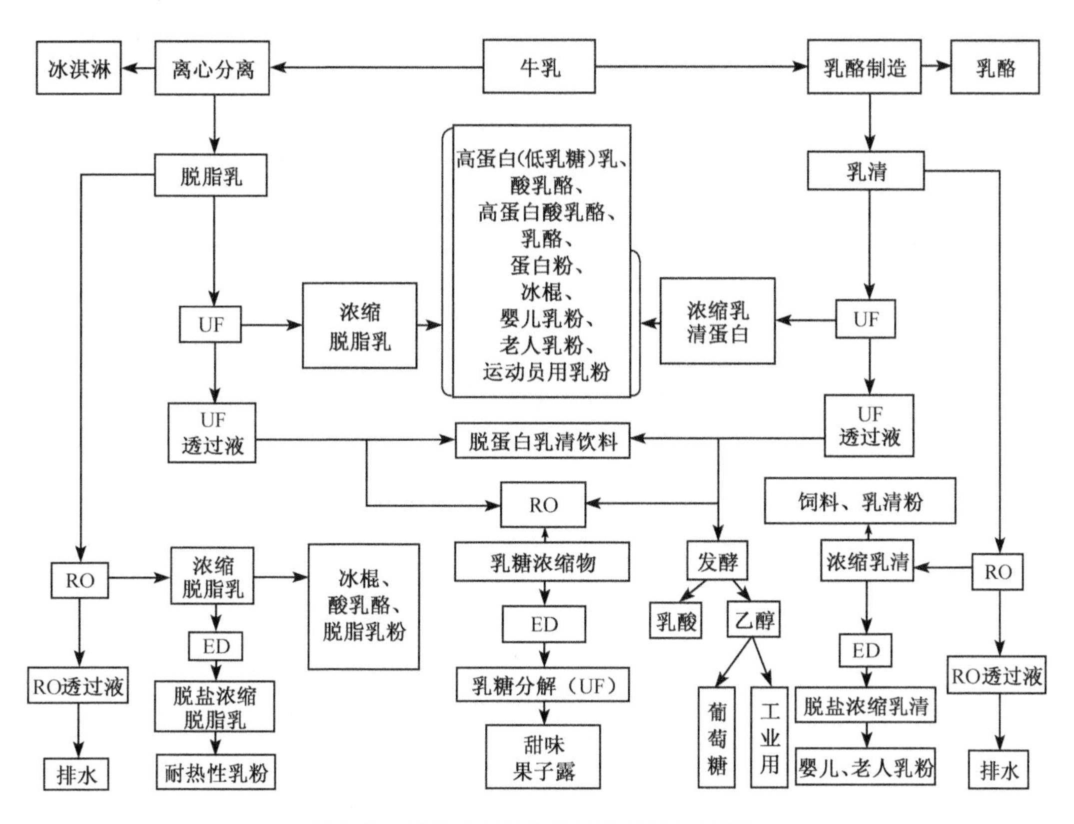

图 8-10　膜技术在牛乳和乳清加工中的应用

2）大豆蛋白的制备

大豆富含蛋白质和较完全的氨基酸，营养价值高，广泛用于肉制品、奶制品、面制品和饮料等食品中。

与传统的醇法和酸碱法相比，利用膜分离技术提取大豆蛋白生产效率高，可实现对大豆综合利用和大豆蛋白洁净生产，操作流程如下：原料→浸取→分离→超滤膜→大豆分离蛋白。

此外，超滤也用于其他植物蛋白的浓缩处理。例如，用于土豆、椰子、玉米、棉籽、向日葵籽、花生、苜蓿、鹰嘴豆等。也有关于超滤制备浓缩豆浆及豆浆粉等的报道。

3）其他方面的应用

超滤技术还可应用于果蔬汁的澄清、反渗透浓缩果汁的预处理、糖汁的净化中去除交替悬浮物和高分子物质、植物油的精制、酶的提纯、酱油和葡萄酒的回收等。

3. 在生物工程与医药工业中的应用

1）医药用水的制备

目前生产医药工业用的饮用水、纯化水、注射用水、灭菌纯化水、灭菌注射用水、抑菌剂注射用水、灭菌灌注用水、灭菌吸入用水等的生产工艺都离不开超滤技术，具体工艺流程见图 8-11。

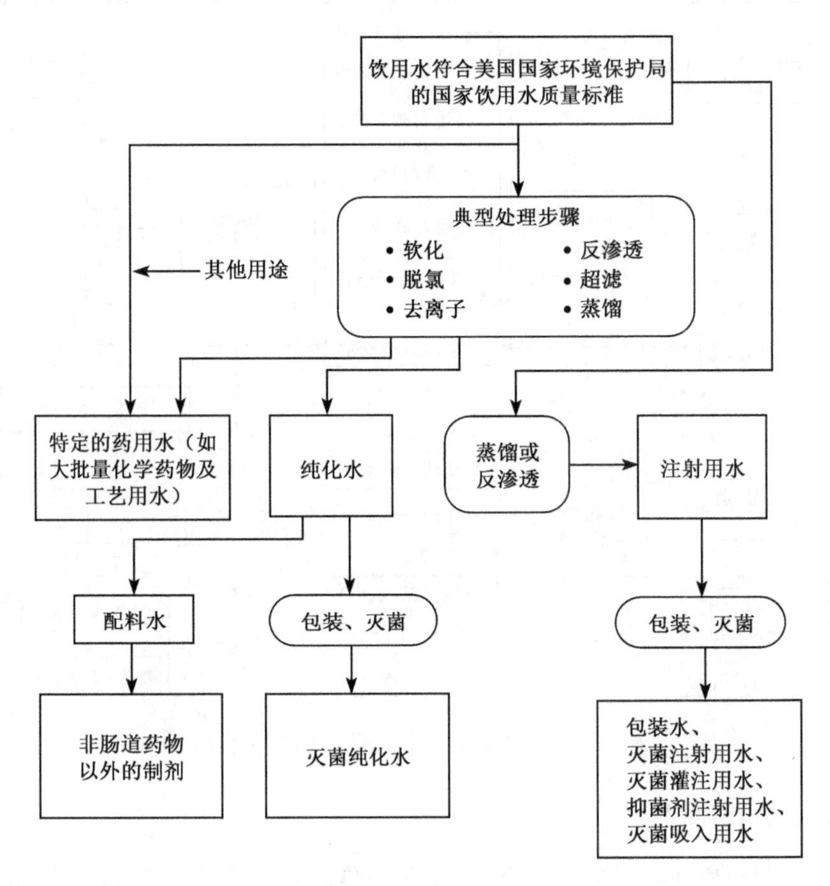

图 8-11　医药工业用水工艺流程图

2）生物制品的精制与提纯

用超滤的方法将酶、多糖或其他蛋白从发酵液中分离提纯出来。这种方法的优点是处理量大、减少生物大分子失活、分离效率高等。

8.4.6　超滤膜污染的防治

膜的污染是指膜过滤的过程中，被处理物料中的微粒、胶体离子或溶质大分子与膜发生物理化学或机械的相互作用，从而吸附、沉积在膜表面或膜孔内，使膜孔径变小或堵塞，使膜的透过流量与分离特性发生不可逆的变化。污染使膜的渗透通量和截流率降低，影响分离过程。

要使超滤过程连续平稳有效地进行，就必须采取有效的措施来预防和防止污染。

1. 选择合适的膜材料

膜的亲疏水性和荷电性会影响膜与溶质之间的相互作用，从而影响膜的污染程度。

为了防止膜的亲疏性带来的污染，通常采用的方法有两种：①用表面活性剂等小分子化合物预处理膜面，使膜面覆盖一层保护膜；②增加膜的亲水性，可在膜表面改性引入亲水基团，也可用复合膜手段复合一层亲水性分离层。这种方法的原理是利用亲水性膜表面与水形成氢键，从而在膜表面形成一层水层，疏水溶质要接近膜表面，必须首先破坏这层水层，这需要能量，不容易进行，膜面也就不容易被污染。

为了防止膜的荷电性带来的污染，可利用荷电的同性相斥的原理，尽量使膜材料与溶质带电性质相同。

2. 膜孔径或截留相对分子质量的选择

从筛分机理可得出这样的结论：离子或溶质尺寸与膜孔相近时容易堵塞膜孔，若它们的尺寸大于膜孔，则由于横切流的作用，在膜表面很难停留，故不容易造成污染。

所以理论上，在保证能截留所需粒子或大分子溶质前提下，应尽量选择孔径或截留相对分子质量大的膜，可以得到较高的透水量。当然，实际应用中，还要经过实验来选择最佳的膜。

3. 膜结构选择

对于中空纤维 UF 膜，两个皮层中外表面孔径比内表面孔径大几个数量级时，透过内表面的大分子绝不会在外表面被截留而堵塞外表面，而且即使内表面被污染，也容易反洗恢复性能；反之，外表面容易被堵塞，且不容易清洗。

通常原则是选择不对称结构膜较耐污染。

4. 组件结构选择

毛细管式和薄层流道式组件设计可以使料液高速流动，剪切力较大，可减少沉积和堵塞，减少污染。

5. 溶液中盐浓度的影响

无机盐通过两种途径对膜污染产生影响：一是盐会强烈的吸附到膜面上；二是无机盐改变了溶液的离子强度，影响到溶质的溶解性、分散性、构型与悬浮状态，使得形成的沉积层疏密程度改变，从而影响溶质在膜面的吸附和膜的透水性。

6. 溶液的pH

pH的改变不仅改变蛋白质的带电状态，也改变膜的性质，从而影响吸附，是膜污染的主要控制因素。

一般认为，溶液的pH从两个方面影响蛋白质的吸附：①溶解度；②膜与蛋白质的相互作用力。在pH接近等电点时，溶质的溶解度降低，溶质与溶剂的相互作用力相对较小，就导致了溶质与膜的吸附作用增加，造成污染。

7. 温度

温度对污染的影响较复杂，温度上升，料液的黏度下降，有利于扩散。但同时，温度上升会导致料液中某些组分的溶解度下降，又会使吸附污染增加。

综合多种因素，大多数超滤的应用温度范围30～60℃，同时考虑到蛋白质高温变性的问题，牛乳、大豆的料液，最高超滤温度不能超过55～60℃。

8. 膜面粗糙度

很显然，膜面光滑不容易污染，膜面粗糙容易污染。

9. 其他影响因素

除以上因素外，还有一些因素对膜的污染有影响，如溶液与膜接触时间、压力与料液的流速、溶液的浓度。一般地，溶液与膜接触时间越长，越容易产生污染；压力与流速越大，越不容易产生污染；溶液浓度越大，越容易造成膜的吸附污染。

要有效地防治膜的污染，就要综合考虑各种影响因素，并通过实验选择最佳的膜分离过程。

难点自测

1. 超滤是利用什么样的分离机理实现分离目的的？
2. 如何防治超滤膜的污染？

8.5 反渗透

学习目标

1. 反渗透的分离范围和分离机理。
2. 反渗透用膜的分类。
3. 反渗透的应用。

反渗透又称高滤（hyperfiltration），是20世纪60年代发展起来的一项膜分离技术。虽然从历史上看，最先出现的是超滤和微滤，然后才是反渗透，但反渗透的发展，却带动了整个膜分离过程的崛起。由于它具有物料无相变、能耗低、设备简单、在常温下操作和适应性强等特点，已被广泛地用于海水和苦咸水淡化，而且在电子、石油化工、食品、医疗卫生、环境工程和国防等领域也有广泛的应用，是一种技术发展较成熟的膜分离过程。

8.5.1 反渗透的基本概念和分离范围

反渗透是以膜两侧静压差为推动力，克服溶剂的渗透压，通过反渗透膜的选择透过性使溶剂（通常是水）透过而离子物质被截留，从而实现对液体混合物进行分离的膜过程。反渗透同 NF、UF、MF、DS 一样，均属于压力驱动型膜分离技术，其操作压差一般为 1.0～10.0 MPa，截留组分为 1～10 μm 小分子溶质。除此之外，还可从液体混合物中去除全部悬浮物、溶解物和胶体。例如，从水溶液中将水分离出来，以达到分离、纯化等目的。目前，随着超低压反渗透膜的开发，已可在小于 1 MPa 压强下进行部分脱盐，适用于水的软化和选择性分离。

8.5.2 反渗透的基本原理

1. 渗透

用一张只透过溶剂而不透过溶质的理想半透膜把水和盐水隔开，则出现水分子由纯水一侧通过半透膜向盐水一侧扩散的现象，这就是人们所熟知的渗透现象，如图 8-12 所示。

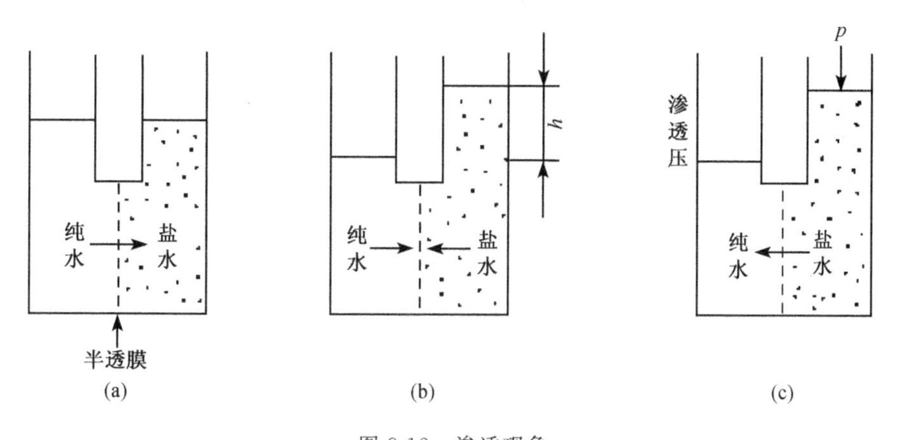

图 8-12 渗透现象

随着渗透的进行，盐水侧的液面不断升高，纯水侧的液面相应的下降。经过一定时间之后，两侧液面差不再变化。系统中纯水的扩散达到了动态平衡，即渗透平衡，可知此时纯水相与盐水相中水的化学势差等于零。

2. 反渗透

当体系处在渗透平衡状态时，如果外界增加盐水侧的压力，则盐水相中水的化学势增大，破坏了已经形成的渗透平衡，出现水分子从盐水侧通过半透膜向纯水侧扩散渗透的现象。这时水的扩散方向恰恰与渗透现象相反，因此称为反渗透，见图 8-12（c）。

反渗透回去的溶剂分子随压力增加而变多，当一段时间以后，两侧的液面差不再变化时，体系到达了新的动态平衡。

3. 渗透压

根据上面讲述的渗透和反渗透理论，我们可以得出这样的结论：对反渗透体系的要求，不但要有高的选择性和高透过率，还必须使操作压力高于溶液的渗透压。

8.5.3 反渗透膜的分类

膜的性能决定着反渗透体系的性能，所以膜的材质和加工工艺对反渗透技术至关重要，现将常用反渗透膜归纳如下：

(1) 醋酸纤维膜 醋酸纤维素（cellulose acetate，CA）是一种由纤维素和乙酸酐（约 40%）乙酰化制得的适于反渗透用的膜材料。除醋酸纤维素外，三醋酸纤维素、醋酸丁酸纤维等也是很有前途的纤维素类膜材料。纤维素类膜材料具有资源丰富、无毒、耐氯、价格便宜、制膜工艺简单、适合工业化生产、用途广、渗透率高、截留率好、容易水解、容易压密、抗氧化和抗微生物性能差等特点。

(2) 芳香聚酰胺膜 这种膜材料在反渗透过程中被广泛采用，具有良好的透水性、较高的脱盐率、优良的机械强度、耐高温、耐压、适用 pH 范围广、耐氯等特点。

(3) 复合膜 为克服醋酸纤维膜和芳香聚酰胺膜的缺点，推出了新型第三代膜，即复合膜的概念：将超薄皮层经不同方法附载在微孔支撑体上制成膜，并分别使超薄脱盐层和多孔支撑层最佳化。目前常用的典型复合膜主要有三醋酸纤维复合膜、聚脲薄膜复合体等。

8.5.4 反渗透分离方法的选择依据

反渗透膜的选择透过性和组分在膜中的溶解、吸附和扩散有关，因此除与膜孔的大小、结构有关外，还与膜的化学、物理性质密切相关，也就是说与组分和膜之间的相互作用密切相关，其中化学因素（膜及其表面特性）起主导作用。

反渗透膜对无机离子的分离率，随离子价数的增高而增高；价数相同时，分离率随离子半径而变化。下列离子的分离规律一般为

$$Li^{+}>Na^{+}>K^{+}<Rb^{+}<Cs^{+}$$

$$Mg^{2+}>Ca^{2+}>Sr^{2+}<Ba^{2+}$$

对多原子单价阴离子的分离规律为

$$IO_3^{-}>BrO_3^{-}>ClO_3^{-}$$

对多极性有机物的分离规律为

醛＞醇＞胺＞酸

叔胺＞仲胺＞伯胺

柠檬酸＞酒石酸＞苹果酸＞乳酸＞乙酸

对同一族系的分离规律为：相对分子质量大的分离性能好。

有机物的钠盐分离性能好，而苯酚和苯酚的衍生物则显示了负分离。极性或非极

性、离解或非离解的有机溶质的水溶液，当它们进行膜分离时，溶质、溶剂和膜间的相互作用力，决定了膜的选择透过性。这些作用包括静电力、氢键结合力、疏水性和电子转移四种类型。

对碱式卤化物的脱除率随周期表次序下降，而无机酸则趋势相反。

对相对分子质量大于150的大多数组分，不论是电解质还是非电解质，都能很好脱除。

8.5.5　反渗透的应用

反渗透技术的大规模应用主要是苦咸水和海水淡化。此外，被大量的用于纯水制备及生活用水处理，以及难以用其他方法分离的混合物，如合成或天然聚合物的分离。随着反渗透膜的高度功能化和应用技术的开发，反渗透过程的应用逐渐渗透到制备受热容易分解的产品以及化学上不稳定的产品，如药品、生物制品和食品等方面。

1. 海水脱盐

反渗透装置已成功地应用于海水脱盐，并达到饮用级的质量。但海水脱盐成本较高，目前主要用于特别缺水的中东产油国。

2. 纯水生产

反渗透等膜分离技术被普遍用于电子工业纯水及医药工业无菌纯水等的超纯水制备系统中。电子工业用水通常分为超纯水、纯水和初级纯水三种，其中常用超纯水的基本处理方法如下：

原水→预处理→反渗透→离子交换→精制混床→真空脱气→紫外线杀菌→反渗透/超滤→微滤→用水点（其中微滤后产品可循环至离子交换后重复使用）

3. 食品工业中加工乳浆、果汁及污水处理

采用反渗透和超滤相结合的方法可对除去乳酪后的乳浆进行加工，将其中所含的溶质进行分离，分离出主要含有蛋白质、乳糖以及乳酸的组分，并对每一个组分进行浓缩。典型的干酪乳清蛋白回收流程图见图8-13。

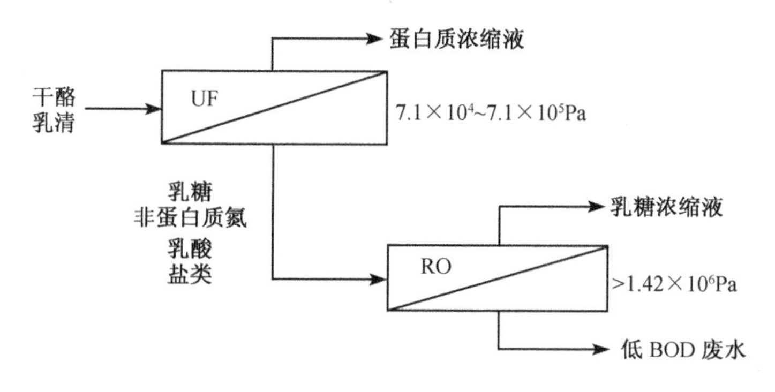

图8-13　干酪乳清蛋白回收流程图

4．其他应用

反渗透技术还有很多其他方面的应用，如饮用水生产、电镀工厂及电泳涂漆工厂的闭路循环操作、放射性废水的浓缩、油水乳液的分离、低相对分子质量水溶性组分的浓缩回收、甘蔗糖汁及甜菜糖汁的浓缩等。

难点自测

1．反渗透是利用什么样的分离机理实现分离目的的？
2．简述反渗透用膜的种类和特点。
3．试论述反渗透在工业中的应用。

第 9 章

液膜分离技术

目前，生物工程产物的提取与精制常采用传统的沉淀、吸附、溶剂萃取、离子交换等方法，其工艺过程复杂，且费用通常高达生产成本的50%以上。随着膜科学与技术的迅速发展，膜技术已广泛应用于生物工程领域中生物制品的分离纯化过程。近年来，液膜分离技术因其选择性和逆浓度梯度传递等优点，在生物工程领域的应用引起了人们的极大关注，已涉及有机酸、氨基酸、抗生素、脂肪酸和蛋白质的分离提取以及废水处理和酶反应等过程。本章主要讲解液膜分离技术的基本理论以及其在生物分离方面的实际应用。

9.1 概 述

学习目标

1. 液膜分离的基本概念。
2. 液膜的组成和特性。
3. 液膜的分类。

液膜分离法又称液膜萃取法，是一种以液膜为分离介质，以浓度差为推动力的分离操作，是属于液-液系统的传质分离过程。液膜分离是将第三种液体展成膜状以便隔开两个液相，利用膜的选择透过性，使料液中的某些组分透过液膜进入接受液，然后将三者分开，从而实现料液组分的分离。液膜分离实质上是三个液相所形成的两个界面上的传质分离过程，是萃取与反萃取的结合。

9.1.1 液膜分离技术的发展史

液膜分离技术是膜技术的重要分支之一，是20世纪60年代中期发展起来的新型分离技术，最早可追溯到1960年Scholander对血红蛋白溶液构成的支撑型液膜所进行的有关氧的主动输送研究。1968年，美国埃登克森公司的美籍华人黎念之博士首先提出并申请了专利。它综合了固体膜分离和溶剂萃取法的特点，是一种新的膜分离方法，近几十年来引起了国内外学者的高度重视。它通过两相间形成的液相膜，将两种组成不同但又互相混溶的溶液隔开，经选择性渗透，使物质分离提纯。20世纪70年代初期，Cussler在液相膜中加入流动载体后，使液膜的分离选择性得到了很大的提高，Cussler采用莫能菌素溶液首先研制成支撑型液膜。此技术具有膜薄、比表面积大、分离速度快、提取效率高、过程简单、成本低、用途广等优点，特别适用于有机物或特定离子的分离与浓缩。几十年以来，液膜分离技术得到了迅速发展，已由最初的基础理论研究，进入到初步工业应用阶段，涉及化工生产、冶金、生物医药、环境保护等各个领域。

9.1.2 液膜的组成与特性

液膜是悬浮在液体中的很薄的一层乳液微粒，它能把两个组成不同而又互溶的溶液隔开，并通过渗透现象起到分离的作用。膜相通常是与内外水相都互不相溶的油性物质，是由膜溶剂（水和有机溶剂）、表面活性剂、流动载体和膜增强剂制成的。

1. 膜溶剂

膜溶剂是构成膜的基体，生物分离中使用的膜溶剂基本为油膜，如高分子烃、异烷烃类物质。这类有机溶剂膜溶剂占 90%以上。在生物分离中常用的膜溶剂有辛烷、癸烷等饱和烃类，辛醇、癸醇等高级醇，煤油、乙酸乙酯、乙酸丁酯或它们的混合液。膜溶剂相当于化学萃取的稀释剂，对液膜的性质和液膜萃取操作影响很大。选择膜溶剂时通常要有以下几个特点：

1）膜溶剂的黏度

因为膜溶剂的黏度是影响乳状液稳定性、液膜厚度和液膜传质系数的重要参数。当黏度大时，液膜厚度也大，膜的稳定性会提高，但溶质透过液膜的传质阻力大，不利于溶质的快速迁移；当膜溶剂黏度较小时，液膜厚度减小，液膜稳定性降低，在操作过程中容易破损，但溶质透过液膜的传质阻力小，传质系数增大。因此，在选择膜溶剂时，既要考虑膜的稳定性，也要考虑传质效率。同时，膜溶剂不能溶解于内外水相。

2）膜溶剂要有较高的溶解性

膜溶剂最好优先溶解欲提取的物质，而对杂质的溶解度越小越好，同时对膜相中的其他组分如载体也有较好的溶解性，从而可在较宽的范围内调整载体浓度，进行萃取工艺的优化。

3）膜溶剂的密度

膜溶剂与水相应有一定的密度差，以利于操作后期膜相与料液的分离。

2. 表面活性剂

表面活性剂对乳液膜的稳定作用在于其可明显改变相界面的表面张力，表面活性剂起乳化作用，它含有亲水基和疏水基，可以促进液膜传质速度和提高其选择性。表面活性剂是液膜技术中稳定油水分界面的最重要组分，对液膜的稳定性、渗透速度、分离效率和膜相与内水相分离后的循环使用有直接关系，因此表面活性剂的选择是提高液膜分离效率的一个重要问题。

表面活性剂是否促进稳定的乳状液膜的形成主要取决于表面活性剂的 HLB 值，即亲水-亲油平衡值。HLB 的一种简单的估算方法是按表面活性剂分子中亲水基质量分数的 1/5 计算。因此，表面活性剂的 HLB 值越大，亲水性越强。通常使用 HLB＝3～6 的油溶性表面活性剂配制水/油/水（W/O/W）型乳状液膜，使用 HLB＝8～15 的水溶性表面活性剂配制油/水/油（O/W/O）型乳状液膜。

3. 流动载体

选择合适的流动载体是液膜分离的关键之一。它能对欲提取的物质进行选择性迁移，因此对选择性和膜的通量起决定性作用。作为流动载体必须具备以下条件：

（1）溶解性　流动载体及其络合物必须溶于膜相，而不溶于邻接的溶液相。

（2）络合性　作为有效载体，其络合物形成体应该有适中的稳定性，即该载体必须在膜的一侧强烈地络合指定的溶质，从而可以转移它；在膜的另一侧很微弱地络合指定的溶质，从而可以释放它，实现指定溶质的穿膜迁移过程。

（3）载体不应与膜相的表面活性剂反应　以免降低膜的稳定性。

流动载体按电性可分为带电载体和中性载体。一般地说，中性载体的性能比带电载体好。中性载体中又以大环化合物为最佳。表 9-1 列举了一些流动载体的例子。此外，有三羧酸、三辛胺、肟类化合物及环烷酸等，可用作萃取剂，也可用作液膜的流动载体。

表 9-1　适用于液膜的三种流动载体

载体名称	聚　　醚	莫能菌素络合物	胆烷酸络合物
载体结构			

注：聚醚是合成的，其余两种是天然产物。

4. 增强剂

增强剂用于控制膜的稳定性和渗透性。通常将含有被分离组分的料液作为连续相，称为外相；接受被分离组分的液体称为内相；成膜的液体处于两者之间称为膜相，三者组成液膜分离体系。

9.1.3　液膜的分类

液膜按其构型和操作方式的不同可分为乳状液膜和支撑液膜。

1. 乳状液膜

乳状液膜的制备首先将两个互不相溶相即内相（回收相）与膜相（液膜溶液）充分乳化制成乳液，再将此乳液在搅拌条件下分散于第三相或称外相（原液）中而成。通常

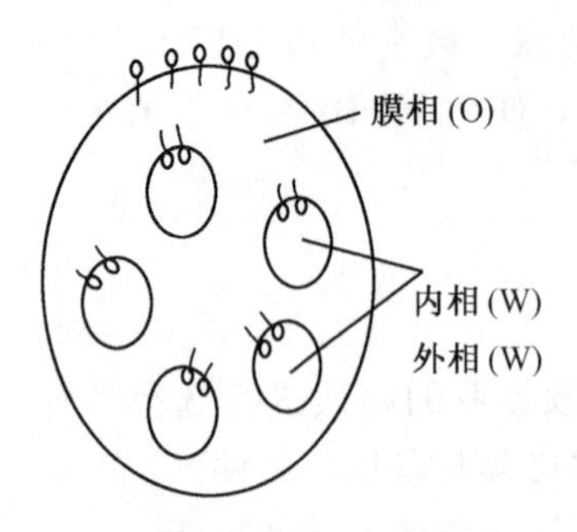

图 9-1　W/O/W 型乳状液膜结构示意图

内相与外相互溶，而膜既不溶于内相也不溶于外相。在萃取过程中，外相的传递组分通过膜相扩散到内相达到分离的目的。萃取结束后，首先使乳液与外相沉降分离，再通过破乳回收内相，而膜相可以循环制乳，见图 9-1。上述多重乳状液可以是 O/W/O 型，此膜为水膜，适合分离碳氢化合物。也可以是 W/O/W 型，此膜为油膜，适于处理水溶液。

上述液膜的液滴直径为 0.5～2 mm，乳液滴直径为 1～100 μm，膜的有效厚度为 1～10 μm，因而有巨大的传质比表面，使萃取速率大大提高。

2. 支撑液膜

支撑液膜是由溶解了载体的液膜，在表面张力作用下，依靠聚合凝胶层的化学反应或带电荷材料的静电作用，含浸在多孔支撑体的微孔内而制得的，见图 9-2。由于将液膜含浸在多孔支撑体上，可以承受较大的压力，且具有更高的选择性，因而，它可以承担合成聚合物膜所不能胜任的分离要求。支撑液膜与支撑体材质、膜厚度及微孔直径的大小关系极为密切。支撑体一般都采用聚丙烯、聚乙烯、聚砜及聚四氟乙烯等疏水性多孔膜，膜厚度为 25～50 μm，微孔直径 0.1～1 μm。通常孔径越小液膜越稳定，但孔径过小将使空隙率下降，从而将降低透过速度。所以，开发透过速度大而性能稳定的膜组件是支撑液膜分离过程达到实用化技术的关键。

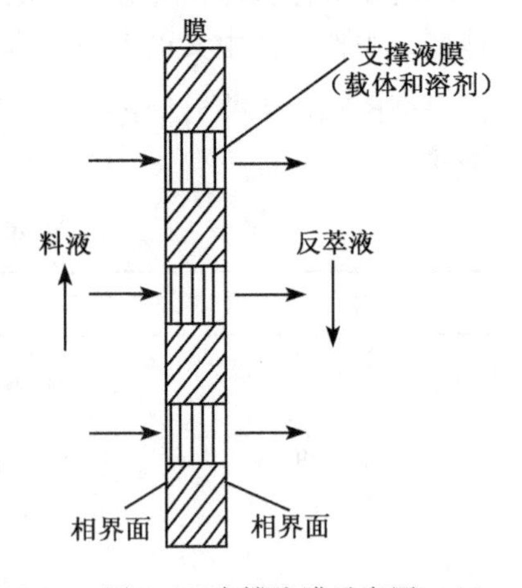

图 9-2　支撑液膜示意图

支撑液膜使用的寿命目前只有几个小时至几个月，不能满足工业化应用要求，可以采用以下措施提高稳定性：

(1) 开发新的支撑材料　现用的超滤膜或反渗透膜不符合支撑液膜特殊的要求，开发具有最佳孔径、孔形状、孔弯曲度的疏水性膜材料和膜结构的支持体势在必行，如复合膜的制备，使穿过膜的扩散速率加快，更可增加稳定性。

(2) 支撑液膜的连续再生　通过各种手段在不停车的情况下，连续补加膜液，使膜的性能得以稳定。

(3) 载体与支撑材料的基体进行化学键合　以制成载体分子的一端固定在支撑体上，另一端可自由摆荡的支撑膜系统，这样既能满足载体的活动性，又能满足载体的稳定性。

难点自测

1. 简述液膜分离技术的特点和分类。
2. 如何根据产物的特性选择液膜？

9.2　液膜分离的传质机理

学习目标

1. 乳状液膜的传质机理。
2. 支撑液膜的传质机理。

液膜分离是一种发展十分迅速的新兴技术，具有高效、快速、专一等优点，主要源于膜结构和传递机理两个方面的突破，其传质机理主要分为以下几类。

9.2.1　乳状液膜的传质机理

乳状液膜根据膜中是否含有载体可分为流动载体液膜和非流动载体液膜。

1. 非流动载体液膜的传质机理

1）单纯扩散迁移

当液膜中不含有流动载体时，其分离的选择性主要取决于溶质在液膜中的溶解度。溶解度相差大，才能产生选择性，也就是说混合物中的一种溶质的渗透速度要高。渗透速度是扩散系数和分配系数的乘积，由于在一定膜溶剂中，扩散系数很接近，所以分配系数的差别就成为设计非流动载体液膜选择性的关键。分配系数乃是溶质在膜相和料液相中的溶解度的比值，所以溶质在膜中溶解度的不同就成了液膜选择性的决定性因素。使用非流动载体液膜进行分离时，当膜两侧被迁移溶质的浓度相等时，输入便自行停止。因此，它不能产生浓缩效应。这种传质过程也叫单纯扩散迁移，单纯靠待分离的不同组分在膜中的溶解度和扩散系数的不同导致透过膜的速度不同来实现的。属于这种分离机制的液膜中不含流动载体，内外水相中也没有与待分离组分发生化学反应的试剂。如果被包在液膜中有 A、B 两种物质，若要二者分离，必然有其中一种物质，如 A 透过液膜的速度大于 B，而这种透过速度正比于该溶质在膜相中的分配系数和在膜相中的扩散系数。单纯扩散迁移原理如图 9-3 所示，如果分配系数 $K_A > K_B$，A 从内水相透过膜到达外水相的速度就大于 B，经过一定时间，A、B 就得到了一定程度的分离。单纯扩散迁移不产生浓缩效果，因为当溶质迁移进行到液膜两侧浓度相等时，迁移推动力为零，输送便自行停止。

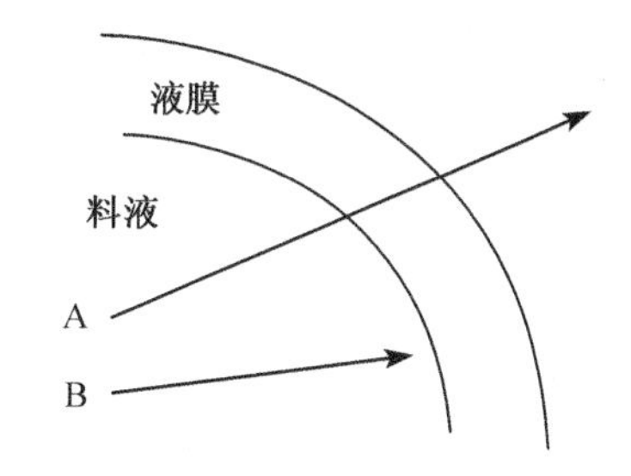

图 9-3　单纯扩散迁移原理示意图

2）Ⅰ型促进迁移

为了实现高效分离，可以采取在接受相内发生化学反应来促进迁移，它的机理是通过在乳状液形成的液膜的封密相中引入一个选择性不可逆反应，使特定的迁移溶质或离子与封闭相中的另一部分相互作用，变成一种不能逆扩散穿过膜的新的产物，从而使封

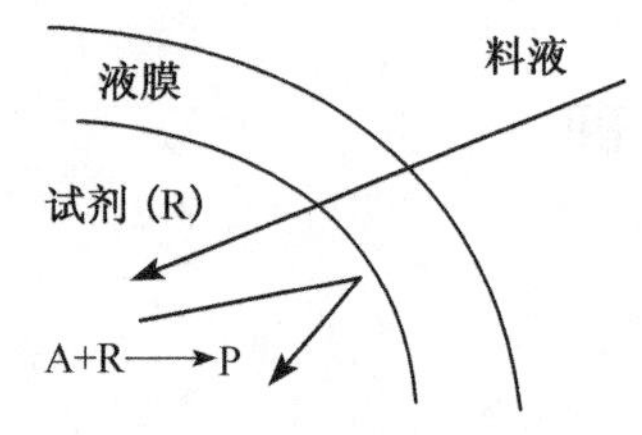

图 9-4　Ⅰ型促进迁移原理示意图

闭相中的渗透物的浓度实质上为零，保持渗透物在液膜两侧有最大的浓度梯度，促进输送，这种机理叫Ⅰ型促进迁移，见图 9-4。其具体过程如下：在接受相内添加与溶质发生不可逆化学反应的试剂 R，使待迁移的溶质 A 与其生成不能逆扩散透过膜的产物 P，从而保持渗透物在膜两侧的最大浓度差，以促进溶质的迁移。

2. 含流动载体液膜的传质机理（Ⅱ型促进迁移）

使用含流动载体的液膜，其选择性分离主要取决于所添加的流动载体，所以提高液膜的选择性关键在于找到合适的流动载体。如果能够找到一种载体同混合物的一种溶质或离子发生反应，那么就可以直接提取某一种元素或化合物，这类载体可以是萃取剂、络合剂、液体离子交换剂等。流动载体除了能提高选择性之外，还能增大溶质通量，它实质上是流动载体在膜内外两个界面之间来回传递和被迁移的物质。通过流动载体和被迁移物质之间的选择性可逆反应，极大地提高了渗透溶质在液膜中的有效溶解度，增大了膜内浓度梯度，提高了输送效果。这种机理叫载体中介输送，又叫Ⅱ型促进迁移（图 9-5）。液膜之所以能够进行化学仿生，就在于含流动载体的液膜在选择性、渗透性和定向性三个方面都类似于生物细胞膜的功能。因而液膜分离能使浓缩和分离两步合二为一同时进行，这是分离科学的一个重要突破。定向性就是在能量泵的作用下，渗透溶质从低浓度区向高浓度区持续的迁移，也就是说可以沿反浓度梯度迁移，直到溶质完全输送为止。见图 9-6。其具体过程如下：在制乳时加入流动载体，载体分子 R_1 先在外相选择性地与某种溶质 A 发生化学反应，生成中间产物 R_1A，然后这种中间产物扩散到膜的另一侧，与液膜的内相中的试剂 R_2 作用，并把该溶质 A 释放到内相，而流动载体又扩散到外相，重复上述过程。在整个过程中，流动载体没有被消耗，只起到了搬移溶质的作用，被消耗的只是内相中的试剂。这种含流动载体的液膜在选择性、渗透性和定向性三方面更类似于生物细胞膜的功能，使分离和浓缩同时完成。

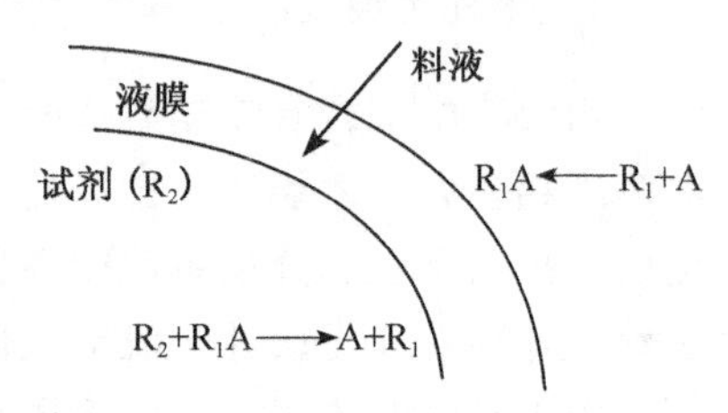

图 9-5　Ⅱ型促进迁移原理示意图

9.2.2　支撑液膜的传质机理

支撑液膜的膜相溶液牢固地吸附在多孔支撑体的微孔中，在膜的两侧是与膜互不相溶的料液和反萃相，待分离的溶质自液相经多孔支撑体中的膜相向反萃取相传递。这类操作比乳状液膜简单，其传质比表面积也可能是由于采用中孔纤维膜作支撑体而提高，工艺过程易于放大。但是，膜相溶液是依据表面张力和毛细管作用吸附于支撑微孔之中的，在使用过程中，液膜会发生流失而使支撑液膜的功能逐渐下降。因此，支撑体膜材料的选择往往对工艺过程影响较大，一般认为聚乙烯和聚四氟乙烯制成的疏水微孔膜效果较好。

将支撑液膜置于料液和反萃取液中，利用液膜内发生的促进传输作用，可将欲分离的物质从料液侧传输到反萃取液侧。这是一个反应-扩散过程。支撑液膜中通常含有载体，它可与欲分离的物质发生可逆反应，其作用是“促进传递”。根据载体是离子型和非离子型，可将支撑液膜的渗透机理分为逆向迁移和同向迁移两种。

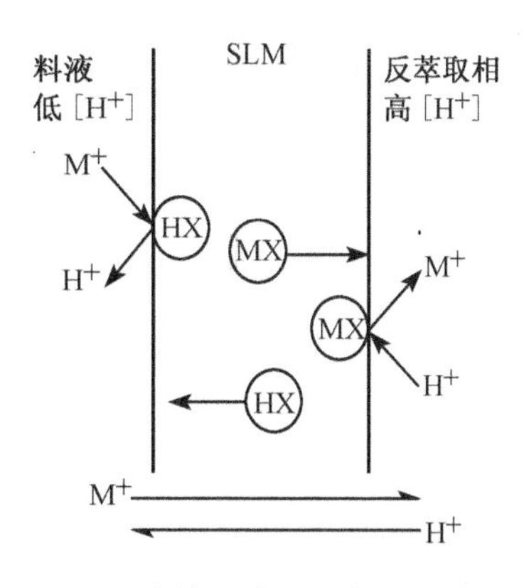

图 9-6 支撑液膜的逆向迁移机理

1. 逆向迁移

它是溶液中含有离子型载体时溶质的迁移过程。以分离除去金属离子 M^+ 为例，说明逆向迁移机理（图 9-6）。在料液与支撑液膜的界面上，其促进传递的可逆反应为

$$M^+ + HX(\text{载体}) \rightleftharpoons MX + H^+$$

载体首先在膜的一侧与欲分离的溶质离子络合，生成的络合物（MX）从膜的料液侧向反萃取相侧扩散，并与同性离子进行交换；当到达膜与萃取相的界面时，发生解络反应；解络反应生成的 M^+ 进入萃取相侧，而载体 HX 则反扩散到料液侧，继续与欲分离的金属离子络合。只要在反萃相侧有 H^+ 存在，这样的循环就一直进行下去。因此，M^+ 就不断从低浓度向高浓度迁移，从而达到分离或浓缩的目的。

2. 同向迁移

它是支撑液膜中含有非离子型载体时溶质的迁移过程。仍以分离金属离子 M^+ 为例，说明其迁移机理（图 9-7）。在料液与支撑液膜的界面上，促进传递的可逆反应为

$$M^+ + X^- + E\ (\text{载体}) \rightleftharpoons EMX$$

非离子型载体（例如冠醚）首先选择性地络合 M^+，同时 X^- 迅速与络合物缔合成离子对，然后络合物离子对在膜内扩散，当扩散到膜相与萃取相界面时，M^+ 和 X^- 被释放出来，解络后的 E 重新返向料液相侧，继续与 M^+ 和 X^- 络合、缔合。这样的过程不断重复进行，就可以达到从混合物溶液中分离某种物质的目的。

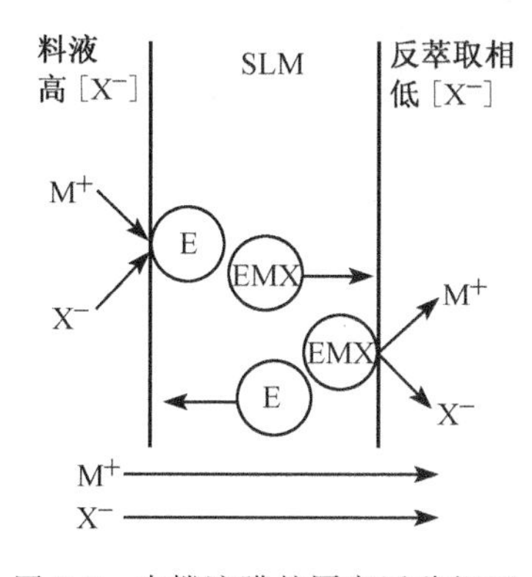

图 9-7 支撑液膜的同向迁移机理

难 点 自 测

1. 液膜分离的传质过程与普通的膜分离有何不同之处？
2. 简述乳状液膜和支撑液膜的传质机理。

9.3 液膜分离的工艺操作及应用

学习目标

1. 液膜分离操作要点。
2. 影响液膜分离效果的因素。

9.3.1　液膜分离的操作过程

液膜分离的操作过程主要分以下四个步骤。

1．制备液膜

乳化液膜的制备通常采用搅拌、超声波或其他机械分散方式，使含有膜溶剂、表面活性剂、流动载体以及膜增强剂的膜相溶剂与内相溶剂混合。为避免沉降（或乳析）、絮凝、转相等不稳定现象的发生，在制备过程中一般应在膜相中加入表面活性剂及添加剂。表面活性剂的加入方式与加料顺序、搅拌方式是影响乳化的重要因素。表面活性剂的加入方式有剂在水中法、剂在油中法、交替加液法等。搅拌方式直接影响乳状液颗粒的尺寸和稳定性，通常对于形成 W/O 型乳状液，在强烈的持续搅拌下，将水相加入油相，所形成的 W/O 乳状液颗粒细而稳定。将反萃取的水溶液（内相溶液）强烈分散在含有表面活性剂、膜溶剂、载体及添加剂的有机相制成稳定的油包水型乳液，见图 9-8（a）。

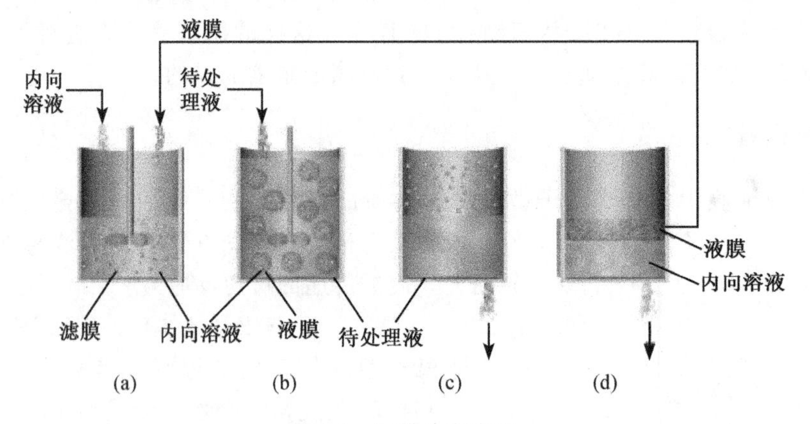

图 9-8　液膜分离流程

（a）乳状液的准备；（b）乳状液与待处理溶液接触；（c）萃余液的分离；（d）乳状液的分层

2．液膜萃取

液膜萃取也称混合分离，是使乳状液膜与待分离料液充分混合接触，形成 W/O/W 或 O/W/O 型多重乳状液分离体系。通常采用将乳状液和料液混合搅拌或以连续流动的方式使乳状液和料液相互接触，对混合分离的要求一方面是两相间充分接触，以利于溶质的迁移；另一方面必须考虑液膜的稳定性。因此，混合搅拌强度、液体的流量等是影响分离效率的重要因素。具体操作是将上述油包水型乳液，在温和的搅拌条件下与被处理的溶液混合，乳液被分散为独立的粒子并生成大量的水/油/水型液膜体系，外水相中的溶质通过液膜进入内水相被富集，见图 9-8（b）。

3．澄清分离

澄清分离则是将富集了迁移物质的乳化液与残液进行分离。该工序的要求是两相迅速分离并减少夹带，目前大多数采用沉降槽实现分层澄清。待液膜萃取完后，借助重力分层除去萃余液，见图 9-8（c）。

4．破乳

破乳是指富集后的油包水乳球在一定外力作用下破裂，从而使内相富集物得以回收，而膜材料得以回收利用。控制破乳的方法有物理及化学两种方法。

（1）物理破乳法　该法包括离心、超声波、高速搅拌或剪切、温度变化（周期性加温或冷却）及高压电场等，国内外普遍认为比较有发展前途的是高压电场破乳法。采用高压电场破乳要防止乳剂破损后大量原是内相的水珠向下沉时所产生的短路，并有效地控制其他影响因素，如电场强度、溶液滞留时间等。

（2）化学破乳法　该法是让膜内的某一化学反应剂在隔一段时间后，或是在一定温度或压力时即与膜内的表面活性剂起反应，导致膜的破裂。化学破乳技术是破乳技术的另外一个发展方向，其技术难度大，破乳剂选择不当，不仅起不到破乳作用，还可能污染膜材料。使用过的废乳液需要将其破碎，分离出膜组分（有机相）和内水相，前者返回再制乳液，后者进行回收有用组分，见图 9-8（d）。

9.3.2　液膜分离的影响因素

1．液膜乳液成分的影响

根据处理体系的不同，选择合适的配方，保证液膜有良好的稳定性和较大的渗透速度，提高分离效果。表面活性剂的种类和浓度对液膜的稳定性、渗透速率、分离效果都有显著的影响。尽管表面活性剂的种类很多，但进行液膜分离时，必须根据分离体系的性质审慎考虑。在分离和浓缩金属离子时，选择流动载体是能否取得满意效果的关键。液膜乳液中含表面活性剂的油膜体积与内相试剂体积之比对液膜的稳定性有显著的影响。当比值增大时，可以推测膜变厚，从而使稳定性增加，但渗透率降低，且会造成破乳困难。

2．乳水比

液膜乳液体积与料液体积之比称为乳水比。对液膜分离过程来说，乳水比越大，渗透过程的接触面积越大，分离效果也越好。但乳液消耗多，成本增加，不利于工业化，所以希望高效分离时，乳水比应尽量降低。

3．连续相 pH

连续相 pH 决定渗透物的存在，在一定 pH 下，渗透物能与液膜中的载体形成配合物而进入膜相，如用失水山梨糖醇酸酯作表面活性剂，从废水中除去苯酚和氨氮时，需使废水料液的 pH 维持在 7 以下或 10 以上，以使料液中的苯酚和氨的分子浓度较大，有利于两种分子渗透通过液膜进入内相达到分离的目的。

4．搅拌速度的影响

料液与乳液的混合器中，在一定的搅拌强度条件下良好地混合，对生成很小的液滴有促进作用，为溶质的迁移提供了较大的膜表面积。搅拌强度过低，不利于乳液分散和溶质的传递，但搅拌强度过高，又容易造成乳液液膜的破裂，使已分离的溶质返回料液，降低分离效果，应根据实际情况，选择适宜的搅拌速度。制乳时要求搅拌速度大，一般为 2 000～3 000r/min，这样形成的乳液滴的直径小。但当连续相与乳液接触时，搅拌速度为 100～600r/min，速度过大液膜容易破坏。

5. 料液的浓度和酸度的影响

液膜分离特别适用于低浓度物质的分离提取。若料液浓度较高，可采用多级处理。也可根据被处理料液排放浓度要求，决定进料时的浓度。料液中酸度要求以有利于待分离物质能与膜中的载体形成络合物进入膜相为标准。

6. 操作温度的影响

一般在常温或料液温度下进行分离操作，提高温度虽能加快传质速率，但降低了液膜的稳定性和分离效果。

7. 接触时间

液膜分离过程中，料液与液膜乳液最初接触的一段时间，浓差最大，传质推动力大，溶质迅速渗透过膜相进入内相。由于液膜体系表面积大，渗透速度快，一般在 5 min内可完成 90%～95%。此后，在延长的接触时间内，料液中被分离物质浓度很低，传质速度减慢，且乳液稳定性有限，膜破裂加快，反而会使料液中分离物的浓度又有回升。

9.3.3 液膜分离的应用

液膜分离的传质分离过程模拟了生物分离的功能，具有选择性高、传质速度快、反应条件温和等优点，特别适用于低浓度物质的富集和回收，在化工、环保、医药等行业已得到深入的研究。在生物分离技术方面，液膜分离主要用于氨基酸、有机酸、抗生素、脂肪酸、酶等蛋白质和其他生物活性物质的分离，具有广阔的应用前景。

1. 液膜萃取技术分离氨基酸

氨基酸在医药中的应用很广泛，主要是由于它们参加了许多新陈代谢过程。氨基酸的生产方法主要有化学合成和生物合成两种。生物化学合成主要采用微生物发酵或酶合成方法，不管是哪种方法其工艺都比较繁杂，而且化工原料消耗较大，产品回收率低。国内外的一些文献报道了以氯仿为有机溶溶剂，分别用正辛酸、月桂酸和癸酸作为载体，提取 *p*-氨基苯酸；利用 DEPHA 作为载体萃取 *L*-苯丙氨酸；利用支撑液膜萃取苯丙氨酸等。

2. 液膜分离技术在提取抗生素中的利用

抗生素一般分为五类：*β*-内酰胺类抗生素（如青霉素、头孢菌素）、氨基糖苷类抗生素、大环内酯类抗生素（如红霉素、螺旋霉素）、四环内酯类抗生素和多肽类抗生素（如万古霉素）。多数抗生素都存在于液体中，故可以从发酵液中提取。提取的方法一般有四种：吸附法、溶剂萃取法、离子交换法和沉淀法。各种提炼方法各有特点，如青霉素的提取可采用溶剂萃取法，但此法一次转移并不能将杂质充分除去，需要采用多次萃取，工艺路线复杂、能耗高、溶剂损失大，而且抗生素在漫长的提取中容易变性失活。目前，液膜萃取技术在青霉素的提取中使用得比较多，且日趋成熟。例如，研究者们用W/O/W乳化液膜从发酵液中萃取青霉素，萃取度可达80%～95%，在内相中青霉素G的浓度比外相中的初始浓度高9倍，整个过程维持pH5～8，大大提高了青霉素的稳定性。在青霉素发酵时，通常要添加前体苯乙酸（PAA），以提高青霉素的发酵单位。由于PAA的毒性和价格昂贵，必须从发酵液中除去或回收，然而青霉素和PAA极不容易分开。研究者们用多孔性的聚丙烯膜浸没在溶有月桂胺萃取剂的癸醇中形成的支撑液膜，从苯乙酸中分离青霉素G，其最大的分离因子为1.8。由此可见，支撑液膜系统是一个从PAA中选择性地分离青霉素G的很有前途的方法。近来研究表明，液膜分离技术是从复杂的发酵液中分离回收β-内酰胺类抗生素很有效的方法。用乳化液膜萃取可以成功地分离7-氨基头孢烷酸。此外，近年来，液膜分离技术在半合成青霉素、头孢菌素和麦白霉素等方面的研究也取得了进展。

3. 利用液膜萃取技术提取生物碱

生物碱是从中草药中提取出来的，对许多疾病有特殊的疗效。目前生物碱的提取根据不同原料利用酸性水、碱性水、乙醇等提取，但这些方法存在生产过程复杂、操作繁琐、产品回收低、能耗高、原料消耗多等不足之处。用乳化液膜直接从某些植物水浸液中提取生物碱已有文献报道。例如，以Span-80作为表面活性剂，以煤油作有机溶剂可以从北豆根中提取北豆根碱，科学家们考察了膜材料、外相pH、内相盐浓度、表面活性剂种类以及用量等因素对北豆根碱提取率的影响，得出了一个萃取北豆根碱的最佳条件，萃取率达到85%。此外，用液膜萃取法对苦参、元胡、粉防己等生物碱的提取也有报道。

4. 利用液膜萃取技术提取蛋白质

蛋白质的萃取方法多种多样，有溶剂萃取、反胶团萃取等。然而，这些方法有着药品利用率低、蛋白质活性保持差等缺点。人们研究了以反胶团作为支撑液膜载体萃取α-胰蛋白酶，通过测定回收率发现此法是可行的。利用液膜分离技术萃取蛋白质具有较为广阔的前景。

5. 液膜萃取分离有机酸

柠檬酸是利用微生物代谢生产的一种极为重要的有机酸，广泛应用于食品、饮料、医药、化工、冶金和印染等各个领域。目前，国内外均采用传统的钙盐法，即钙盐-硫酸酸解工艺提取柠檬酸。该工艺流程长、产品回收率低、化工原料消耗大，且产生石膏废渣污染环境。人们选用三元胺Alamine 336作为萃取剂，正庚烷为稀释剂，Na_2CO_3

为反萃取剂，表面活性剂 Span-80 为乳化稳定剂，该膜体系可用于萃取柠檬酸。

利用中空纤维支撑液膜分离柠檬酸，有效地克服了支撑液膜技术中遇到的膜寿命和稳定性问题。此外，用乳化液膜技术分离乳酸也有报道。

6. 液膜分离技术应用于酶反应和酶萃取

液膜技术应用于酶反应，实际上就是把酶蛋白固定在液膜体系的内相中，底物由外相通过膜相到内相参加酶反应，酶解反应又回到外相，类似于固定化酶反应系统，而又有其独特的优点。例如，用乳化液膜固定酶，可以把整个细胞固定在乳化液膜内相中，细胞能维持活性 5 d 以上。此外，用乳化液膜可固定 α-胰凝乳蛋白酶转化 D，L-氨基酸酯（甲酯）的混合物为 L-氨基酸。

7. 液膜包裹

乳化液膜可以作为溶剂膜包裹含有药物的液体，即所谓液膜包覆技术，用来制备控释药物。传递过程如果是膜外相物质渗透进入膜内相，可以用来除去病人体内的毒物，吸收体内过量的药物，处理慢性尿毒症以及由血浆中去除胆甾醇等毒物；反之，则可延缓药物在人体内的释放。液膜除了包覆液体外，还可以用以包覆固体和液体的混合物，如极细微活性炭与水的化合物、酵素和微生物等。已有多种液膜包覆技术见于文献报道，如流感疫苗（肌注）、博莱霉素（肿瘤注射）等。

大量实验表明，液膜萃取技术在医药化工领域有着极为广阔的前景。目前，液膜萃取技术在氨基酸、抗生素（特别是青霉素 G）提取的应用研究已有很多，达到了中试阶段，而在生物碱、蛋白质等药物的提取的应用研究报道较少，处于实验研究阶段，还很不成熟。因此，开展液膜萃取技术在提取生物碱、中草药有效成分的应用以及提高蛋白质的提取率、保持高活性方面的研究是研究者们值得重视的课题。同时，选择好的表面活性剂、提高液膜的稳定性、减少液膜的破损也是值得注意的问题。

难点自测

1. 液膜分离操作的注意事项是什么？
2. 液膜分离技术在生物分离方面的应用主要有哪些？

第 10 章

浓缩及成品干燥

细胞破碎之后，目标产物一般存在于溶液中。大部分的发酵产物，如细胞碎片和其他固体杂质，可通过沉淀、离心或其他各种分离手段除去。产物回收的下一道工序是除去大量的溶剂。溶剂除去之后，目标产物以液体或固体形式存在。发酵工业一般为液态产品，制药工业一般为固态产品。如果目的产物是固态，溶剂去除后必须进行干燥。通常通过提取、沉淀、结晶、蒸发和干燥来去除溶剂从而得到最终的目的产物。本章主要介绍浓缩和成品干燥过程。

浓缩是低浓度溶液通过除去溶剂（包括水）变为高浓度溶液的过程。常在提取后和结晶前进行，有时也贯彻在整个生化制药过程中。干燥是从湿的固体生化药物中除去水分或溶剂而获得相对或绝对干燥制品的工艺过程。通常包括原料药的干燥和制成的临床制剂的干燥。

10.1 浓　　缩

学习目标

1. 生物分离过程中常用的浓缩方法。
2. 浓缩的原理。

10.1.1 基本原理

液体在任何温度下都在蒸发。蒸发是溶液表面的溶剂分子获得的动能超过了溶液内溶剂分子间的吸引力而脱离液面而逸向空间的过程。当溶液受热，溶剂分子动能增加，蒸发过程加快；液体表面积越大，单位时间内气化的分子越多，蒸发越快。液面蒸气分子密度很小，经常处于不饱和的低压状态，液相与气相的溶剂分子为了维持其分子密度的动态平衡状态，溶液中的溶剂分子必然不断地气化逸向空间，以维持其一定的饱和蒸气压力。根据此原理，蒸发浓缩装置常常按照加热、扩大液体表面积、低压等因素设计。

10.1.2 生物分离常用的浓缩方法

1. 薄膜蒸发浓缩

薄膜蒸发浓缩即液体形成薄膜后蒸发，变成浓溶液。成膜的液体有很大的气化面积，热传导快，均匀，可避免药物受热时间过长，其装置见图 10-1。

直接用蒸气加热的薄膜浓缩器液体温度可达60～80℃，适用于一些耐热的酶和小分

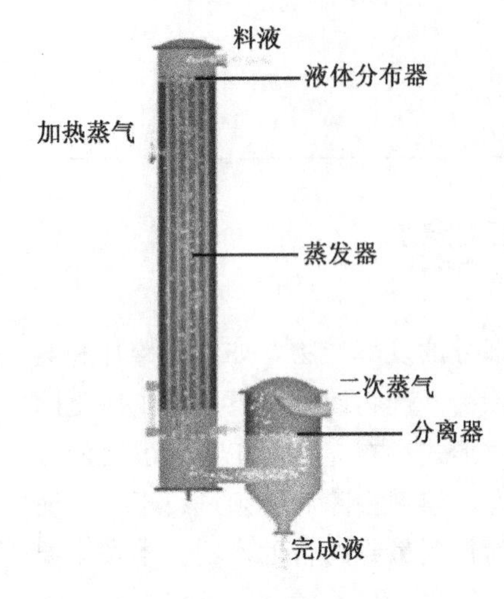

图 10-1　降膜蒸发器设备结构图

子生化药物的制备；对温度敏感及容易受薄膜切力影响变性的核酸大分子及其他大分子不宜使用；对某些黏度很大的、容易结晶析出的生化药物也不宜使用。

2. 减压蒸发浓缩

减压浓缩是根据降低液面压力使液体沸点降低的原理来进行的。由于要减压抽真空，有时也叫真空浓缩。为加快其浓缩往往伴随加热使其蒸发更快。适用于一些不耐热的生化药物和制品。

减压浓缩就是在减压或真空条件下进行的蒸发过程，真空蒸发时冷凝器和蒸发器溶液侧的操作压强低于大气压，此时系统中的不凝性气体必须用真空泵抽出。真空使蒸发器内溶液的沸点降低，其装置如图 10-2 所示。图 10-2 中排气阀门是调节真空度的，在减压下当溶液沸腾时，会出现冲料现象，此时可打开排气阀门，吸入部分空气。使蒸发器内真空度降低，溶液沸点升高，从而沸腾减慢。

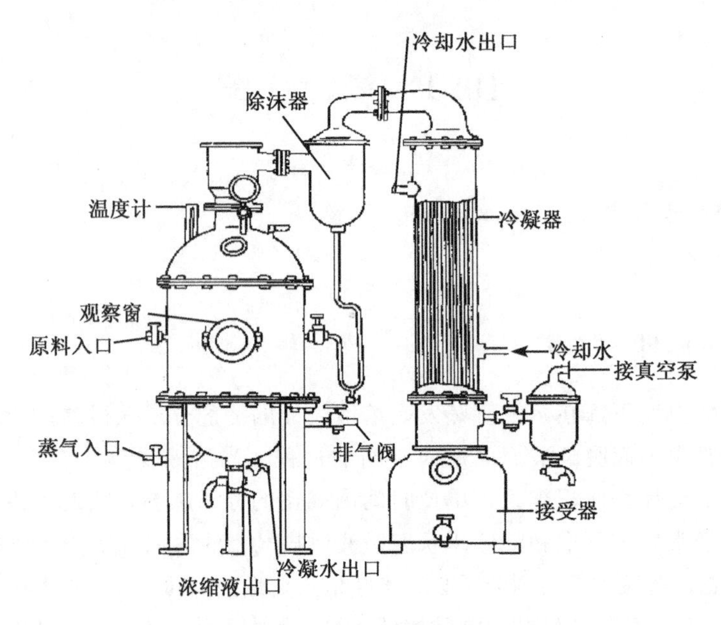

图 10-2　真空蒸发装置

采用减压或真空蒸发其优点如下：①由于减压，沸点降低，加大了传热温度差，使蒸发器的传热推动力增加，使过程强化；②适用于热敏性溶液和不耐高温的溶液，即减少或防止热敏性物质的分解。例如，中草药的浸出液在常压下、100℃时沸腾，当减压到 $8.0\times10^4\sim9.3\times10^4$ Pa 时、在 40～60℃沸腾，有利于防止有效成分分解；③可利用二次蒸气作为加热热源；④蒸发器的热损失减少。

真空蒸发的缺点是随着溶液沸点降低使黏度增大，对传热过程不利。另外，需要增设真空装置，并增加了能量的消耗。

3. 吸收浓缩

吸收浓缩是通过吸收剂直接吸收除去溶液中溶剂分子使溶液浓缩的方法。吸收剂与溶液不起化学反应，对生化药物不起吸附作用，容易与溶液分开。吸收剂除去溶剂后能重复使用。使用凝胶时，先选择凝胶粒度，使其大小恰好让溶剂及低分子物质能渗入凝胶内，而生化药物的分子完全排除于凝胶之外。具体操作：将洗净和干燥的凝胶直接投入待浓缩的稀溶液中，凝胶亲水性强，在水中溶胀时，溶剂及小分子被吸收到凝胶内，大的生化药物的分子留在剩余的溶液中。离心或过滤除去凝胶颗粒，即得到浓缩的生化药物溶液。凝胶溶胀时吸收水分及小分子物质，可同时起到浓缩和分离纯化两种作用。对生化药物的结构和生物活性都没有影响，是生物化学和分子生物学日益广泛使用的浓缩和分离方法之一。

最常用的吸收剂有聚乙二醇、聚乙烯吡咯烷酮、蔗糖、凝胶等。使用聚乙二醇等吸收剂时，先将含生化药物的溶液装入半透膜的袋里，扎紧袋口，外加聚乙二醇覆盖，袋内溶剂渗出即被聚乙二醇迅速吸去，聚乙二醇被溶剂饱和后，可更换新的，直到浓缩至所需的浓度为止。例如，利用透析袋浓缩蛋白质溶液是应用最广的一种方法。将要浓缩的蛋白质溶液放入透析袋（无透析袋可用玻璃纸代替），结扎，把高分子（6 000～12 000）聚合物如聚乙二醇（炭蜡）、聚乙烯吡咯、烷酮等或蔗糖撒在透析袋外即可。也可将吸水剂配成 30%～40%浓度的溶液，将装有蛋白质溶液的透析袋放入即可。吸水剂用过后，可放入温箱中烘干或自然干燥后，仍可再用。

此外，利用浓缩胶浓缩也是一种常用的浓缩方法。浓缩胶是一种高分子网状结构的有机聚合物，具有很强的吸水性能。每克干胶可吸水 120～150 mL。它能吸收低相对分子质量的物质，如水、葡萄糖、蔗糖、无机盐等，适宜浓缩相对分子质量 10 000 以上的生物大分子物质。浓缩后，蛋白质的回收率可达 80%～90%。浓缩胶应用方便，直接加入被浓缩的溶液中即可。必须注意，浓缩溶液的 pH 应大于被浓缩物质的等电点；否则，在浓缩胶表面产生阳离子交换，影响浓缩物质的回收率。

4. 吹干浓缩法

将蛋白质溶液装入透析袋内，放在电风扇下吹。此法简单，但速度慢。另外，温度不能过高，最好不要超过 15℃。

5. 超滤膜浓缩法

超滤膜浓缩法是利用微孔纤维素膜通过高压将水分滤出，而蛋白质存留于膜上达到浓缩目的。有两种方法进行浓缩：一种是用醋酸纤维素膜装入高压过滤器内，在不断搅拌之下过滤；另一种是将蛋白质溶液装入透析袋内置于真空干燥器的通风口上，负压抽气，而使袋内液体渗出。

10.1.3 浓缩技术的应用

浓缩技术在生物工业领域有广泛的应用。例如，在抗生素生产中，薄膜蒸发目前广泛应用于链霉素、卡那霉素、庆大霉素、新霉素、博莱霉素、丝裂霉素、杆菌肽等抗生素料液的浓缩。在乙醇、味精、柠檬酸工业中，采用多效膜式蒸发系统浓缩高浓度有机废水。在其他许多生物工业的生产部门也有大量使用蒸发浓缩技术的例子。随着我国工业技术的不断发展，各种新型、适合生物工业技术特点的蒸发器将会得到广泛的应用。

难点自测

生物分离时常用的浓缩方法有哪些？各有何特点？

10.2　渗透蒸发

学习目标

1. 渗透蒸发的概念和原理。
2. 渗透蒸发的关键设备和特点。
3. 渗透蒸发的实际应用。

渗透蒸发是一种新的膜分离技术，它的工艺简单、选择性高、省能量，而且设备价格低廉，以它独特的分离性能和节能性引起人们的重视。它特别适用于普通精馏方法不能分离的共沸物和沸点差很小的混合物的分离和精制，是十分有前途的分离液体有机混合物的方法。随着高分子膜材料及制膜技术的进步，这种分离技术会得到进一步的应用和提高，将成为21世纪分离过程中的一项重要技术。

10.2.1　基本概念

渗透蒸发是通过渗透选择膜，在膜两侧组分的蒸气分压差的作用下，使液体混合物部分蒸发，从而达到分离的一种膜分离方法。渗透蒸发技术是由渗透和蒸发两个过程组成。渗透蒸发膜分离法是以一种选择性膜（非多孔膜或复合膜）相隔，膜的前侧为原料混合液，经过选择性渗透，在膜的温度下以相应于组分的蒸气压气化，然后在膜的后侧通过减压不断把蒸气抽出，经过冷凝捕集，从而达到分离目的的方法。其具体过程见图10-3。

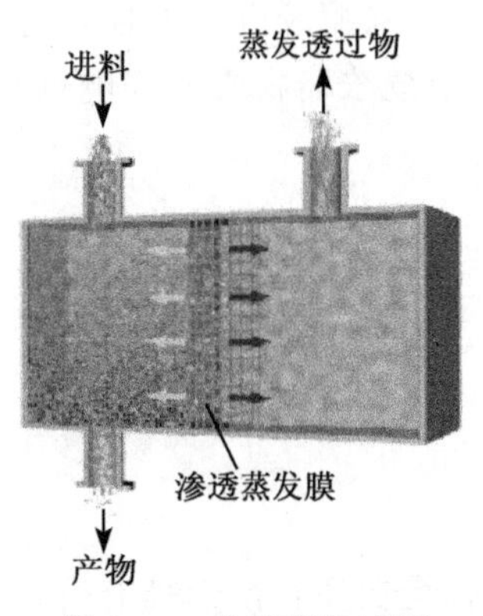

图10-3　渗透蒸发过程

渗透蒸发的分离机理是：膜前侧的组分在膜表面溶解，进而向膜内扩散，再透过膜而蒸发，利用膜的选择透过性，可使含量少的溶质透过膜得以分离。渗透的推动力是物质在膜的前后侧所形成的浓度差。

10.2.2　基本原理

1. 渗透蒸发膜及膜材料的选择

渗透蒸发膜是一种致密的无孔高分子薄膜。它们必须在溶液中有很好的机械强度及耐化学稳定性，同时还必须具有很高的选择性和透过性，以获得尽可能好的分离效果。

1）渗透蒸发膜的分类

渗透蒸发膜根据所分离物质的优先顺序可分为亲水膜（优先透水膜）和亲油膜（优先透过有机物膜）。亲水膜主要用于从有机溶剂中脱除水分，亲油膜则用于从水溶液中脱除有机物或有机混合物的分离。渗透蒸发膜的主要特性见表10-1。

表10-1　渗透蒸发膜的主要特性

膜种类	膜材料	常用的膜化学成分	用　途	作用机理
亲水膜	亲水高聚物	聚乙烯醇 壳聚糖衍生物 聚丙烯酸 纤维素衍生物 高分子电解质	有机溶液的脱水	高聚物上存在大量极性基团如羟基、胺基及铵基阳离子等，使膜具有很强的吸附水和扩散水的能力
亲油膜	疏水高聚物	硅橡胶 改性硅胶 改性聚三甲基硅烷基丙炔膜 聚烯烃 聚醚-酰胺	水的纯化 污染控制 有机物的回收	高聚物的膜中不存在有机亲水基，而含有一些疏水基如氟原子和硅原子等，从而使膜能够优先透过有机物

渗透蒸发膜根据其结构的不同可分为以下几类。

（1）对称均质无孔膜　该膜孔径在1 nm以下，膜结构呈致密无孔状。成膜方法多采用自然蒸发凝胶法。此类膜选择性好，耐压，但其结构致密，流动阻力大，通量往往偏小。

（2）非对称膜　此类膜由同种材料的厚度为0.1～1 μm的活性皮层及多孔支撑层构成。由于活性保证膜的分离效果，而支撑层的多孔性又降低了膜传质阻力，这类膜的生产技术目前已成熟。

（3）复合膜　该膜由不同材料的活性皮层与支撑层组成。支撑层即非对称膜。超薄活性层的形成方法主要有两种：第一种为用已合成的聚合物稀溶液作为超薄层，采用浸渍或喷涂的方法使膜液黏附于支撑膜上，再经干燥或交联等形成复合膜；第二种为将单体直接放到多孔支撑表面，就地聚合。活性皮层与支撑层可分别制备，按要求改变和控制皮层厚度和致密性，使皮层和支撑体各自功能优化。例如，由交联的聚乙烯醇活性层、聚丙烯腈支撑层及聚酯增强材料所组成的复合膜就是这类结构的膜。

（4）离子交换膜　这类膜在渗透蒸发中应用较广。

2）渗透蒸发膜材料的选择

膜材料的选择是取得良好分离性能的关键。分离膜能否完成预期的分离目的，主要取决于膜对液体组分的相对渗透力。膜的选择性主要取决于被分离组分在膜中的溶解度。这就要求膜材料同被分离组分有相似的性质，两者的性质越接近，膜的选择性也越高。然而大量的实验表明，渗透蒸发膜的选择性同膜的渗透性的变化常常是相互矛盾的，选择性好的膜其透过性都比较小，而透过性好的膜其选择性却比较差，因此选择分离膜时，必须根据具体情况综合考虑。

致密膜的溶液透过性很差，因此用于渗透蒸发的分离膜都必须尽可能做得很薄，以提高单位膜面积的生产能力。真正有应用价值的渗透蒸发膜厚度仅几微米。为了使超薄膜有足够的机械强度，它们必须用微孔膜支撑，制成具有多层结构的复合膜。

2. 渗透蒸发的原理

渗透蒸发的原理如图 10-4 所示，渗透蒸发所用的膜是一种致密、无孔的高分子膜。使用时膜的一侧同溶液相接触，另一侧用真空减压，或用干燥的惰性气体吹扫。分离膜具有很高选择性，能让其中的杂质组分优先透过，源源不断地在减压下从混合物中脱除，从而使混合物得以分离。

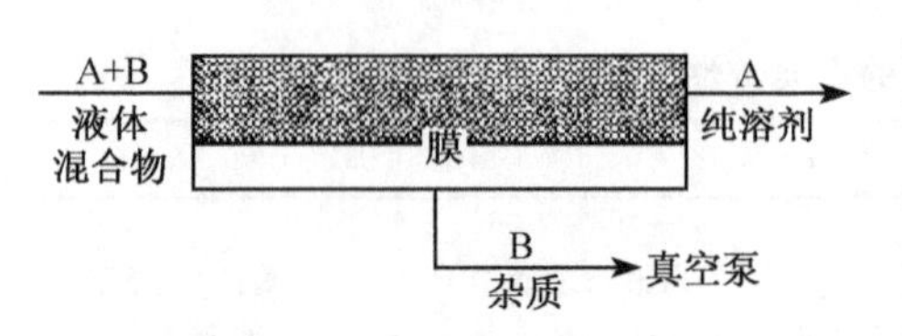

图 10-4 渗透蒸发原理图

渗透蒸发膜的分离过程是一个溶解-扩散-脱附的过程。溶解过程发生在液体介质和分离膜的界面。当溶液同膜接触时，溶液各组分在分离膜中因溶解度不同，相对比例会发生改变。通常我们选用的膜对混合物中含量较少的组分有较好的溶解性。因此，该组分在膜中的相对含量会大大高于它在溶液中的浓度，使该组分在膜中得到富集。大量的实验证明，混合物中两组分在膜中的溶解度的差别越大，膜的选择性就越高，分离效果就越好。在扩散过程中，溶解在膜中的组分在蒸气压的推动下，从膜的一侧迁移到另一侧。由于液体组分在膜中的扩散速率同它们在膜中的溶解度有关，溶解度大的组分往往有较大的扩散速率。因此该组分被进一步富集，分离系数进一步提高。最后，到达膜的真空侧的液体组分在减压下全部气化，并从体系中脱除。只要真空室的压强低于液体组分的饱和蒸气压，脱附过程对膜的影响不大。从上面介绍中不难发现，渗透蒸发的分离机理与蒸馏完全不同。因此，对于那些形成共沸的液体混合物，只要它们在膜中的溶解度不同，都能采用渗透蒸发技术进行分离。

10.2.3 渗透蒸发设备

渗透池是渗透蒸发的关键设备。由于渗透蒸发必须在较好的真空度下进行操作，因此渗透池密封的好坏是渗透蒸发分离器能否正常工作的关键。目前国内一些研究往往就是在渗透池的密封问题上受挫。除了渗透池的密封外，渗透池的设计必须有尽可能大的面积体积比，以提高渗透池的效率。目前已在工业中应用的渗透池主要有板框式和卷筒式两种。

1. 板框式渗透池

板框式渗透池是由不锈钢板框和网板组装而成。板框是由三层不锈钢薄板焊接在一起的，以便在平板间形成供液体流动的流道。这样的设计可以获得最大的面积体积比。分离膜安装在板框上，背面用网板隔开。板框式渗透池的结构见图 10-5。每个渗

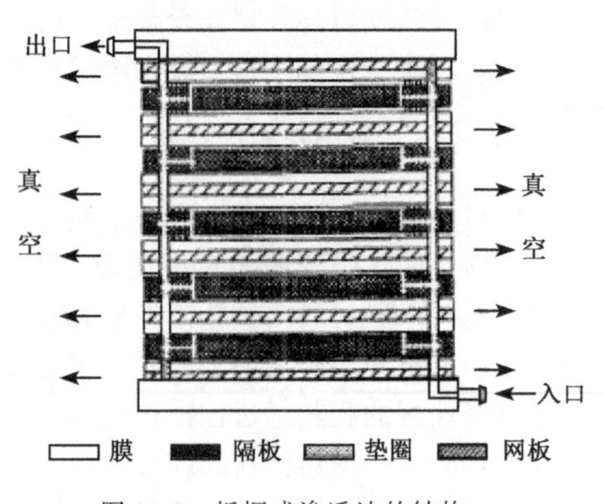

图 10-5 板框式渗透池的结构

透池单元由 8～10 组板框组成。通常，小型的渗透池的有效面积为 1 m^2，大型的为 10 m^2。渗透池用法兰固定后安装在真空室中。操作时，溶液经板框注入溶液腔同分离膜接触，渗透液经网板进入真空室脱除。

板框式渗透池的体积较大，不锈钢用量也多，故设备投资费用较高。但因其制备和安装比较简单、可靠，故目前绝大多数渗透蒸发器，特别是大型的有机溶剂脱水装置都采用这种结构。

2. 卷筒式渗透池

卷筒式渗透池是将平板膜和隔离层一起卷制而成的，其结构如图 10-6 所示，层间用胶黏剂密封。卷筒式渗透池体积小，钢材用量少，因此制造费用较低。但组装和密封的难度很高，因为很难找到一种在高温下，于有机溶剂中性质稳定的胶黏剂，因此至今只在小型的设备中得到应用。由于这种结构的投资费用较低，如能解决密封难题，将会是今后发展的方向。

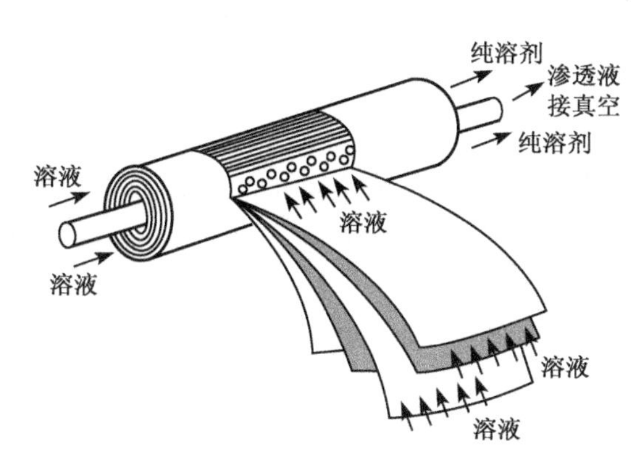

图 10-6　卷筒式渗透池的结构

膜；隔离垫片

10.2.4　渗透蒸发的操作条件选择

温度和压力的改变对渗透蒸发的分离效果影响很大。渗透蒸发的推动力是溶剂在膜两侧的蒸气压差。研究发现，在膜的溶液侧加压对渗透蒸发的分离效果影响不大。当温度确定后，膜的分离系数和渗透液通量主要取决于整个系统的真空度的变化。通常要求系统的真空度不小于 500 Pa；否则，不仅膜的选择性会变差，而且通量也会大大下降。当真空度低于某一数值时，膜的分离效果会完全丧失殆尽。

提高温度能明显地提高溶剂分子在聚合物膜中的溶解度以及它们在膜中的扩散速率，使渗透液通量随之增加。因此，提高温度能大大提高单位膜面积的生产能力。温度对选择性的影响不是很大，因此除非被处理的溶液或分离膜在高温下会遭到破坏，渗透蒸发过程在较高的温度下进行总是比较有利。由于渗透蒸发有一个相变过程，渗透液气化的过程会消耗较多的热量，使渗透池的温度下降，影响分离效率。为此工业上需要采取一些措施，如加大溶液的流速，或把渗透池做成几级串联，在级与级之间增加一个中间加热器，使溶液的温度重新升到所要求的温度。图 10-7 是常用的渗透蒸发实验装置。

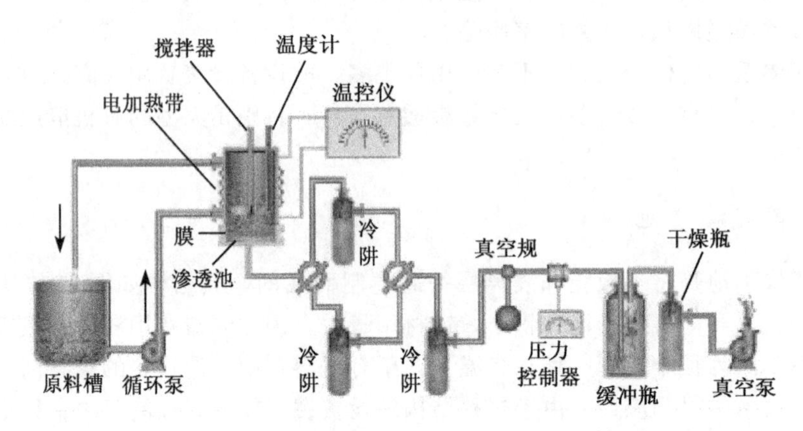

图 10-7　常用的渗透蒸发实验装置

10.2.5　渗透蒸发的特点

渗透蒸发与传统的蒸发相比，主要有如下特点：①选择性好，适合于分离近沸点的混合物，尤其适合于恒沸物的分离，对回收量少的溶剂是一种很有效的方法；②在操作过程中，进料侧不需加压，不会导致膜的压密，透过率不会随时间的增长而减少；③渗透蒸发技术操作简单、易于掌握。

渗透蒸发技术也有它的局限性，主要体现在：①能耗较高，因为渗透蒸发过程中有相变的发生；②渗透通量小，一般在 2 000 $g/(m^2 \cdot h)$ 左右。

10.2.6　渗透蒸发的应用

渗透蒸发在化学工业、生物化学工程和其他领域都有较为广泛的应用。目前，其应用已从实验研究发展到了工业化的应用，主要体现在四个方面：

（1）有机溶剂脱水制成无水试剂，如醇、酮、醚、酸、酯、胺等　渗透蒸发适用于处理能同水形成共沸物、或水含量极微、或很难用蒸馏方法脱水的有机溶剂。这些溶剂包括醇类（如乙醇、异丙醇、丁醇等）、酮类（如丙酮、甲乙酮等）、酸类（如乙酸等）、酯类（如乙酸乙酯和乙酸丁酯等）、胺类（如吡啶等）以及其他非腐蚀性溶剂（如四氢呋喃、乙腈、丙烯腈、二氧六环等）。但是以聚乙烯为主体的分离膜不能用于非质子溶剂（如二甲基甲酰胺、二甲基硫砜等）以及醛类（如甲醛、乙醛等）的脱水，因为这些试剂会破坏聚乙烯醇活性层。渗透蒸发有多种用途，但迄今为止，真正在工业上的广泛应用领域是有机溶剂的脱水。例如，乙醇的脱水，具体工艺见图 10-8。

上述的乙醇渗透蒸发工艺，把蒸馏法和渗透蒸发结合起来，从而使进口的 10%的乙醇-水混合物经处理后浓缩到 99.95%。

（2）从溶液或污水中除去有机物　例如，从啤酒中脱去乙醇，如图 10-9 所示，最终可使乙醇浓度下降至 0.7%，最低可达 0.1%。与常规蒸发相比，利用渗透蒸发从水中去除有机物，可以起到回收溶剂、减少污染、浓缩有机物等作用。

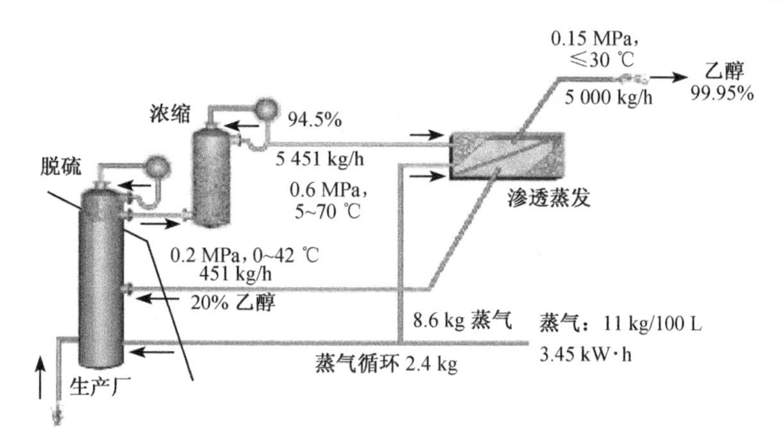

图 10-8　乙醇渗透蒸发

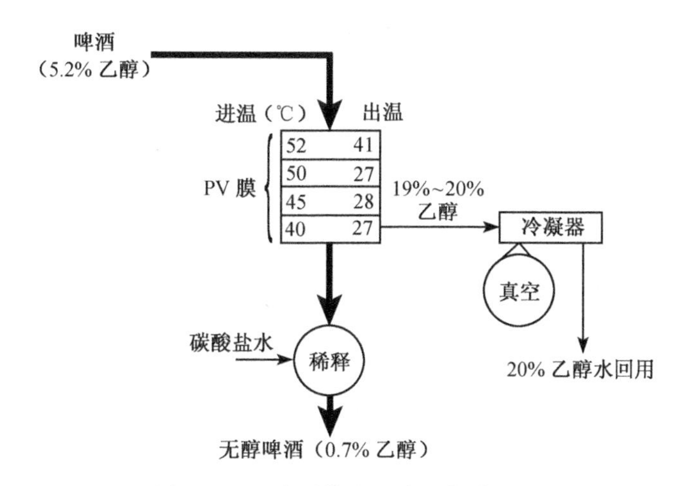

图 10-9　用渗透蒸发从啤酒中脱乙醇

（3）有机物溶剂的分离　从水溶液中提取有机溶剂是化学工业和食品工业中经常遇到的课题。例如，用粮食发酵制备乙醇的过程中，当发酵液中乙醇的含量高于 7%时，酵母的作用会受到抑制。必须及时地将乙醇从发酵液中除去，来提高酵母的效率。低度酒的制备同样也需要从酒中脱除部分的乙醇。此外，从果汁中提取天然香精、从污水中回收酚或含氯有机化合物都属于这一应用领域。有机溶剂的分离需要采用亲油膜。在国外已经商品化的亲油膜是以硅橡胶为主要成分的分离膜。改良的硅橡胶是通过向膜内填充全硅型分子筛制成的。但是，同亲水膜相比，亲油膜的选择性一般都比较差，因此脱油的效率较低。

（4）蒸气渗透　当料液是某一混合蒸气，进行渗透蒸发即为蒸气渗透。此方法中处理的对象是气相料液，从而避免了液相渗透蒸发中必须加入能量及由此产生的设备增加现象，以及省去热交换器设计和多级设备的连接与输送泵系统。

渗透蒸发法膜分离显示了特殊的分离性能，是高度分离技术之一，也是一种节能技术，因此应用范围应是比较广的。它的关键在于开发分离材料渗透蒸发膜以及相应的分离工艺，今后随着分离技术的开发和提高，它将在化工分离以及生物分离上取得有效成果。

难点自测

1. 渗透蒸发的基本操作原理是什么？有何特点？
2. 举例说明渗透蒸发在生物分离与纯化中的实际应用。

10.3　成品干燥

学习目标

1. 干燥工艺的操作流程。
2. 生物产品常用干燥方法的原理和工艺过程。

干燥往往是生物产品分离的最后一步。由于许多生物产品，如酶制剂、单细胞蛋白、抗生素、氨基酸等均为固体产品，因此成品干燥是工业产品加工过程中十分重要的单元操作。任何干燥过程的最终目的是减少物质的最终含水量，使其达到所希望的水平。对于生化反应过程中所得到的培养液，一般含有0.2%～0.5%的干物质，接下来的任务是从中提取有用的产物如抗生素、酶制剂、氨基酸、蛋白质和其他生物活性物质，并将其转化为商品。通过蒸发只能使产品得到浓缩，不可能得到干态的最终产品。因此，干燥是制取以固体形式存在、含水量在5%～12%的生物制品的主要工业方法。

10.3.1　干燥工艺的操作流程

一个完整的干燥工艺过程，是由加热系统、原料供给系统、干燥系统、除尘系统、气流输送系统和控制系统组成。其具体操作流程见图10-10。

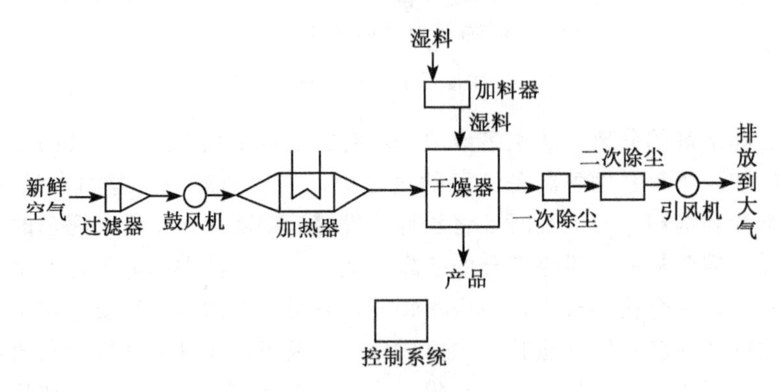

图10-10　干燥工艺操作流程图

固体物料的干燥包括两个基本过程，首先是使物料加热以使湿分气化的传热过程，然后是气化后的湿分空气由于其蒸气分压较大而扩散进入气相的传质过程，而湿分从固体物料内部借助扩散等的作用而源源被输送到固体表面，则是一个物料的内部传质过程。因此，干燥的特点是传热和传质同时并存，两者相互影响又相互制约，有时加热可加速传质过程的进行，有时加热却减缓传质过程的进行。在生产操作、设备选型和干燥过程的解析过程中，都应该注意这一点。

要详细了解干燥的基本过程，需要确定物料干燥速率。物料的干燥速率是指干燥时单位干燥面积，单位时间内气化的水量，其影响因素如下：

（1）物料的性质、结构和形状　物料的性质和结构不同，物料与水分的结合方式以及结合水与非结合水的界线不同，干燥速率也不同。物料的形状、大小以及堆积方式不仅影响干燥面积，而且也影响干燥速率。

（2）干燥介质的温度和湿度　干燥介质的温度越高，湿度越低，干燥速率越大。但干燥介质的温度过高，最初干燥速率过快不仅会损坏物料，还会造成临界含水量的增加，反而会使后期的干燥速率降低。

（3）干燥操作条件　干燥操作条件主要是干燥介质与物料的接触方式，以及干燥介质与物料的相对运动方向和流动状况。

（4）干燥器的结构形式　干燥器的结构形式不同，也会影响干燥速率。

大部分的生物制品，以干的形式出厂时，还含有5%～12%的水分。在干燥生物原料的过程中，水分的去除和热的作用会引起极重要的变化，影响成品的质量。例如，对热不稳定的物质如活的微生物或活性蛋白，在干燥的过程中，随着水分的脱除，物料的结构受到破坏，电解质和有毒物的浓度会增加，使蛋白质变性和酶钝化。因此，生物制品干燥过程中采取必要的保护措施是十分必要的。对于热稳定性不同的生物制品，加热时间的长短和强度也各不相同。

10.3.2 干燥过程分析

物料的干燥可分为恒速干燥和降速干燥两个阶段，其基本过程如下：

（1）恒速干燥阶段　在恒速干燥阶段，湿物料表面全部被非结合水润湿。由于非结合水与物料结合能力小，故物料表面水分气化的速率与纯水气化的速率一致。这样，湿物料表面的温度必为该空气状况下的湿球温度，同时由于干燥实验是在恒定的条件下进行，空气的湿含量、流速均不变，这样，空气与物料间的传热湿差应为一个固定值，空气与物料间的传热速率也恒定。但由于所传递的热量全部用来气化水分，故水分的气化速率不会改变，从而维持了物料恒速干燥的特征。若从质量传递的基本原理来看，由于非结合水的蒸气压与同温度下的纯水一致，在恒定干燥条件下，此蒸气压与空气中的水蒸气分差之差，即传质推动力不变，故湿物料能以恒定的速率向空气中气化水分。在上述条件下，在物料表面水分气化的过程中，如果湿物料内部水分向表面扩散速率等于或大于水分的表面气化速率，则物料表面将为湿润状态，物料的干燥速率也将停留在恒速干燥阶段。

（2）降速干燥阶段　当湿物料中的非结合水分被干燥除去以后，如果干燥过程继续进行，则物料中的结合水分将被除去。由于结合水分所产生的蒸气压低于同湿度下的水分的饱和蒸气压，所以，水蒸气自物料表面扩散至干燥介质主流中的传质推动力将变小，这样水蒸气的传质速率必将降低，干燥速率也必将随之下降。在恒速干燥时，干燥介质传给物料的热量全部用于气化水分，而在降速干燥阶段，这部分热量除供给已下降的气化水分所需的潜热外，剩余的热量将用于加热湿物料，故湿物料的温度将不再维持湿球温度而不断上升。干燥速率的下降和物料温度的上升是物料进入降速干燥阶段的标志。

10.3.3　生物产品常用的干燥方法

最常用的干燥方法有常压干燥、减压干燥、喷雾干燥和冷冻干燥等，其干燥设备主要有厢式干燥器、真空干燥器、冷冻干燥器、管式气流干燥、沸腾干燥器、喷雾干燥器等。下面简单介绍生物产品常用的干燥方法。

1. 气流干燥

1）气流干燥的操作原理

气流干燥器是连续的常压干燥器的一种。这种干燥器将细粉或颗粒状的湿物料用空气、烟道气或惰性气体将其分散于悬浮气流中，并和热气流作并流流动。干燥器可以在正压或负压下工作，取决于风机在系统中的位置。如果物料为高温的膏糊状物料，可以在干燥器底部串联一粉碎机，使物料边干燥边粉碎，而后再进入气流干燥管中进行干燥，从而解决了膏糊状物料难以连续操作的难题。

气流干燥主要适用于颗粒状物料。在气流干燥时，为了蒸发水分和除去水蒸气，使用了空气、烟道气、惰性气体作为气体干燥介质并借助于干燥介质实现脱水要求。这是一种古老的传统方法，常与通风、加热结合起来。该法成本较低、干燥量大。但时间稍长，容易污染。阿司匹林、四环素、扑热息痛、胃酶、胃黏膜素等常用气流干燥的方法进行干燥。

2）气流干燥的工艺过程

在生物制品发展的初期，盘架式干燥器、转筒式干燥器和带式干燥器被广泛使用。随着技术的发展，这些传统的干燥器几乎全部被较现代化的干燥器取代。例如，在抗生素生产过程中使用图10-11所示的气流干燥器，效果很好。其基本流程如下：物料通过

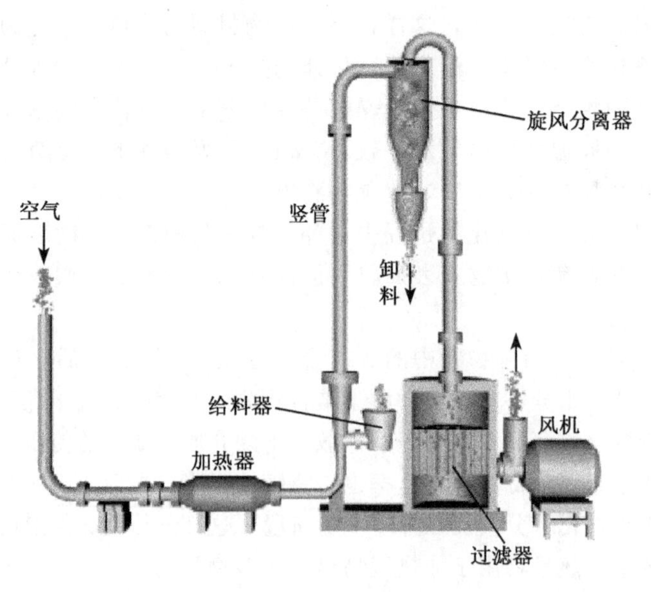

图 10-11　气流干燥器操作流程图

给料器送入干燥器，干燥在竖管中进行，干燥物料和干燥介质（空气）在速度 10～15 m/s下并流移动，空气在加热器中预热，干物料从旋风分离器中被分离出来，空气则在过滤器中最后净化，用风机排放到外面。当不要求除去结构水分时，气流干燥可被应用在单一粒度组成的细分散物料的干燥上。

2. 喷雾干燥

1）喷雾干燥的原理和特点

喷雾干燥是采用雾化器将料液分散成雾滴，并用热干燥介质（通常为热空气）干燥雾滴而获得产品的一种干燥技术。料液可以是溶液、乳浊液和悬浮液，也可以是熔融液和膏糊液。干燥产品根据生产需要制成粉体、颗粒、空心球或团粒。喷雾干燥具有快速高效、可在无菌条件下操作，应用广泛的优点。但有热利用率不高，设备投资费用大的缺点。图 10-12 是一个典型的喷雾干燥装置流程。

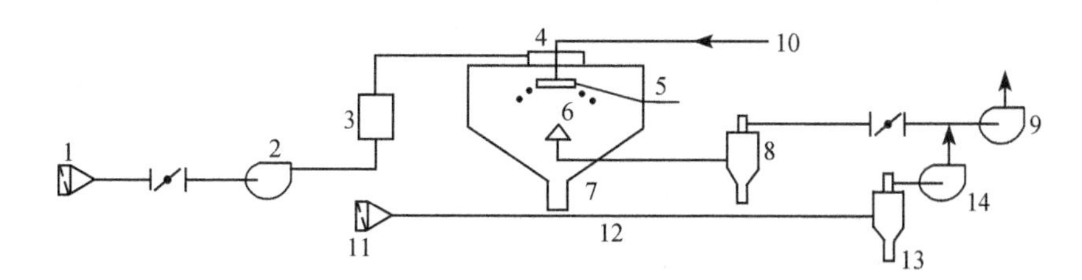

图 10-12 喷雾干燥器操作流程图

1. 过滤器；2. 送风机；3. 加热器；4. 热风分配器；5. 离心雾化器；6. 干燥塔；7. 收料装置；8. 旋风分离器；9. 引风机；10. 料液输送系统；11. 过滤器；12. 风送管道；13. 除尘器；14. 小引风机

喷雾干燥时，料液在有热空气流过的干燥室中受到专门装置(转盘、喷嘴)的作用，形成有较大表面积的分散微粒，与干燥介质（热空气）发生强烈的热交换和质交换，迅速排除本身带有的水分。干燥成品以粉末状态落于干燥室底部。采用机械刮粉器或气流输送等方法从干燥室中不断卸出，被气流带走的微粉在后面的回收装置中（袋滤器、旋风分离器等）分离，废气则排至大气。

2）喷雾干燥的工艺过程

喷雾干燥过程可分为四个阶段：料液雾化；雾滴与空气接触；雾滴干燥；干燥产品与空气分离。从这四个过程，可以了解喷雾干燥的某些特性。

（1）料液雾化　料液雾化的目的在于将料液分散为微细的雾滴，雾滴的平均直径为 20～60 μm，因此具有很大的表面积。当其与热空气接触时，雾滴就迅速气化而干燥为粉末或颗粒产品。雾滴的大小和均匀度对产品质量和技术经济指标影响很大，特别是对热敏性物料的干燥尤其重要。如果喷出的雾滴大小不均匀，就会出现大颗粒还未达到干燥要求，小颗粒却已干燥过度而变质。因此，雾化器是喷雾干燥的关键部件。目前常用的雾化器有气流式喷嘴、压力式喷嘴和离心式喷嘴。

（2）雾滴与空气接触　在干燥室内，雾滴与空气的接触有并流式、逆流式和混流式三种。雾滴和空气接触方式的不同，对干燥室内的温度分布、液滴和颗粒的运动轨迹、物料在干燥室中的停留时间以及产品的质量都有较大的影响。在并流系统中，最热的干燥空气与水分最大的雾滴接触，因而水分迅速蒸发，雾滴表面的温度接近于空气的湿球温度，同时空气温度也显著降低，因此从雾滴到干燥成品的整个历程中，物料温度不高，这对热敏性物料的干燥是十分有利的。这时，由于迅速蒸发，液滴膨胀甚至胀裂，因此并流操作时所获得的产品常为非球形的多孔颗粒。

对于逆流系统，在塔顶喷出的雾滴与塔底上来的较湿空气接触，因此干燥推动力较小，水分蒸发速度比并流式慢。在塔底，最热的干燥空气与最干的物料接触。因此，此方法适合于能耐受高温、含水量低、较高松密度的非热敏性物料的处理。

在混流式系统中，干燥室底的喷雾嘴向上喷雾，热空气从室顶进入，于是雾滴先向上行，然后随空气向下流动，因此混流系统实际上是并流与逆流的混合，其性能也兼二者之间。

(3) 雾滴干燥　雾滴干燥包括恒速干燥和降速干燥两个阶段。雾滴与干燥空气接触时，热量即由空气经过雾滴表面的饱和蒸气膜传递给雾滴，于是雾滴中的水分蒸发。只要雾滴内部的水分扩散到雾滴表面的量足以补充表面的水分损失，蒸发就以恒速进行，这时雾滴表面温度相当于热空气的湿球温度，这就是恒速干燥阶段。当雾滴内部水分向表面扩散不足以保持表面的润湿状态，雾滴表面逐渐形成干壳，干壳随时间增厚，水分从液滴内部通过干壳向外扩散的速率也会随之降低，这一阶段就是降速干燥阶段。由此可见，干燥过程是传热和传质同时进行的过程。

(4) 干燥产品与空气分离　干燥的粉末或颗粒落到干燥室的锥体四壁并滑落到锥底，通过星形阀之类的排灰阀排出，少量的细粉则随空气进入旋风分离器进一步分离。然后将这两处成品输送到另一处混合后储入成品库或直接包装。

3) 喷雾干燥的应用

对于干燥生物制品来说，喷雾干燥的主要优点不仅可以保证“温和”的干燥条件，而且使干燥过程在无菌条件下进行，得到的产品不容易被外来微生物污染。喷雾干燥主要用来生产各种抗生素、维生素、酶、无菌人血清、糊精、肝精以及其他医用制剂的干燥。

3. 冷冻干燥

1) 冷冻干燥的基本原理

当压力降为613.3 Pa时，不管温度如何变化，只有固态和气态。如果压力和温度低于三相点时，可由固相不经过液相，直接变为气相，该过程称为升华。所以，升高温度或降低压力，都可打破两相平衡，使整个系统朝着冰转变为水蒸气的方向进行。冷冻干燥就是根据这个原理，使冰不断生成水蒸气，再将水蒸气抽走，获得干燥制品。将含有大量水分的物质，预先降温冻结成固体，然后在真空条件下使蒸汽直接从固体中升华出来，而物质本身则保留在冻结时由冰固定位置的骨架里，形成块状干燥制品。

2）冷冻干燥的工艺过程

（1）预冻　冻干工艺过程的第一步为预冻，即将待处理样品完全冻结。在这个过程中，样品成为冰晶和分散的溶质。为了提高干燥效率，应尽可能提高制品升华的表面积，以加快冻干的速度。制品冻结速度的快慢，是影响制品质量的重要因素。一般情况下，溶液速冻时（每分钟降温10～50℃），形成在显微镜下可见的晶粒；慢冻时（每分钟降温1℃），形成肉眼可见的晶粒。此过程中，冰的晶体逐步长大，溶质逐渐结晶析出。同一体积的待处理液体，快速冷冻形成更多微小的冰晶体，其冻干升华的表面积较大，可加快制品升华干燥的过程。溶液慢冻时由于冻结体内冰晶体大，溶质晶核与冰之间的间隙较大，利于深层冻结体升华水分的排出，也可缩短干燥时间。速冻生成细晶升华后留下的间隙较小，使下层升华受阻。速冻成的成品粒子细腻、外观均匀、比表面积大、多孔结构好、溶解速度快，成品的引湿相对强于慢冻成品。慢冻形成的粗晶在升华时留下较大的空隙，可提高冻干效率，适用于抗生素等制品的生产。溶液冷冻所形成的冰晶形态、大小、分布情况等直接影响成品的活性、构成、色泽以及溶解性能等。到底采用何种冻结方式进行冷冻干燥，需要根据制品的特点来决定。冷冻干燥法的目的，就在于保持生物药品原有性质的长期稳定状态。

原料液冷冻干燥时，需装入适当的容器才能预冻结成一定的形状进行冷冻干燥。为了保证冻结干燥后的制品具有一定的形状，原料液溶质浓度应该在4%～25%之间，以10%～15%最佳。生物制品尤其是药品在容器中成形一般制品分装厚度不宜超过15 mm，并应有恰当的表面积和厚度之比，表面积要大且厚度应小。

冻结温度应控制恰当。首先要保证样品冻结结实，但冻结温度过低不仅会造成浪费能源，有时还会引起过冷现象，即制品温度虽已达到溶液的共晶点，但溶质仍不结晶。为了避免过冷现象的发生，制品冻结的温度应低于共熔点以下的一个范围，并保持一定的时间，使其完全冻结。需冻干的产品，一般先配制成水溶液或悬浊液，其冰点低于溶剂的冰点，应在预冻之前确定制品的共熔点温度。

一般情况下，在预冻之前，应选择以下三个工艺参数：①预冻的速率。快速冷冻，会形成不冰晶，晶格之间的空隙也小，在升华时水蒸气就不容易排除，也就不利于升华；反之，慢冻形成的冰晶大，晶格之间隙比较大，这样就有利于水蒸气的排除，也有利于升华速率的提高，但冻干后样品的复原性较差，溶解速度也较慢。②预冻的最低温度。最低温度应适当低于制品的共熔点10～15℃即可（一般生物制品的预冻温度控制在－35～－30℃即可)。③预冻时间。通常情况下2～3 h就可以完成预冻过程。如果冻干设备性能较差，应该待制品温度达到设定温度要求后适当延长1～2 h，使箱内所有制品都均匀达到所需温度，冷冻结实后再抽真空进入干燥程序。

（2）升华干燥　升华干燥又称一级干燥或一次干燥。制品冻结温度通常为－50～－25℃。冰在该温度下的饱和蒸气压分别为63.3 Pa和1.1 Pa，真空升华面和冷凝面之间便产生了相当大的压差，如忽略系统内的不凝气体分压，该压差将使升华的水蒸气以一定的流速定向地抵达凝结器表面结成冰霜。在升华干燥阶段必须时刻为制品提供恰当的热量。如果升华过程中不供给热量，制品便降低内能来补偿升华热，直至其温度与冻结器温度平衡，升华停止。为了保持升华表面与冷凝器的温差，冻干过程中必须对制品提供足够的热量。但要注意为制品提供热量有一定的限度，不能使制品的温度超过制品自身的共熔点温度；否则，会出现制品熔化、干燥后制品体积缩小、颜色加深、溶解困难等问题。如果为制品提供的热量太少，则升华的速率很慢，会延长升华干燥的时间。

对于生物制品来说，理想的升华干燥压力控制范围应在 20～40 Pa 之间，温度应控制在低于共晶点的一个范围。在大量升华阶段，随着制品的不断干燥，制品的温度也有小幅上升，直至肉眼已见不到冰晶的存在。此时，90%以上的水分已被除去。

(3) 解吸附干燥　解吸附干燥又称二级干燥或二次干燥。制品在一级升华干燥过程中虽已去除了绝大部分水分，但如果将制品置于室温下，残留的水分（吸附水）足以使制品分解。因此，有必要继续进行真空干燥，即二次干燥，以去除制品中以吸附方式存在的残留水分。制品中剩余的残留水分的理化性质与常态水不同。残留水分包括化学结合水与物理结合水，如化合物的结晶水、蛋白质通过氢键结合的水以及固体表面或毛细管中的吸附水等。由于残留水分受到溶质分子多种作用力的束缚，其饱和的蒸气压力被不同程度地降低，使其干燥速率明显下降。

对于生物制品，如生物药品，其水分含量低于或接近 2%较好，原则上不超过 3%。二级干燥所需的温度和时间由制品中水分的残留量来决定。一级干燥以后，样品的温度已达到 0℃以上，90%左右的水分已被除去。此时，可直接加大供热量，将温度升高至制品的最高可耐温度，以加快干燥速度。迅速提高制品温度，有利于降低制品中残余水分含量和缩短解吸干燥时间。制品的最高许可温度视制品的品种而定。一般为 20～45℃。例如，病毒性制品的最高许可温度为 25℃；细菌性制品的最高许可温度为 30℃左右；血清、抗菌素等的最高许可温度或提高到 40℃以上甚至更高。实验表明，此阶段干燥箱内压强在 10～30 Pa 之间比较合适。

10.3.4 干燥方法的选择依据

加热干燥的方法与相应设备结构的选择取决于所处理原料的性质。物料的含水量、热稳定性、干灵敏性、组织结构和热物理性质以及化学组成都是选择干燥方法的重要依据。

1. 干燥器的选择

由于被干燥物料的种类繁多，要求各异，所以不能有一个万能的干燥器，只能选用最佳的干燥器类型。

干燥按照水分的原始状态分为从液态的干燥到从固态的直接蒸发即升华两种方式；按照供能特征即按照供热的方式可分为接触式、对流式和辐射式干燥。在接触干燥时，热通过加热的导热性传给需要干燥的物料，水分被蒸发转移到物料周围的空气中。例如，厢式干燥器就是一种适合干燥微生物合成产品的干燥器。此外，气流干燥器、喷雾干燥器和沸腾床干燥器也是广泛地应用于干燥微生物合成产品的干燥器。

干燥设备的选择是非常困难而复杂质问题，这是因为被干燥物料的特性、供热的方式和物料-干燥介质系统的流体动力学等必须全部考虑。选择干燥器类型时首先考虑被干燥物料的性质，如湿物料的物理特性，干物料的物理性质、腐蚀性、毒性等；其次考虑物料的干燥特性，如湿物料中水分的性质，初始和最终的湿含量，允许的最高干燥温度，产品的颜色、光泽和气味等；再次要考虑粉尘和溶剂的回收；最后要考虑用户干燥器安装地点的可行性。

2. 干燥工艺的选择

到底采用什么样的干燥工艺，需要考虑被干燥物料的性质。对于活的菌体、酶和其他热敏性的生物制品，可使用冷冻干燥技术。

对于热敏性的生物物质的干燥，目前已开发的干燥操作单元有：①瞬时快速干燥——接触时间短，气流温度高，而物料的温度可能不高；②喷雾干燥——接触时间短，热效率低，造粒和干燥同时进行；③气流干燥——接触时间长；④低温干燥——非常黏稠的物料，不能进行喷雾干燥，如某些动物组织等。某些酶制剂对温度特别敏感，只能进行低温箱式干燥或真空冷冻干燥。对于生物黏稠物质的干燥，通常还需要造粒与切丝等辅助手段。

总之，在决定干燥设备和干燥工艺时，在充分了解被干燥物料性质的基础上，还应结合所选干燥器的类型，进一步了解在干燥过程中物料及干燥介质的变化情况。应充分注意干燥条件对物料品质和收率的影响，同时，干燥过程的热利用率和经济效益也是必须考虑的因素之一。

综上所述，蒸发和干燥是生物分离的重要单元操作，大多数的干燥设备的设计在很大程度上依赖于实验室和操作经验。随着生物技术的进一步发展以及新的生物产品的出现，传统的蒸发和干燥设备已不能满足技术发展的需要，这就要求将已有的干燥装置进行改造，使其具有更新性能，或研制出新型的干燥器，以满足生产的需要，进一步推动生物分离与纯化技术的发展。

难点自测

1. 简述冷冻干燥的基本原理。
2. 在冻干食品加工时，为什么要进行预冻？

第二篇
实验技术

实验 1　大肠杆菌细胞的超声波破碎

1. 实验目的

掌握超声波细胞破碎的原理和操作。

学习细胞破碎效果的测定方法。

2. 实验原理

超声波是指频率超过人耳可听范围的波，即频率为 20 kHz 以上的波。细胞在超声波的作用下，细胞结构受到破坏，而使细胞破碎。

超声波进行细胞破碎的效果与细胞的种类、浓度、超声频率、输出功率和破碎时间有密切关系。

3. 实验器材

超声波细胞破碎仪，显微镜，酒精灯，载玻片，接种针，摇床，离心机，冰浴（可采用小烧杯一个，内装一些碎冰和一些水）。

4. 试剂和材料

（1）细胞破碎缓冲溶液　50 mM，pH 8.0 磷酸缓冲溶液。

（2）培养基　①肉汤液体培养基：牛肉膏 5 g/L，蛋白胨 10 g/L，NaCl 5 g/L。②肉汤固体培养基：上述培养基中加 2%琼脂，用于菌种的活化与保藏。

5. 实验步骤

（1）大肠杆菌的培养和收集　将活化后的大肠杆菌接入肉汤液体培养基中，于 37℃ 振荡培养，当达到对数生长期后（约 6 h），取培养液 3 000 r/min 离心 20 min 收集菌体。

（2）大肠杆菌菌悬液的制备　用细胞破碎缓冲溶液洗涤 3 次，再按照 1∶20 的比例将离心后的大肠杆菌溶解于细胞破碎缓冲溶液中。置于 100 mL 大塑料试管或烧杯内。

（3）细胞破碎　将塑料试管或烧杯置于冰浴中，采用超声波破碎（功率 300 W，破碎 10 s，间歇 10 s，破碎 20 min），注意超声破碎细胞时，超声波细胞破碎仪的探头一定要接近试管或烧杯底部，约 0.5～1 cm。

（4）破碎效果的测定　测定破碎前后大肠杆菌菌悬液 $OD_{620\ nm}$ 的变化，观测破碎效果。或采用革兰氏染色的方法鉴定大肠杆菌超声破碎的程度（具体见附Ⅱ）。

6. 结果与讨论

1）测定破碎前后大肠杆菌菌悬液 $OD_{620\ nm}$ 的变化并完成下表。

	$OD_{620\ nm}$	破碎效果评价
破碎前		
破碎后		

2）镜检破碎前后大肠杆菌的革兰氏染色结果，并评价破碎效果。

附 I

超声波细胞破碎仪使用说明

用户在新购机时，根据用户的要求须设定所需的超声工作时间、间隔时间、全程时间、温度。设定发放如下：按功能键显示窗 1 显示—1，说明进入间隔设定状态，在此时显示窗 3 所显示的是原数据或零，如原数据被认可，则再按功能键进入下一项功能。如需重新设定间隔时间则那设定键（表示电脑进入等待接受数据状态），在按置数键置数或修改数据，待置数完成后再按功能键进入下一项功能的设定，此时显示窗 1 显示—2，表示进入超声时间设定状态，按设定键后再按置数键，把你所需要的超声时间设置进去，设置完成后按功能键分别进入全程时间的设定或报警温度的设定，设定置数方法同上，所有功能设置完成后在确定无误时按设定键再按启动键即开始你所设置的各项功能数据开始工作，显示窗 1 开始倒计时，超声指示灯，间隔指示灯轮换亮，待全程工作时间过后，显示窗 2 显示全程时间，并闪烁跳动，自动报警停止工作。如需重复上述实验，先按清零键再按启动键即开始工作。如工作中需停止，请再次按启动/暂停键，以此类推。

在设定期间，按设定键则推出设定状态，返回工作状态并自动保留已设定的数据。

当由于外部信号出现故障或出现保护指示时，则保护指示灯亮，仪器停止工作，此时提示工作人员排除故障，待故障排除后，按保护复位键恢复正常工作。

附 II

革兰氏染色

(1) 用镊子取出泡在 75%酒精溶液中的载玻片，用酒精灯烧干。

(2) 用吸管吸取少量菌液至载玻片中央，并涂成薄层，在空气中自然干燥。

(3) 将涂有菌液的一面载玻片在微火上迅速通过 2～3 次，使菌体蛋白载玻片上凝固。

(4) 将涂片置于水平位置，在有细菌的地方滴加结晶紫染色液，染色 0.5 min。

(5) 倾去染色液，用蒸馏水冲洗，再用滤纸吸干。

(6) 加少量香柏油在染色的菌落上，用显微镜的油镜观察染色涂片。

实验 2 细胞核与线粒体的分级分离

1. 实验目的

了解离心分离的原理。

掌握差速离心法分离细胞器的方法及操作。

2. 实验原理

细胞内不同的结构密度和大小都不相同，在同一离心场内的沉降速度也不相同，根据这一原理，常用不同转速的离心法，将细胞内各种组分分级分离出来。

分离细胞器最常用的方法是将组织制成匀浆，在均匀的悬浮介质中用差速离心法进行分离，其过程包括组织细胞匀浆、分级分离和分析三个步骤，这种方法已成为研究亚细胞成分的化学组成、理化特性及其功能的主要手段。

（1）匀浆　低温条件下，将组织放在匀浆器中，加入等渗匀浆介质（即 0.25 mol/L 蔗糖-0.003 mol/L 氯化钙）进行破碎细胞使之成为各种细胞器及其包含物的匀浆。

（2）分级分离　由低速到高速离心逐渐沉降。先用低速使较大的颗粒沉淀，再用较高的转速，将浮在上清液中的颗粒沉淀下来，从而使各种细胞结构，如细胞核、线粒体等得以分离。由于样品中各种大小和密度不同的颗粒在离心开始时均匀分布在整个离心管中，所以每级离心得到的第一次沉淀必然不是纯的最重的颗粒，必须经反复悬浮和离心加以纯化。

（3）分析　分级分离得到的组分，可用细胞化学和生化方法进行形态和功能鉴定。

3. 实验器材

普通离心机，高速离心机，匀浆器，平皿，载玻片，显微镜。

4. 试剂及材料

小白鼠，0.9%NaCl 溶液，0.25 mol/L 蔗糖-0.003 mol/L 氯化钙溶液，1%甲苯胺蓝，0.02%詹纳斯绿 B 染液。

5. 操作步骤

1）细胞核的分离提取操作步骤

用颈椎脱位的方法处死小白鼠后，迅速剖开腹部取出肝脏，剪成小块（去除结缔组织），尽快置于盛有 0.9%NaCl 的烧杯中，反复洗涤，尽量除去血污，用滤纸吸去表面的液体。

将湿重约 1 g 的肝组织放在小平皿中，用量筒量取 8 mL 预冷的 0.25 mol/L 蔗糖-0.003 mol/L 氯化钙溶液，先加少量该溶液于平皿中，尽量剪碎肝组织后，再全部加入。

剪碎的肝组织倒入匀浆管中，使匀浆器下端浸入盛有冰块的器皿中，左手持之，右手将匀浆捣杆垂直插入管中，上下转动研磨 3～5 次，用 3 层纱布过滤匀浆液于离心管中，然后制备一张涂片Ⅰ，做好标记，自然干燥。

将装有滤液的离心管配平后，放入普通离心机，以 2 500 r/min 离心 15 min；缓缓取上清液，移入高速离心管中，保存于有冰块的烧杯中，待分离线粒体用；同时制备一张上清液涂片Ⅱ，做好标记，自然干燥；余下的沉淀物进行下一步骤。

用 6 mL 0.25 mol/L 蔗糖-0.003 mol/L 氯化钙溶液悬浮沉淀物，以 2 500 r/min 离心 15 min，弃上清液，将残留液体用吸管吹打成悬液，滴一滴于干净的载玻片上，制成涂片Ⅲ，自然干燥。

将涂片Ⅰ、涂片Ⅱ、涂片Ⅲ用1%甲苯胺蓝染色后盖片即可观察。

分别于高倍镜下观察三张涂片，描述镜下所见。

2）高速离心分离提取线粒体操作步骤

将装有上清液的高速离心管，从装有冰块的烧杯中取出，配平后，以 17 000 r/min 离心 20 min，弃上清液，留取沉淀物。

加入 0.25 mol/L 蔗糖-0.003 mol/L 氯化钙液 1 mL，用吸管吹打成悬液，以 17 000 r/min离心 20 min，将上清液吸入另一试管中，留取沉淀物，加入 0.1 mL 0.25 mol/L蔗糖-0.003 mol/L 氯化钙溶液混匀成悬液（可用牙签）。

取上清液和沉淀物悬液，分别滴一滴于干净载玻片上（分别标记涂片Ⅳ、涂片Ⅴ），各滴一滴 0.02%詹纳斯绿 B 染液，盖上盖片染 20 min。

油镜下观察，发现颗粒状的线粒体被詹纳斯绿 B 染成蓝绿色。

6. 结果与讨论

画出所分离的细胞核和线粒体的形态，并说明其结构特点。

解释差速离心的分离原理。

实验 3　青霉素的提取、精制及萃取率的计算

1. 实验目的

学会利用溶剂萃取的方法对青霉素进行提取和精制。

2. 实验原理

当青霉素以游离酸的形式存在时，易溶于有机溶剂（通常为醋酸丁酯）。青霉素的盐则易溶于极性溶剂，特别是水中。青霉素的提取和精制就是基于以上原理进行的，通过萃取的方式使得青霉素在水相和有机相反复转移，去除大部分杂质并得到浓缩，最后采用结晶的方式可得到纯度在 98%以上的青霉素。

3. 实验器材

恒温水浴锅，分液漏斗，小烧杯，电子天平，移液管，容量瓶，量筒，玻璃棒，pH 试纸（0.5～4.5）。

4. 试剂及药品

青霉素发酵液：注射用 80 万单位青霉素钠 1 瓶用 80 ml 蒸馏水溶解，6%硫酸，

2%碳酸氢钠，50%醋酸钾乙醇溶液，醋酸丁酯。

5．实验步骤

（1）将青霉素发酵液用6%硫酸调 pH 至1.8～2.2，然后倒入分液漏斗中。

（2）取30 ml 醋酸丁酯置分液漏斗中，振摇20 min，静置10～15 min，弃去水相。

（3）于酯相中加入2%碳酸氢钠35 mL。振摇20 min，静置10～15 min，分出水相，弃去酯相。

（4）用6%硫酸调节水相 pH 至1.8～2.2。于水相中加入25 mL 醋酸丁酯，振摇20 min，静置分层后，弃去水相。

（5）于酯相中加入少量无水硫酸钠，振摇片刻，过滤。

（6）滤液中加入50%醋酸钾乙醇溶液1 mL，在36℃水浴中搅拌10 min，析出青霉素钾盐。

6．注意事项

有青霉素过敏史的同学可以不做本实验。

7．结果与讨论

所制备的青霉素钾盐干燥后，称重，计算得率（得率＝青霉素钾盐×100/发酵液体积）。

实验4　双水相萃取实验

1．实验目的

掌握双水相萃取的原理及方法。
学习双水相萃取相图的制作。

2．实验原理

双水相萃取法（aqueous two-phase extrcation）是利用物质在互不相溶的两水相间分配系数的差异来进行萃取的方法。高聚物 PEG 和盐 $(NH_4)_2SO_4$ 形成的互不相溶的两相，倒入牛奶中，蛋白质富集在一相中。

3．实验仪器和药品

试管，离心机，天平，离心管，三角瓶，滴定管，聚乙二醇2000（PEG2000），$(NH_4)_2SO_4$，牛奶。

4．实验步骤

1）PEG2000-硫酸铵双水相体系相图的测定

（1）取10% PEG2000溶液10 ml 于三角瓶中。

(2) 用40%硫酸铵溶液装入滴定管中滴定至三角瓶中溶液出现浑浊，记录硫酸铵消耗的体积。加入1 ml水使溶液澄清，继续用硫酸铵滴定至浑浊，重复7～8次记录每次硫酸铵消耗的体积，计算每次出现浑浊时体系中PEG和硫酸铵的浓度（W/V）。

(3) 以硫酸铵的浓度（W/V）为横坐标，PEG浓度（W/V）为纵坐标，绘制出PEG2000-硫酸铵双水相体系相图。

2）PEG2000-硫酸铵双水相体系的配制

根据相图中双水相区的PEG2000浓度和硫酸铵浓度，分别量取适量的10% PEG2000溶液和硫酸铵溶液，混合均匀后以2 000 r/min离心10 min后分相，得到双水相体系。

3）利用PEG2000-硫酸铵双水相体系萃取分离牛奶中的蛋白质

取1 ml牛奶装入上述双水相体系，搅拌均匀，于500 r/min离心5 min，静置分层，分别量取上下相的体积。

5. 结果与讨论

如何正确地绘制相图。
如何根据相图配制双水相体系，并对混合物进行分离。

实验5 胰凝乳蛋白酶的制备

1. 实验目的

掌握盐析法分离酶的基本原理和操作。
掌握结晶的基本方法和操作。
学习胰凝乳蛋白酶的制备原理及方法。

2. 实验原理

蛋白质分子表面含有带电荷的基团，这些基团与水分子有较大的亲和力，故蛋白质在水溶液中能形成水化膜，增加蛋白质水溶液的稳定性。如果在蛋白质溶液中加入大量中性盐，蛋白质表面的电荷被大量中和，水化膜被破坏，于是蛋白质分子相互聚集而沉淀析出，此现象称为盐析。不同的蛋白质由于分子表面电荷多少不同，分布情况也不一样，因此不同的蛋白质盐析出来所需的盐浓度也各异。盐析法就是通过控制盐的浓度，使蛋白质混合液中的各个成分分步析出，达到粗分离蛋白质的目的。

到目前为止，已知的酶都是蛋白质，因此一般提纯蛋白质的方法也适用于酶的提纯。

3. 实验器材

高速组织捣碎机，解剖刀，镊子，剪刀，烧杯（50 mL、100 mL），离心管，5 mL

刻度离心管，漏斗，纱布，棉线，吸管（10 mL、5 mL、2 mL、1 mL、0.5 mL），玻璃棒，滴管，透析袋，台秤，分析天平，离心机。

4. 试剂和材料

新鲜猪胰脏，0.125 mol/L H_2SO_4溶液，固体（$(NH_4)_2SO_4$），1%酪蛋白溶液（称取酪蛋白 1.0 g 加 pH 为 8.0、0.1 mol/L 磷酸盐缓冲液 100 mL，在沸水中煮 5 min 使之溶解，冰箱中保存），磷酸盐缓冲液（0.1 mol/L，pH 为 7.4），10%三氯乙酸溶液，0.1 mol/L NaOH溶液。

5. 操作步骤

整个操作过程在 0～5℃条件下进行。

（1）提取　取新鲜猪胰脏，放在盛有冰冷 0.125 mol/L H_2SO_4的容器中，保存在冰箱中待用。去除胰脏表面的脂肪和结缔组后称量。用组织捣碎机绞碎，然后混悬于 2 倍体积的冰冷 0.5 mol/L H_2SO_4中，放冰箱内过夜。将上述混悬液离心 10 min，上层液经 2 层纱布过滤至烧杯中，将沉淀再混悬于等体积的冰冷 0.125 mol/L H_2SO_4中，再离心，将两次上层液合并，即为提取液。

（2）分离　取提取液 10 mL，加固体（$(NH_4)_2SO_4$）1.14 g 达 0.2 饱和度，放置10 min，离心（3 000 r/min）10 min。弃去沉淀，保留上层液。在上层液中加入固体（$(NH_4)_2SO_4$）1.323 g 达 0.5 饱和度，放置 10 min 离心（3 000 r/min）10 min。弃去上层液，保留沉淀。将沉淀溶解于 3 倍体积的水中，装入透析袋中，用 pH 为 5.0、0.1 mol/L 乙酸缓冲液析，直至 1% $BaCl_2$检查无白色 $BaSO_4$沉淀产生，然后离心 5 min（3 000 r/min）。弃去沉淀（变性的酶蛋白），保留上清液。在上清液中加（$(NH_4)_2SO_4$）（0.39 g/mL）达 0.6 饱和度，放置 10 min，离心 10 min（3 000 r/min）。弃去清液，保留沉淀（即为胰凝乳蛋白酶）。

（3）结晶　取分离所得的胰凝乳蛋白酶溶于 3 倍体积的水中。然后加（$(NH_4)_2SO_4$）（0.144 g/mL）至胰凝乳蛋白酶溶液达 0.25 饱和度，用 0.1 mol/L NaOH 调节 pH 至 6.0，在室温（25～30℃）放置 12 h 即可出现结晶。

6. 结果与讨论

在显微镜下观察胰凝乳蛋白酶结晶形状。

计算胰凝乳蛋白酶得率。

讨论影响胰凝乳蛋白酶得率的因素。

实验 6　牛奶中酪蛋白和乳蛋白素粗品的制备

1. 实验目的

掌握盐析法和等电点沉淀法的原理和基本操作。

2. 实验原理

乳蛋白素（α-lactalbumin）广泛存在于乳品中，是乳糖合成所需要的重要蛋白质。牛奶中主要的蛋白质是酪蛋白（casein），酪蛋白在 pH 为 4.8 左右会沉淀析出，但乳蛋白素在 pH 为 3 左右才会沉淀。利用此一性质，可先将 pH 降至 4.8，或是在加热至 40℃的牛奶中加硫酸钠，将酪蛋白沉淀出来，酪蛋白不溶于乙醇，这个性质被利用来从酪蛋白粗制剂中除去脂类杂质。将去除掉酪蛋白的滤液的 pH 调至 3 左右，能使乳蛋白素沉淀析出，部分杂质可随澄清液除去。再经过一次 pH 沉淀后，即可得粗乳蛋白素。

3. 实验器材

烧杯（250 mL、100 mL），玻璃试管（10 mm×100 mm），离心管（50 mL），磁力搅拌器，pH 计，离心机。

4. 试剂和材料

脱脂或低脂牛乳，无水硫酸钠，0.1 mol/L HCl，0.1 mol/L NaOH，0.05 mol/L 碳酸氢铵，滤纸，pH 试纸，浓盐酸，乙酸钠缓冲溶液 0.2 mol/L（pH 为 4.6），乙醇。

5. 操作步骤

1）盐析或等电点沉淀制备酪蛋白

（1）将 50 mL 牛乳倒入 250 mL 烧杯中，于 40℃水浴中隔水加热并搅拌。

（2）于步骤（1）的烧杯中缓缓加入（约 10 min 内分次加入）10 g 无水硫酸钠，之后再继续搅拌 10 min（或加热到 40℃，再在搅拌下慢慢地加入 50 mL 40℃左右的乙酸缓冲液，直到 pH 达到 4.8 左右，可以用酸度计调节。将上述悬浮液冷却至室温，然后静置 5 min）。

（3）将步骤（2）的溶液用细布过滤，分别收集沉淀和滤液。将上述沉淀悬浮于 30 mL乙醇中后，倾于布氏漏斗中，过滤除去乙醇溶液，抽干。将沉淀从布氏漏斗中移出，在表面皿上摊开以除去乙醇，干燥后得到酪蛋白。准确称量。

2）等电点沉淀法制备乳蛋白素

将操作步骤 1）所得滤液置于一 100 mL 烧杯中，一边搅拌，一边利用 pH 计以浓盐酸调整 pH 至 3±0.1。

将步骤（1）倒入离心管中，6 000 r/min 离心 15 min，倒掉上层液。

在离心管内加入 10 mL 去离子水，振荡，使管内下层物重新悬浮，并以0.1 mol/L 氢氧化钠溶液调整 pH 至 8.5～9.0（以 pH 试纸或 pH 计判定），此时大部分蛋白质均会溶解。

将上述溶液以 6 000 r/min 离心 10 min 后，将上层液倒入 50 mL 烧杯中。

将烧杯置于磁搅拌加热板，一边搅拌，一边利用 pH 计以 0.1mol/L 盐酸调整 pH

至 3±0.1。

将上述溶液以 6 000 r/min 离心 10 min 后，倒掉上层液。沉淀取出干燥，并称量。

6. 结果与讨论

计算出每 100 mL 牛乳所制备出的酪蛋白数量，并与理论产量（3.5%）相比较。求出实际获得百分数。

计算出每 100 mL 牛乳所制备出的乳蛋白数量。

讨论影响得率的影响因素。

实验 7　吸附法制备细胞色素 c 粗品

1. 实验目的

掌握吸附法的静态操作过程。

学习细胞色素 c 制备的原理和方法

2. 实验原理

细胞色素（cytochrome，Cyt）是一类含铁卟啉辅基的电子传递蛋白，在线粒体内膜上起传递电子的作用。线粒体中的细胞色素绝大部分与内膜紧密结合，仅细胞色素 c 结合较松，较容易分离纯化。细胞色素 c 是呼吸链的重要组成部分，在呼吸链上位于细胞色素 b 和细胞色素氧化酶之间，是一种稳定的可溶性蛋白，每个细胞色素 c 分子含有一个血红色素和一条多肽链。分子中赖氨酸含量较多，等电点为 10.2～10.8，含铁量为 0.37%～0.43%，相对分子质量为 12 000～13 000，容易溶于水及酸性溶液。其氧化型水溶液呈深红色，还原型水溶液呈桃红色。氧化型最大吸收峰为 408 nm、530 nm；还原型为 415 nm、520 nm 和 550 nm。在 pH 为 7.2～10.2，100℃加热 3 min，细胞色素 c 氧化型和还原型的变性程度均为 18%～28%，增加加热时间，氧化型的不可逆变性程度比还原型高；细胞色素 c 对酸碱也较稳定，可抵抗 0.3 mol/L 盐酸和 0.1 mol/L 氢氧化钾溶液的长时间处理。一般都将细胞色素 c 制成较稳定的还原型。

细胞色素 c 在心肌和酵母中含量较高。本试验以新鲜猪心为原料经酸溶液抽提、人造沸石吸附，用三氯乙酸沉淀得到细胞色素 c 粗制品。

所得产品用分光光度法进行鉴定细胞色素 c 含量。

3. 实验器材

绞肉机，离心机，pH 计，研钵，721 型分光光度计，层析柱，铁架台，部分收集器，透析袋，下口瓶，搪瓷盘，尼龙纱布。

4. 试剂和材料

1 mol/L 硫酸溶液，1 mol/L 氨水，人造沸石（$Na_2O/Al_2O_3/x SiO_3/y H_2O$）［取人

造沸石（60～80 目）20 g，加水搅拌，用倾泻法去除 15 s 内不下沉的过细颗粒，备装柱用。选择 1.5 cm×20 cm 左右层析柱管一根，剪裁大小合适的一块不下沉的圆形泡沫塑料，装入柱管底部，将柱垂直夹于铁架台上，柱下端接一乳胶管，用夹子夹住。向柱内加去离子水约 2/3 体积，然后将预处理好的人造沸石一次全部倒入柱内，注意避免柱内滞留气泡。装柱完毕后，打开夹子放水至人造沸石表面上保留一层水为止]，0.2%氯化钠溶液，25%硫酸铵溶液，20%三氯乙酸溶液，10%乙酸钡溶液，连二亚硫酸钠（$Na_2S_2O_4/H_2O$），新鲜猪心。

5. 操作步骤

1）提取

取新鲜或冰冻的猪心，除去脂肪和结缔组织，用水洗净，切成小块，然后用绞肉机绞成糜。称取 1 000 g 肌肉糜，加 2 000 mL 水，用 1 mol/L 硫酸溶液调 pH 至 4.0，室温下搅拌提取 2 h（或用 0.145 mol/L 三氯乙酸溶液提取。用 1 mol/L 氨水调 pH 至 6.0。用纱布或尼龙纱布压滤，收集滤液。将滤渣按上述条件再提取 1 h，合并两次提取液。

2）分离

（1）吸附及洗脱　将上述提取液用 1 mol/L 氨水调 pH 至 7.2，静置 30～40 min，倾出上层澄清液，再将下层带沉淀的悬浮液过滤或离心，合并滤液及澄清液，装入下口瓶，通过已准备好的人造沸石柱进行吸附，流速约为 8～10 mL/min。随着细胞色素 c 的被吸附，柱内人造沸石逐渐由白色变为红色，流出液为淡黄色或带微红色。

吸附完毕后，将红色人造沸石自柱内取出置于烧杯中，先用蒸馏水搅拌洗涤至清，然后用 200 mL 0.2%氯化钠溶液分 3 次洗涤人造沸石，最后用蒸馏水洗涤至清。再将人造沸石装柱。用 25%硫酸铵溶液进行洗脱，流速约为 2 mL/min，收集含细胞色素 c 的红色洗脱液，当洗脱液红色开始消失时，即洗脱完毕，一般每 500 g 肉糜约收集 100 mL。

（2）盐析及浓缩　按每 100 mL 洗脱液加入 20 g 固体硫酸铵，边加边搅拌，静置 12 h后，过滤或离心除去杂蛋白沉淀，得到红色清亮的细胞色素 c 溶液。在搅拌下每 100 mL 溶液加入 2.5 mL 20%三氯乙酸溶液，立即离心（离心机转速为 3 000 r/min）15 min，收集沉淀。加入少许蒸馏水将沉淀溶解，装入透析袋，在电磁搅拌下透析除盐，用 10%乙酸钡溶液检查透析外液无铵离子或硫酸根离子为止，即得到细胞色素 c 的粗品溶液。

6. 细胞色素 c 的含量测定

根据还原型细胞色素 c 在波长 415 nm、520 nm 和 550 nm 有最大吸收峰这一特性，选用一标准品作出细胞色素 c 浓度和吸光度关系的标准曲线，再以同样条件测未知样品的吸光度，由标准曲线便可得出样品的质量浓度（g/L）。用上述方法制备的细胞色素 c

溶液是还原型和氧化型的混合物，因此利用520 nm波长测定含量时，需要加还原剂连二亚硫酸钠，容易使所有细胞色素c均转变成还原型，由此所测数值就代表细胞色素c的含量。

（1）标准曲线的制备　取1 mL细胞色素c标准品（80 g/L）用水或0.1 mol/L，pH为7.3的磷酸盐缓冲溶液稀释至25 mL。取0.2 mL、0.4 mL、0.6 mL、0.8 mL、1.0 mL置于试管中，用水或缓冲溶液调至4 mL，每管加适量连二亚硫酸钠，振摇后，以水为空白，测520 nm处的吸光度，以标准品的浓度为横坐标，吸光度为纵坐标绘制标准曲线。

（2）样品测定　取0.4 mL待测样品，用水稀释至10 mL，取1 mL稀释液，加3 mL水。再加少许连二亚硫酸钠，摇动后，在520 nm处测吸光度，由标准曲线计算其浓度。

7. 结果与讨论

（1）计算细胞色素c粗品的得率并讨论影响得率的因素。

（2）将所得的细胞色素c粗品溶液处理成还原型溶液后（加少许连二亚硫酸钠），于可见光不同波长下测定光吸收值，以波长为横坐标，光吸收值为纵坐标，绘制吸收峰曲线。其最大吸收峰应在415 nm、520 nm、550 nm。

实验8　吸附法提取分离葛根素

1. 实验目的

掌握大孔吸附树脂的分离原理和基本操作。

2. 实验原理

葛根为豆科植物野葛的根，是常用中药，具有解肌退热、生津、透疹、生阳止泻等功效。其主要成分为葛根素，即8-β-D葡萄吡喃糖-4，7-二羟基异黄酮。葛根素具有扩张冠脉和脑血管、降低心肌耗氧量、改善心肌收缩功能、促进血液循环等作用。适用于冠心病、心绞痛、心肌梗死、视网膜动脉静脉阻塞、突发性耳聋等疾病的治疗，效果显著。

本次实验先用95%乙醇从葛根中提取葛根素粗品，然后再用树脂吸附法对粗品进行分离纯化。具体实验流程如下：

葛根 $\xrightarrow{\text{粉碎}}$ 加95%乙醇 $\xrightarrow{\text{浸泡2次}}$ 合并提取液 $\xrightarrow{\text{采用}D_{101}\text{大孔吸附树脂水洗除杂质}}$ 含葛根素树脂 $\xrightarrow{\text{70\%乙醇洗脱}}$ 乙醇洗脱液 $\xrightarrow{\text{浓缩回收乙醇}}$ 含葛根素水溶液 $\xrightarrow{\text{正丁醇萃取}}$ 正丁醇萃取液 $\xrightarrow{\text{回收正丁醇}}$ 浸膏 $\xrightarrow{\text{适当溶剂结晶}}$ 葛根素精品

D_{101}型大孔吸附树脂是一种多孔立体结构的聚合物吸附剂，是依靠它和吸附物之间的范德华力通过巨大比表面进行物理吸附。D_{101}具有物化性质稳定、对葛根异黄酮选择性吸附能力强、容易解析、再生简单、不容易老化、可反复使用等优点。把葛根醇提取液通过大孔吸附树脂，葛根素被吸附，而大量水溶性杂质随水流出，从而使葛根素与水溶性杂质分离。

3. 实验器材

回流装置，筛子（10 目），粉碎机，层析柱（20 mm×50 cm），旋转蒸发仪。

4. 试剂和材料

95％乙醇，70％乙醇，D_{101}型大网格吸附树脂，正丁醇。

5. 操作步骤

（1）D_{101}型大网格吸附树脂的预处理　用 95％乙醇溶液浸泡树脂 24 h，充分溶胀后用湿法装柱，以 2 BV/h（BV 为柱体积）的流速洗脱，至流出液与水混合（比例为 1∶5）不呈白色浑浊为止，再用蒸馏水洗至无醇味，备用。

（2）葛根素的粗提　将葛根粉碎过 10 目筛，取 100 g 葛根粉装入提取瓶中，第一次用 4 倍量 95％乙醇回流提取 1.5 h，第二次用 2 倍量 95％乙醇回流提取 1 h，合并两次提取液，得葛根粗提液，浓缩得粗提浸膏。

（3）葛根素的分离精制　将葛根素粗提物用水溶解后，滤去不溶物，以 2 BV/h 的流速通过处理好的大孔树脂柱（吸附剂用量为粗提物的 7 倍）。穿透液重复吸附 3 次，静置 30 min。用蒸馏水洗去糖类、蛋白质、鞣质等水溶性杂质，至水清。改用 70％乙醇洗脱（70％乙醇用量为粗提物的 12 倍），流速为 2 BV/h，收集洗脱液。浓缩回收乙醇至无醇味，洗脱液加正丁醇萃取 4 次，合并正丁醇萃取液，回收正丁醇至干，加入少量无水乙醇溶解，然后加入等量冰醋酸，放置析晶，过滤得葛根素精品，60℃真空干燥。

6. 结果与讨论

计算葛根素得率。

讨论影响葛根素得率的因素。

实验 9　离子交换法提取 L-精氨酸

1. 实验目的

掌握离子交换树脂的处理方法和操作。

掌握离子交换法静态吸附和洗脱的基本操作。

掌握从胱氨酸母液中提取 L-精氨酸的原理和操作。

2. 实验原理

L-精氨酸化学名为 α-氨酸-δ-胍基戊酸，结构式为

$$\begin{array}{l} H_2N \\ \;| \\ CNH(CH_2)_3CHCOOH \\ \| \qquad\qquad\quad | \\ NH \qquad\quad\;\; NH_2 \end{array}$$

L-精氨酸容易吸水，为了便于储存和运输，通常将它制成盐酸盐。L-精氨酸盐酸盐呈白色结晶性粉末，无臭，苦涩味，容易溶于水，0℃和5℃时在水中溶解度分别为83 g/L和400 g/L，水溶液呈碱性，等电点pH为10.76，极微溶于乙醇，不溶于乙醚，熔点为224℃。

L-精氨酸是人体和动物体内的半必须氨基酸，也是生物体尿素循环的一种重要中间代谢物，在医药工业上具有广泛的用途。临床上除作为复方氨基酸输液的主要组分之一外，L-精氨酸及其盐类广泛地用作氨中毒性肝昏迷的解毒剂和肝功能促进剂，对病毒性肝炎疗效显著，对肠道溃疡、血栓形成、神经衰弱和男性无精病等症都有治疗效果，而且在饥饿、创伤或应急状态下，L-精氨酸就成为必需氨基酸。此外，L-精氨酸也是配置营养或特殊治疗用途的重要原料。

离子交换法从蛋白质水解液中提取L-精氨酸的基本原理是利用氨基酸的两性电解质的性质，当溶液pH低于氨基酸等电点时，氨基酸以阳离子形式存在，能被阳离子交换树脂吸附；当溶液pH高于氨基酸等电点时，氨基酸以阴离子型属存在，能被阴离子交换树脂吸附。

精氨酸与苯甲醛在碱性和低温条件下，形成溶解度较小的苯亚甲基精氨酸而沉淀，实现精氨酸与其他组分的分离。

3. 实验器材

回流装置，蒸发装置，磁力搅拌器，干热灭菌箱，水浴锅，抽滤装置，托盘，天平，铁架台，滤纸，pH试纸，烧杯，玻璃棒，三角瓶，漏斗，层析缸，毛细管。

4. 试剂与材料

人发，活性炭，苯甲醛，正丁醇，95%乙醇，冰醋酸，甲酸，30%盐酸，1%硫酸铜溶液，30%氢氧化钠，732树脂液。

5. 操作步骤

(1) 人发的处理　先用水洗净人发的一般污垢，再用热肥皂水（或洗衣粉）洗涤以去除油脂，最后用水冲洗晒干备用。

(2) 水解　安装一回流装置，在冷凝管上端接一弯玻璃管，下连一小漏斗，用水封住，避免氯化氢气体自仪器中逸出到空气中。注意小漏斗要刚好接触水面，不伸到水，以免倒吸。称取50 g人发于500 mL短颈圆底烧瓶中，加入100 mL 30%盐酸，并加几小块沸石以避免水解过程中暴沸。在沙浴上（或石棉网）加热回流3～4 h，期间要保持混合物缓缓沸腾，水解3 h后用双缩脲反应检查蛋白质是否水解完全，如果不呈现双缩脲反应时，则停止加热；否则，仍需继续加热水解至不呈现双缩脲反应为止。

双缩脲反应检查法：用长滴管吸取 3～5 mL 水解液，加入少量活性炭在热水浴中脱色数分钟，过滤。向滤液中加入 3%的氢氧化钠溶液使呈碱性，然后沿管壁加几滴 1%硫酸铜溶液，观察有无紫红色出现，若现阴性表示水解基本完全。

（3）胱氨酸母液与处理　利用 L-精氨酸极容易溶于水，而氯化铵或氯化钠及部分中性氨基酸在水中溶解度较小的特点，将胱氨酸母液 pH 调节至 7。减压浓缩，0℃下结晶沉淀，过滤。如此反复进行，直至将大部分氯化铵或氯化钠结晶沉淀除去，将最后的滤液稀释 3～5 倍，加入料液质量 1%的活性炭，80～100℃搅拌 30 min，过滤，得脱色液。

（4）吸附　按原料液体积与 732 离子交换树脂以 5∶1 的比例装在三角瓶中，搅拌至吸附达到平衡，约搅拌 4 h，弃去溶液。

732 树脂的处理：732 树脂在用于氨基酸分离前，先以 8～10 倍于树脂体积的 1 mol/L盐酸搅拌浸泡 4 h，然后用水反复洗至近中性，再以 8～10 倍体积的 1 mol/L 氢氧化钠溶液搅拌浸泡 4 h，反复以水洗至近中性后又用 8～10 倍体积的 1 mol/L 盐酸搅拌浸泡 4 h，最后水洗至中性备用。

（5）洗脱　加入树脂质量 3 倍的 3 mol/L 氨水的洗脱液，搅拌约 2 h，过滤，得滤液。

（6）提取精制　将滤液减压浓缩，在 0℃下调节洗脱浓缩液 pH 至 8 以上，强烈搅拌下缓慢加入同质量的苯甲醛（加苯甲醛的目的是：利用 L-精氨酸的胍基可与苯甲醛反应生成溶解度很小的苯甲基精氨酸），待反应完全后，用磁力搅拌器搅拌 30 min 以上，至呈白色乳浊液状，于低温下放置 24 h，溶液分为两层，上层为清液，下层为油状溶液，去上清液。下层液用 4 倍量的 6 mol/L 盐酸酸解，减压蒸馏，除去苯甲醛，得 L-精氨酸溶液。

（7）浓缩结晶　利用氨基酸在等电点时溶解度最小的特点，调节精制后的 L-精氨酸溶液的 pH 为 10.7，减压下浓缩至即将有结晶析出，缓慢搅拌冷却，再缓慢加入 4 倍量的 95%乙醇，于 0℃放置 24 h，过滤，得 L-精氨酸盐酸盐。

（8）鉴定　取精制后的 L-精氨酸和精氨酸标准品分别配制成 1%的溶液，做纸层析鉴别。

展开剂为正丁醇-乙酸-乙醇-水（8∶2∶2∶5）。

6. 结果与讨论

根据纸层析图谱，分析所得成品是否为 L-精氨酸，纯度如何。

计算 L-精氨酸得率并讨论影响 L-精氨酸得率的因素。

实验 10　薄层色谱法鉴定果汁中的糖

1. 实验目的

了解薄层色谱法的分离原理，掌握用薄层色谱法鉴定果汁中糖的操作技术。

2. 实验原理

硅胶是吸附剂，适用于酸性和中性物质的分离，在一定条件下，硅胶对各种糖分的吸附能力不同。同时，选择适当的展开剂，利用各种糖分的分配系数的差异，从而达到分离。显色后得到色谱图，与在相同条件下已知糖分的色谱图比较就能鉴定果汁中的糖分。

3. 实验器材

层析缸，烘箱，吹风机，喷雾器，离心机及离心管，新鲜果汁。

4. 试剂与材料

硅胶 G，0.3 mol/L 磷酸氢二钠溶液，展开剂（丙酮：水＝9：1），显色剂 [苯胺-二苯胺磷酸（临用时配制：2 g 二苯胺、2 mL 苯胺、20 mL 85%磷酸，与 200 mL 丙酮混溶）]，无水乙醇，标准糖溶液 [鼠李糖、乳糖、葡萄糖醛酸、木糖、果糖、葡萄糖，分别溶于 10%（体积分数）异丙醇中，使其浓度为 10 mg/mL]，羧甲基纤维素钠。

5. 操作步骤

（1）制作薄层板　用 0.3 mol/L 磷酸氢二钠溶液把硅胶 G 调成浆状，立即倒入干净的玻璃板上铺涂成 0.25 mm 厚的薄层（必要时可在溶液中加 5/1 000 的羧甲基纤维素钠作黏合剂，加热充分溶解过滤后备用，1 g 硅胶约加 3 mL 溶液），在空气中干燥，使用前在 105℃烘箱，烘烤 30 min 使其活化。

（2）提取果汁　取新鲜水果在研钵中或榨汁机中榨取果汁，离心 5 min 除去残渣，取 1 mL 果汁加 3 mL 乙醇，用 3 000 r/min 的速度离心 30 min，取清液。

（3）点样　在薄层一端约 2 cm 处用铅笔画一横线，用毛细管将新鲜果汁及标准糖液点在薄层板上，每个样品点 3～4 次，每次点样后用冷风吹干或间隔一定时间让其自然干燥。

（4）展开　在层析缸内倒入展开剂（深 1 cm 左右），把点过样的薄板放入层析缸内进行展开，直到展开剂前沿接近薄层板顶端为止，取出薄层板，在溶剂前沿处画一条线，然后用冷风吹干（注意不能把薄层吹坏）。

（5）显色　在通风橱中，在薄层板上喷雾显色剂，随即在 100℃下烘烤 10～20 min，注意观察各种糖的颜色和计算 R_f，并以此鉴定果汁中的糖分。

6. 结果与讨论

根据 TLC 结果，判断果汁中是否含有鼠李糖、乳糖、葡萄糖醛酸、木糖、果糖和葡萄糖。

计算出果汁中所含糖的 R_f。

实验 11 薄层色谱法鉴定土霉素

1. 实验目的

了解薄层色谱法的原理，掌握用薄层色谱法鉴定抗生素的操作技术。

2. 实验原理

分离原理同实验 10。本类抗生素及其降解产物在紫外光（365 nm）下产生荧光，因此可以采用该方法检出各成分的斑点并以标准品对照进行鉴别。

3. 实验器材

玻璃板，紫外分析仪，毛细管。

4. 试剂与材料

硅藻土，浓氨水，乙二胺四乙酸二钠，甘油，甲醇，乙酸乙酯，氯仿，丙酮，土霉素对照品，盐酸金霉素对照品，盐酸四环素对照品，土霉素供试品。

5. 操作步骤

1）薄层板的制备

取硅藻土适量，以用浓氨溶液调节 pH 至 7.0 的 4.0％的乙二胺四乙酸二钠溶液-甘油（95∶5）为黏合剂，将干燥硅藻土黏合剂（1 g∶3 mL）混合调成糊状后，涂布成厚度为 0.4 mm 的薄层板，在室温下放置干燥，在 105℃干燥 1 h 后，备用。在黏合剂中加中性 EDTA，是为了克服因痕量金属离子存在而引起的拖尾现象。

2）供试品和对照品的制备

取供试品与土霉素、盐酸金霉素及盐酸四环素对照品各 1 mg，分别加入 1 mL 甲醇制成四份溶液；另取土霉素、盐酸金霉素及盐酸四环素对照品，分别加 1 mL 甲醇制成含对照品各 1 mg 的混合溶液。

3）薄层展开

吸取上述五种溶液各 1 μL，分别点于同一薄层板上，取 4％乙二胺四乙酸二钠溶液（pH 为 7.5）5 mL，加至乙酸乙酯-氯仿-丙酮（2∶2∶1）200 mL 中作为展开剂，展开后，晾干。

4）显迹

用氨蒸气熏后，置紫外灯（365 nm）下检视，混合溶液应显示 3 个明显的斑点，供试溶液所显斑点的荧光强度及位置应与相应的对照品溶液的斑点相同。本类抗生素及其降解产物在紫外光（365 nm）下产生荧光，因此采用该方法可以检出各成分的斑点并以标准品对照进行鉴别。

6. 结果与讨论

（1）根据 TLC 结果判断供试品中是否含有土霉素、盐酸金霉素及盐酸四环素，并计算 R_f 值。

（2）讨论薄层展开时的注意事项。

实验 12　分配柱层析测定吐根中吐根碱和吐根酚碱

1. 实验目的

学习分配柱色谱法，了解其原理及操作方法。

2. 实验原理

分配色谱法利用待分离物质在两相间分配系数不同，经过多次差别分配而达到分离。容易分配于固定相中的物质移动速度慢，容易分配于流动相中的物质移动速度快，从而使混合组分逐步分离。

3. 实验器材

三角瓶，长 330 mm、内径 16 mm 的层析柱两根，分液漏斗，旋转蒸发器，烧杯，滤纸，酸式滴定管。

4. 试剂与材料

吐根药粉，乙醚，氯仿，盐酸，硅钨酸，硫酸，乙醇，氢氧化铵，精制硅藻土，氢氧化钠，pH 为 4.6 的 1mol/L 磷酸盐缓冲液，高氯酸，结晶紫。

5. 操作步骤

1）样品液的制备

取吐根细粉 10 g，在三角瓶中加乙醚-氯仿（3∶1）100 mL，振摇 10 min，放置 10 min后，加氢氧化铵试液 7.5 mL，振摇 2 h，过滤，用醚-氯仿（3∶1）混合液提取至生物碱沉淀试剂不呈反应。具体方法是将供试品的 1%～3%的盐酸液加热，滴加 10%的硅钨酸溶液，如果生物碱提取完全，则不会产生沉淀。合并提取液，水浴上浓缩到 20 mL 左右，在分液漏斗中用 1 mol/L 硫酸 20 mL 提取。分出氯仿层，再用 0.1 mol/L 硫酸-95%乙醇（3∶1）连续提取，水层用氯仿 10 mL 洗，此氯仿再用 0.1 mol/L 硫酸 20 mL 洗，弃去氯仿，水层同样再用 5 mL 氯仿洗 2 次。合并酸液，加氢氧化铵至碱性，用氯仿提取。各氯仿提取液用 10 mL 水洗，通过干滤纸滤入 200 mL 烧杯中，在水浴上蒸干，此总碱用醚-氯仿（1∶1）溶解至 20 mL，即为供试液。

2）装柱

利用两根层析柱，碱性柱和酸性柱分离生物碱。碱性柱的制备：精制硅藻土 10 g，加 1 mol/L 氢氧化钠溶液 5 mL 混匀，用醚湿法装入长 330 mm 内径 16 mm 的层析柱中；酸性柱的制备：精制硅藻土 15 g，用醚湿法装柱，用 pH 为 6.4 的 1 mol/L 磷酸盐缓冲液为固定相，连接两柱，碱性柱在上，酸性柱在下。

3）上样分离

取相当于 20 mg 的生物碱的提取液加到柱上，用乙醚洗脱，流速约为 2 mL/min，最初流出的 60 mL 洗脱液弃去，继续流出的洗脱液至 30 mL 时，将两柱分开，酚性生物碱留在碱性柱中（成钠盐溶于水相而滞留），酸性柱（含非酚性生物碱）继续用乙醚洗脱，至洗脱液至 120 mL 时，换氯仿洗脱。乙醚洗脱液总共收集 130 mL，依次洗出三种非酚性生物碱，推测是吐根碱、*O*-甲基九节碱和另一种未知生物碱。收集氯仿洗脱液至 100 mL 时（为吐根碱），换另一种收集器，再收集 50 mL 洗脱液，最初流出的 20 mL弃去，收集继续流出的洗脱液至 70 mL，换用氯仿-95%乙醇（5∶1）洗脱，收集洗脱液共 100 mL 时（为吐根酚碱），换另一收集器，继续收集 50 mL（九节碱）。

4）测定

各洗脱液在水浴上蒸干，残渣用乙酸溶解，用 0.01 mol/L 高氯酸溶解滴定，结晶紫为指示剂。

6. 结果与讨论

用生物碱的特征显色反应，判定提取物中是否含有吐根碱和吐根酚碱。
讨论吸附色柱和分配色谱的操作不同点。

实验 13　发酵液中柠檬酸的提取

1. 实验目的

学习应用离子交换树脂技术提取生化产品的原理和方法。

2. 实验原理

离子交换树脂是一种不溶性的固体物质，其本身由两个部分组成：一部分是以聚苯乙烯及其衍生物形成的不溶性骨架，上面带有一定数量带电基团；另一部分是靠静电力吸引在骨架上的离子，它们可以和其他带同样电荷的离子进行可逆交换。如果骨架带正电基团，对应离子则为阴离子，这种交换树脂可以和阴离子进行交换，所以称为阴离子交换树脂；反之，称为阳离子交换树脂。

虽然交换反应都是平衡反应，但是在层析柱中进行时，由于连续添加新的交换溶液，平衡不断朝正反应方向进行，直至完全，因而可把树脂上原有的离子全部或大部分替换下来。同理，一定量的溶液过交换柱时，由于溶液中离子不断被交换，其浓度逐渐减少，因而也可全部或大部分被交换而吸附在树脂上。如果有两种以上的成分被交换吸着在离子交换树脂上，用洗脱液洗脱时，其被洗脱的能力取决于各自洗脱反应的平衡常数，这就是离子交换层析使物质分离的基本原理，本实验因交换上去的是一种物质，所以用取代法即可。

取代法常用于物质的提取和浓缩，洗脱法用于混合物分离，根据被分离物和树脂亲和力的不同，采用不同 pH 缓冲液或不同离子强度的洗脱液可将其洗脱下来，如混合氨基酸、核苷酸之类物质的分离。

柠檬酸是带羟基的三元酸。其酸根能与碱性 701 树脂上的阴离子进行交换，当发酵液流经 701 树脂时，柠檬酸被吸着在树脂上，其他杂质从树脂上流出弃去。然后用稀氨水将柠檬酸从树脂上以铵盐形式取代下来。柠檬酸铵又通过另一根强酸性的 732 阳离子交换树脂 H 型柱，转型复原为柠檬酸，而从柱上流出。经收集浓缩后获白色结晶，产品纯度可用纸层析法鉴定。

3. 实验器材

层析柱（1 cm×20 cm），圆底烧瓶，量筒，烧杯，喷雾器，层析缸，镊子，毛细管，滴管，柠檬酸发酵液，701 弱碱型阴离子树脂，732 强酸型阳离子树脂，层析滤纸（15 cm×17 cm）。

4. 试剂与材料

5%氨水，2 mol/L NaOH，2 mol/L HCl，溴酚蓝显色剂（25 mg 甲基黄、75 mg 溴酚蓝溶于 200 mL 95%乙醇中，用 0.1 mol/L NaOH 调至中性），层析溶剂 [正戊醇：甲酸：水=100：32：100（体积比）]。

5. 操作步骤

1）树脂处理

商品树脂含有极少量单体，必须去净并使树脂转成一定型式。将商品树脂 732 用热水浸泡数小时，而 701 阴离子树脂用低于 40℃温水浸泡数小时。然后分别用水洗至澄清为止。沥干，用乙醇浸泡数小时，再用水洗至无醇味。然后分别用酸、碱处理。

产品 732 阳离子树脂一般为钠型，使用时需转型，即用 2 mol/L NaOH 浸泡 2 h，然后水洗至中性，再用 2 mol/L HCl 浸泡 2 h，倒去盐酸，然后用水洗至中性。阴离子树脂产品为氯型，使用时也需用 2 mol/L 酸、碱反复浸泡。

通常阳离子树脂是用酸、碱交替处理 1～2 轮，然后用盐酸转成氢型待用，阴离子树脂是用碱、酸交替处理 1～2 轮，然后用碱转成氢氧型待用。

2）装柱

在层析柱中（每组 2 根）装 1/3 蒸馏水，并排除柱下端出口处的气泡，然后取一定量处理好的 701 树脂、732 树脂分别装入层析柱中，床高分别为 8 cm 和 16 cm（注意装柱均匀）。

3）提取

（1）吸附与洗脱　取发酵液（20 mL），小心地用滴管逐渐加入（上样前先把液面降到床表面）701 阴离子树脂。并用精密 pH 试纸测其流出液，当 pH 达 2.5～3.0 时停止上样，然后用蒸馏水洗柱，并测 pH；当 pH 达 4.0～4.5 时停止洗涤。取 5％氨水 10 mL，用滴管加入柱内，收集流出液，当 pH 达 5.0～6.0 时为洗脱高峰，继续收集到 pH 达 11 时停止。

（2）转型（使柠檬酸铵转化为柠檬酸）　使 732 阳离子柱液面降到床表面，把收集的柠檬酸铵液滴加到柱上，流出液开始时 pH 较高，为 5～6，此液弃去，直到流出液 pH 达 2.5～3.0 时开始收集，这时 pH 还会不断下降，至 pH 再恢复至 2.5～3.0 时停止收集流出液即为柠檬酸。

（3）浓缩结晶　将收集的柠檬酸溶液放在圆底烧瓶中，水浴加热并用水泵抽气，减压浓缩至稠状为止。在瓶中加入几颗晶种，放入冰箱，结晶很快析出。

4）树脂再生

701 树脂先用蒸馏水洗至 pH 为 9，用 15 mL 2 mol/L NaOH 通过此柱，然后用蒸馏水洗至中性即可。732 树脂先用蒸馏水洗至中性，再用 30 mL 2 mol/L HCl 通过此柱，然后用蒸馏水洗至中性即可。

6. 结果与讨论

结晶析出后，进行纸层析鉴定。取 15～17 cm 层析滤纸一张，离纸一端 2 cm 处用铅笔划一基线，取少量结晶样品溶解在蒸馏水中，点样在滤纸的基线中间，在此两边间隔 2 cm 处，分别点上发酵液和标准柠檬酸。待样点干燥后用正戊醇甲醇配制的溶液进行展开，约 4 h 取出滤纸并吹干，喷上显色剂，在有柠檬酸等有机酸处即可出现黄色斑点，与标准柠檬酸斑点比较，可知柠檬酸结晶是否纯净。

实验 14　离子交换柱层析分离氨基酸

1. 实验目的

学习离子交换层析分离氨基酸的原理，掌握离子交换柱层析的基本操作技术。

2. 实验原理

离子交换层析法是利用各种离子交换树脂的亲和力的不同而达到分离的方法。根据不同目的，一般有两种操作方法：一种是取代法；另一种是洗脱法。取代法通常用于物质的提取和浓缩，洗脱法一般用于相似物质的分离。本实验采用洗脱法分离氨基酸的混合溶液。其原理为在层析柱内放入 H 型离子交换树脂，再将氨基酸的混合溶液通过该柱，这些性质相似的氨基酸离子就被交换剂树脂所吸留，固着其上。用水洗去残液后，用洗脱液洗脱，此时发生一连串的洗脱交换和吸留交换现象，离子因此向下移动，亲和力大的离子被吸留得比较牢固，因此向下移动较慢。亲和力较小的离子被吸留的力量比较小，容易被冲洗下来，因此先被洗脱。这种现象与吸附层析法的分离原理极相似。分段进行收集，将样品中的各种氨基酸分离开来。

3. 实验器材

层析柱（1.5 cm × 20 cm），分液漏斗（250 mL），烧杯（250 mL），储液瓶（1 000 mL），试管及试管架，移液管，毛细管，层析滤纸，光电比色计，烘箱，部分收集器。

4. 试剂与材料

732 离子交换树脂，4 mol/L HCl，0.1 mol/L HCl，氨基酸混合液（溶解天冬氨酸、组氨酸和赖氨酸在 0.1 mol/L HCl 中，每种氨基酸的浓度各为 2 mg/mL），Tris-HCl 缓冲液（0.2 mol/L，pH 为 8.5），0.2 mol/L NaOH，乙酸缓冲液（4 mol/L，pH 为 5.5），水合茚三酮试剂 [新鲜配制并储存于棕色瓶内（溶解 20 g 水合茚三酮和 3 g 还原型茚三酮试剂于 750 mL 甲基溶纤剂中，并加 250 mL 乙酸缓冲液）]，甲基溶纤剂（乙二醇-甲基醚），乙醇（50%，体积分数），水合茚三酮（2 g/L 在丙酮中）。

5. 操作步骤

（1）树脂处理　将商品树脂 732 用热水浸泡数小时，然后用大量去离子水洗至澄清，沥干，用乙醇浸泡数小时，再用水洗至无味。用 2 mol/L NaOH 浸泡 2 h，水洗至中性，再用 2 mol/L HCl 浸泡 2 h，水洗到中性，最后用 0.1 mol/L HCl 洗涤，并悬浮于其中。

（2）装柱　将层析柱用万能夹固定在铁架台上，取少量玻璃纤维装入管底填平（或尼龙橡皮塞），夹紧下部自由夹。从柱内装入 1/3 蒸馏水，并排除下端出口处气泡，然后把树脂装入小漏斗内，打开自由夹使树脂逐渐均匀地沉积在管内，待其高度为 15 cm 时，不再填充树脂（注意柱要均匀，床面必须浸没于液体中；否则，空气进入柱中影响分离效果），待液面降到床表面时夹紧自由夹。

（3）上样和洗脱　仔细地把 0.2 mL 氨基酸混合液加到柱上，用吸管加样，使管端部接触内壁。在离床面数毫米处，随加随沿柱内壁转动一周，然后速移至中心，使样品流入柱内，至液面与床面平行时，再加 0.2 mL 0.1 mol/L HCl，如前那样加入，重复数次，最后加 2 mL 0.1 mol/L HCl 并把柱与装有 500 mL 0.1 mol/L HCl 的储液瓶相连，调整瓶高度，使流速大约为 1 mL/min，分部收集 40 管，每管 2 mL，同时要检验试管中氨基酸的存在，一次检验 5 管，把每个管中的液体点一滴到滤纸上，再把滤纸在茚三酮丙酮溶液中浸一下，而后放在105℃烘箱中加热或在酒精灯旁烘热，如出现蓝紫色斑点，表明已有氨基酸流出。当第一个氨基酸洗脱后，移开 0.1 mol/L HCl 的储液瓶，让液面恰好降到床面，加入 2 mL 0.2 mol/L Tris-HCl 缓冲液到柱顶部，然后把柱与 0.2 mol/L Tris-HCl 缓冲液储液瓶连接起来，并继续洗脱直至第二、第三种氨基酸全部流出为止。

(4) 氨基酸的检定　加几滴酸或碱调整每个管的 pH 至 5。加 2 mL 缓冲的水合茚三酮试剂，然后在沸水浴中加热 15 min，冷却试管至室温，加 3 mL 50%的乙醇，放置 10 min，在 570 nm 处比色，另取 0.1 mol/L HCl 和 0.2 mol/L Tris-HCl 作比色时的空白对照。画出每管的氨基酸量（光密度）对洗脱体积（洗脱液的毫升数）的曲线。

(5) 树脂再生　树脂用后使其恢复原状的方法叫做再生。用过的树脂应立即进行再生，这样可以反复使用。将树脂倒入烧杯，用蒸馏水漂洗（或抽滤）至中性，再用 2 mol/L HCl 溶液漂洗（或抽滤）至强酸性（pH 为 1 左右），然后用蒸馏水洗至中性即可再用。

6. 结果与讨论

根据比色结果判定氨基酸的分离效果。

分析影响氨基酸分离效果的因素。

实验 15　Sephadex G-50 分离蓝葡聚糖 2000、细胞色素 c 和溴酚蓝

1. 实验目的

学习葡聚糖凝胶法的工作原理和基本操作技术，通过已知相对分子质量的几种不同物质来了解葡聚糖凝胶的性质。

2. 实验原理

凝胶过滤的基本原理是用一般的柱层析方法使相对分子质量不同的溶质通过具有分子筛性质的固定相（凝胶），从而使物质分离并达到分析的目的。

用作凝胶的材料有多种，如交联葡聚糖凝胶（Sephadex）、琼脂糖凝胶（Sepharose）、聚丙烯酰胺凝胶（Biogel）。此外，还有这些凝胶的各类衍生物。本实验采用交联葡聚糖凝胶。其分离原理详见本书第 7 章 7.4 节。

为了精确地衡量混合物中某一被分离成分在一定的凝胶柱内的洗脱行为，常采用分配 K_d 来衡量，K_d 的定义规定为

$$K_d = \frac{V_e - V_0}{V_1}$$

式中：V_e 为某一成分从加入样品算起，到组分的最大浓度（峰）出现时所流出的体积，mL；V_0 为层析柱内凝胶颗粒之间隙的总容积，mL；V_1 为层析柱内凝胶内部微孔的总容积，mL。

V_e 随溶质的相对分子质量的大小和对凝胶的吸附等因素而不同。一般相对分子质量较小的溶质，它的 V_e 值比相对分子质量较大的溶质要大，也即和分配系数 K_d 有关。

当某种成分的 K_d 值为零时，表示这种成分完全被排阻于凝胶颗粒的微孔之外而最先洗脱出来（即 $V_e=V_0$）。

当另一种成分的 K_d 值为 1 时，意味着这一成分完全不被排阻，它可以自由地扩散进入凝胶颗粒内部的微孔中，在洗脱过程中它将最后流出柱外（$V_e=V_0+V_1$）。处于上述极端情况（即相对分子质量最大和相对分子质量最小）之间的那些分子，它们的 K_d 值在 0～1 范围内变化。由此可见 K_d 值的大小顺序决定了被分离物质流出层析柱的顺序。

本实验采用葡聚糖凝胶 G-50 作固相载体，可分离相对分子质量范围在 1 500～3 000之间的多肽与蛋白质。我们用的样品是含有蓝色葡聚糖 2 000（相对分子质量在 200 万以上，呈蓝色），细胞色素 c（相对分子质量 12 400，呈红色）和呈黄色的溴酚蓝混合液。当该混合液流经层析柱时，三种有色物质因 K_d值不同，分离明显可见。

3. 实验器材

吸管 1 mL（1 支），层析柱（1 cm×20 cm，1 根），刻度离心管（4 支），小试管（1 cm×7.5 cm，40 支），烧杯（3 个），滴管，玻璃棒，水浴。

4. 试剂与材料

Sephade G-50，蓝葡聚糖 2 000，细胞色素 c，溴酚蓝，0.05 mol/L Tris-HCl（pH 为 7.5）；0.007 5 mol/L KCl 溶液（称取 12.12 g Tris、15 g KCl，先用少量水溶解，再加 6.67 mL 浓盐酸，以蒸馏水定容 2 000 mL）。

5. 操作步骤

1）凝胶溶胀

商品用凝胶是干燥的颗粒，使用前需将凝胶浸泡于 10 倍左右的蒸馏水或洗脱液中充分溶胀。然后装柱。溶胀必须彻底；否则，会影响层析的均一性，甚至使柱破裂。自然溶胀往往需要 24 h 或数天，加热可使溶胀加速。溶胀后需要用倾泻法除去细小的颗粒。

本实验称取 2.3 g 葡聚糖凝胶 G-50 加入 40 mL 蒸馏水中，沸水溶胀 2 h，用倾泻法除去凝胶上层水及细小颗粒，以蒸馏水反复倾洗 3～4 次，再用洗脱液洗涤 3 次后，减压抽滤 10 min 除气泡。

2）装柱

首先将柱垂直地安装好，柱内装放洗脱液，排除层析滤板下的空气，关闭出口，柱内留下约为柱体积 1/4 的洗液，加入搅拌均匀的葡聚糖凝胶 G-50 浆液，装填时用一根玻璃棒，让浆液沿玻璃棒流入柱内，同时打开柱底部出口，调流速 0.3 mL/min，凝胶随柱内溶液慢慢流下而均匀沉降到层析柱底部，不断补入均匀的浆液直到凝胶高 15 cm 为止。床面上应保持有洗脱液。操作过程中注意不能让凝胶床表面露出液面。装柱时尽量一次装完，以免出现不均匀的凝胶带。关闭出口。

3）加样

为了获得较好的分离效果，起始区带必须尽量狭窄因此要求加样量小。本实验称取 0.80 mg 蓝色葡聚糖 2000 于试管中，加入 10^3 mol/L 的细胞色素 c 0.1 mL，再加入 0.2 mg溴酚蓝。样品混合后，用滴管吸去凝胶床顶部大部分液体，打开出口使洗脱液恰好流到床面为止。关闭出口，小心地把上述样品加于柱内成一薄层，切勿搅动床面。打开出口使样品渗入凝胶内，并开始收集流出液，计算体积。立即用 0.5 mL 洗脱液洗凝胶床面两次。当液面降到床表面时，小心加入洗脱液进行洗脱。并注意操作过程中保持不让凝胶床表面露出液面。

4）洗脱与收集

调恒压瓶高度以调节洗脱液流速，使之为每分钟 0.3 mL，每 0.3 mL 一管，分部收集。注意观察层析柱内分离现象，并观察收集管内颜色深浅，以一、十、十十等记号记录三种物质洗脱液的颜色（或用 400 nm、550 nm 测其 OD 值）。

5）凝胶洗涤与保存

把凝胶倒入烧杯中收集，用温热的 0.5 mol/L NaOH 与 0.5 mol/L NaCl 混合洗涤几次，再用蒸馏水抽洗。

凝胶保存分干法和湿法两种，使用过的凝胶以湿态保存，在凝胶悬液中加几滴氯仿，可防止凝胶被微生物污染。

6. 结果与讨论

绘制洗脱曲线。以洗脱管数为横坐标，洗脱液的颜色强度为纵坐标，在坐标纸上作图即得洗脱曲线。

计算各成分的 V_e，凝胶柱的 V_1、V_0，及各组分的 K_d 值。

实验 16 凝胶层析法分离纯化蛋白质

1. 实验目的

了解凝胶层析的基本原理，学会用凝胶层析分离纯化蛋白质。

2. 实验原理

实验原理与实验 15 相同。

3. 实验器材

层析柱（1 cm×90 cm），恒流泵，紫外检测器，部分收集器，记录仪，试管等普通玻璃器皿。

4. 试剂与材料

待分离样品（胰岛素、牛血清蛋白），葡聚糖凝胶 Sephadex G-75，蓝葡聚糖 2000，洗脱液（0.1 mol/L、pH 为 6.8 的磷酸缓冲液）。

5. 操作步骤

1）凝胶的处理

Sephadex G-75 干粉室温用蒸馏水充分溶胀 24 h，或沸水浴 3 h，这样可大大缩短溶胀时间，而且可以杀死细菌和排除凝胶内部的气泡。溶胀过程注意不要过分搅拌，以防颗粒破碎。凝胶颗粒大小要求均匀，使流速稳定，凝胶充分溶胀后用倾泻法将不容易沉下的较细颗粒除去。将溶胀后的凝胶抽干，用 10 倍体积的洗脱液处理约 1 h，搅拌后继续用倾泻法将不容易沉下的较细颗粒除去。

2）装柱

将层析柱垂直装好，关闭出口，加入洗脱液约 1 cm 高。将处理好的凝胶用等体积的洗脱液搅成浆状，自柱顶部沿管内壁缓缓加入柱中，待底部凝胶沉积约 1 cm 高时，再打开出口，继续加入凝胶浆，至凝胶沉积至一定高度（约 70 cm）即可。装柱要求连续、均匀、无气泡、无“纹路”。

3）平衡

将洗脱液与恒流泵相连，用 2～3 倍床体积的洗脱液平衡，流速为 0.5 mL/min。平衡好后用洗脱液在凝胶表面放一层滤纸，以防止加样时凝胶被冲起。柱装好和平衡后可用蓝葡聚糖 1000 检查层析行为。在层析柱内加 1 mL（2 mg/mL）蓝葡聚糖 2000，然后用洗脱液进行洗脱，流速为 0.5 mL/min。如果色带狭窄并均匀下降，说明装柱良好，然后再用 2 倍床体积的洗脱液平衡。

4）加样和洗脱

将柱中多余的液体放出，使液面刚好盖过凝胶，关闭出口。将 1 mL 样品沿层析柱管壁小心加入，加完后打开底端出口，用少量洗脱液洗柱内壁 2 次，加洗脱液至液层 4 cm左右，安上恒流泵，调好流速 0.5 mL/min，开始洗脱。上样的体积，分析用量一般为床体积的 1%～2%，制备用量一般为床体积的 20%～30%。

5）收集与测定

用部分收集器收集洗脱液，每管 4 mL。紫外检测仪 280 nm 处检测，用记录仪或将检测信号输入色谱工作站，绘制洗脱曲线。

6）凝胶柱的处理

一般凝胶柱用过后，反复用蒸馏水（2～3 倍床体积）通过柱即可。如果凝胶有颜色或比较脏，需用 0.5 mol/L NaOH-0.5 mol/L NaCl 洗涤，再用蒸馏水洗。冬季一般放 2 个月无长霉情况，但在夏季如果不用，需要加 0.02%的叠氮化钠防腐。

6. 结果与讨论

绘制洗脱曲线并判定蛋白质的分离效果。

实验 17　HPLC 法测定复方磺胺甲唑片中的磺胺甲噁唑和甲氧苄啶

1. 实验目的

了解复方磺胺甲唑片的组成，学会用 HPLC 的方法对其磺胺甲噁唑（SMZ）和甲氧苄啶（TMP）的含量进行测定。

2. 实验原理

复方磺胺甲唑片是 SMZ 和 TMP（5∶1）的复方片剂。本实验主要用 HPLC 的方法，对复方片剂进行含量测定，其分离原理可参见本书第 7 章 7.5 节。

3. 实验器材

高效液相色谱仪，容量瓶（2 000 mL、100 mL、50 mL），天平，微孔滤膜过滤器及微孔滤膜，超声波清洗器，研砵，量筒。

4. 试剂与材料

三蒸水，乙腈，氢氧化钠，冰醋酸，三乙胺，复方磺胺甲唑片，甲醇，SMZ 对照品，TMP 对照品。

5. 操作步骤

1）流动相的准备

取 1400 mL 水、400 mL 乙腈与 2.0 mL 三乙胺置于 2 000 mL 容量瓶中，用 0.2 mol/L氢氧化钠溶液或稀冰醋酸溶液（1∶100）调节 pH 至 5.9±0.1，用水稀释至刻度，用 0.45 μm 的微孔滤膜过滤，作为流动相。

2）供试品溶液的制备

取供试品 20 片，精密称定，研细，精密称取适量（约相当于 SMZ 160 mg），置于

100 mL 容量瓶中，加约 50 mL 甲醇，超声振荡提取 5 min，冷却至室温。加甲醇稀释至刻度，滤过，精密量取 5 mL，至 50 mL 量瓶中，加流动相稀释至刻度，摇匀，即得供试品溶液。

3）对照品溶液的制备

分别称取 TMP 和 SMZ 的对照品适量，精密称定，加甲醇使其溶解并定量稀释制成每 1 mL 含 TMP 0.32 mg 和 0.32 J（J 为处方中 SMZ 与 TMP 剂量的比值），量取该溶液 5.0 mL，置 50 mL 容量瓶中，加流动相稀释至刻度，摇匀，即得。其中 TMP 浓度为 0.032 mg/mL，SMZ 的浓度为 0.032 Jmg/mL。

4）色谱系统

色谱柱为十八烷基键合硅胶柱（3.9 mm×30 cm）；流速为 2 mL/min；检测波长为 254 nm；吸取对照品溶液 20 μL 进样，TMP 和 SMZ 的相对保留时间为 1.8 min。

6. 结果与讨论

吸取供试品溶液和对照品溶液各 20 μL，分别进样，测定峰面积，按下式计算供试品中 TMP 或 SMZ 标示的百分含量

$$\text{待测组分标示百分含量}/\% = c_{\text{对照}} \times \frac{A_{\text{样}}}{A_{\text{对}}} \times \frac{V_2}{V_1} \times V_0 \times \frac{\overline{m}}{m_{\text{样}}\ L} \times 100$$

$$= c_{\text{对照}} \times \frac{A_{\text{样}}}{A_{\text{对}}} \times \frac{50}{5} \times 100 \times \frac{\overline{m}}{m_{\text{样}}\ L} \times 100$$

式中：$c_{\text{对照}}$ 为对照品溶液中 TMP 或 SMZ 的浓度，mg/mL；$A_{\text{样}}$、$A_{\text{对}}$ 分别为供试品溶液、对照品溶液中 TMP 或 SMZ 的峰面积；V_0 为供试品溶液和对照品溶液中 TMP 或 SMZ 的峰面积；$\frac{V_2}{V_1}$ 为稀释倍数；$m_{\text{样}}$ 为供试品的取样量，g；$\overline{m}$ 为平均片重，g；L 为标示量，mg/片。

实验 18 重氮法固定胰蛋白酶及亲和层析法提取抑肽酶

1. 实验目的

学习重氮法固定化酶的方法。
了解亲和层析法的基本原理和方法。

2. 实验原理

使酶通过共价键与不溶性载体结合的方法，称为共价法。在酶分子中能形成共价键的基团有氨基酸的游离氨基、游离羧基、半胱氨酸的巯基、组氨酸的咪唑基、酪氨酸的酚基、丝氨酸的羟基等。常用的不溶性载体有两大类：一类是天然有机物，如纤维素、葡聚糖凝胶、琼脂糖、淀粉，以及它们的衍生物等；另一类是人工合成的高聚物，如甲

基丙烯酸共聚物、顺丁烯二酸和乙烯的共聚物、氨基酸共聚物及聚苯乙烯等。

共价法是固定化酶研究中的最活跃的一类方法，其优点是酶和载体之间的连接键很牢固，使用过程中不会发生酶的脱溶，稳定性较好。缺点是操作较复杂，反应条件不容易控制，要制备活力很高的固定化酶还有困难。

重氮法是共价法固定化酶的方法之一。本实验所用的固相载体是琼脂糖凝胶，在碱性条件下接上双功能试剂β-硫酸酯乙砜基苯胺（SESA），制备得到对氨基苯磺酰乙基琼脂糖（ABSE-琼脂糖），然后用亚硝酸进行重氮化，重氮基团可和酶蛋白分子中酪氨酸的酚基或组氨酸的咪唑基发生偶联反应（酶蛋白的游离氨基也能十分缓慢地发生偶联反应），从而得到固定化酶。

亲和层析是一种用来纯化酶和其他高分子的一种特别的层析技术。一般的层析分离技术都是利用被分离物质的物化性质的不同，亲和层析则是利用被分离物的生物学性能方面的差别。生物分子具有和有些相对应的分子专一结合的特性，如酶的活性中心能和专一的底物、抑制剂、辅因子和效应剂通过某些初级键相互结合，形成络合物，这种专一结合的分子称为配基，生物高分子和配基之间形成络合物的能力称为亲和力，亲和层析的名称就是由此而来的。亲和层析法与常用的分离分析法比较，具有纯化效果好，得率高的优点。

本实验所要纯化的为抑肽酶，它是胰蛋白酶的抑制剂，具有较高专一性，因而可用胰蛋白酶作为配基，通过共价法偶联于固相载体上制成亲和吸附剂。由于胰蛋白酶和抑肽酶在 pH 为 7～8 的条件下能“专一”结合，而在 pH 为 2～3 条件下又能重新解离，因而可将抑肽酶纯化。

3. 实验器材

恒温水浴箱，抽滤装置，烧杯，吸管，量筒，层析柱，部分收集器，分光光度计，离心机。

4. 试剂与材料

琼脂糖凝胶，1 mol/L NaOH，β-硫酸酯乙砜基苯胺，1.5 mol/L Na_2CO_3溶液，固体 Na_2CO_3，0.5 mol/L NaOH 溶液，1 mol/L HCl，5% $NaNO_2$ 溶液，0.05 mol/L HCl，胰蛋白酶，1 mol/L Na_2CO_3溶液，1 mol/L NaCl，0.1 mol/L 硼酸缓冲液（pH 为 7.8），抑肽酶粗提液，0.25 mol/L 氯化钠-盐酸（pH 为 1.7），$NaBH_4$，苯甲酰-L-精氨酰-β-萘酰胺。

5. 操作步骤

1）固定化胰蛋白酶的制备

（1）ABSE-琼脂糖制备　①称取抽滤成半干的琼脂糖凝胶 10 g，加入 10 mL 蒸馏水，以 1 mol/L NaOH 溶液调 pH 至 13；②称取 1.25 g SESA 悬于 5 mL 蒸馏水中，搅拌下缓慢用 1.5 mol/L Na_2CO_3溶液调 pH 至 6.0，待溶解后离心，除去残渣取 SESA 清液；③把上述二者混合放入沸水浴中，待温度达到 60℃时立即加入 Na_2CO_3 5 g，继续在沸水浴中维持 45 min；④抽滤瓶用 0.5 mol/L NaOH 溶液洗 3 次，再用蒸馏水洗 3 次，抽干即得 ABSE-琼脂糖。

（2）ABSE-琼脂糖重氮化　①把上述 ABSE-琼脂糖凝胶悬于 20 mL 蒸馏水中，放入冰浴中，搅拌下依次加入预冷的 1 mol/L HCl 20 mL 和 5% $NaNO_2$溶液 20 mL，冰浴中间歇搅拌 20 min；②过滤并用预冷的 0.05 mol/L HCl 洗 3 次，冷蒸馏水洗 3 次，抽干即为重氮衍生物。

（3）胰蛋白酶的偶联　将 ABSE-琼脂糖重氮衍生物立即投入胰蛋白酶溶液（200 mg 胰蛋白酶 20 mL，0.1 mol/L、pH 为 8.0 的缓冲溶液中），立即用 1 mol/L Na_2CO_3溶液维持 pH 为 8.0，冰浴中间歇搅拌 1.5 h，再以少量 1 mol/L NaCl 溶液洗 2 次，再用蒸馏水洗 3 次即得固定化胰蛋白酶。

2）亲和层析分离抑肽酶

（1）装柱　将上述制备的固定化胰蛋白酶装入层析柱，然后用 0.1 mol/L、pH 为 7.8 的硼酸缓冲液平衡。

（2）抑肽酶的吸附　将抑肽酶溶液 150 mL（含抑肽酶粗品 0.75 g）以 2.5 mL/min 流速上柱吸附。

（3）淋洗　待上柱吸附完毕后，用上述缓冲液进行淋洗直到无杂质蛋白质流出为止。

（4）洗脱　最后用 0.25 mol/L、pH 为 1.7 的氯化钠-盐酸进行洗脱，待洗脱峰出现开始收集。

（5）测定　测定洗脱液的蛋白质含量。

（6）再生　亲和层析柱用平衡缓冲液平衡后可再次做亲和层析。如果柱内加入 0.01%叠氮化钠在冰箱中保存，可延长其保质期。

6. 结果与讨论

试分析影响亲和层析效果的因素。

偶联的目的是什么？

实验 19　蛋白质的透析

1. 实验目的

学习透析的基本原理和操作。

2. 实验原理

蛋白质是大分子物质，它不能透过透析膜，而小分子物质可以自由透过。

在分离提纯蛋白质的过程中，常利用透析的方法使蛋白质与其中夹杂的小分子物质分开。

3. 实验器材

透析管或玻璃纸，烧杯，玻璃棒，电磁搅拌器，试管及试管架。

4. 试剂和材料

蛋白质的氯化钠溶液（3 个除去卵黄的鸡卵蛋清与 700 mL 水及 300 mL 饱和氯化钠溶液混合后，用数层干纱布过滤），10%硝酸溶液，1%硝酸银溶液，10%氢氧化钠溶液，1%硫酸铜溶液。

5. 操作步骤

用蛋白质溶液做双缩脲反应（加 10%氢氧化钠溶液约 1 mL，振荡摇匀，再加 1%硫酸铜溶液 1 滴，再振荡，观察出现的粉红颜色）。

透析袋的预处理　将一适当大小和长度的透析管放在 50%乙醇煮沸 1 h（或浸泡一段时间），再用 10 g/L Na_2CO_3 和 1 mmol/L EDTA 洗涤，最后用蒸馏水洗涤 2～3 次，结扎管的一端。

向火棉胶制成的透析管中装入 10～15 mL 蛋白质溶液并放在盛有蒸馏水的烧杯中（或用玻璃纸装入蛋白质溶液后扎成袋形，系于一横放在烧杯的玻璃棒上）。

约 1 h 后，自烧杯中取水 1～2 mL，加 10%硝酸溶液数滴使成酸性，再加入 1%硝酸银溶液 1～2 滴，检查氯离子的存在。

从烧杯中另取 1～2 mL 水，做双缩脲反应，检查是否有蛋白质存在。

不断更换烧杯中的蒸馏水（并用电磁搅拌器不断搅动蒸馏水）以加速透析过程。数小时后从烧杯中的水中不再能检出氯离子时，停止透析并检查透析袋内容物是否有蛋白质或氯离子存在（此时应观察到透析袋中球蛋白沉淀的出现，这是因为球蛋白不溶于纯水的缘故）。

6. 结果与讨论

从氯离子和双缩脲反应检查结果，评价透析效果。

实验 20　冻干干燥酸奶粉的研制

本实验采用低温喷雾干燥和冷冻升华干燥的方法，使冻结酸奶在较高真空度下升华干燥，以便最大限度地保存活菌数和各种营养素，复水后风味和组织状态良好。

1. 实验目的

掌握冷冻干燥的操作原理及设备的使用。

了解冷冻干燥的实际应用。

2. 实验原理

冷冻干燥是将含水物质预先冻结，并在冻结状态下将物质中的水分从固态升华成气态，以达到除去水分而保存物质的干燥方法。食品冷冻干燥原理的基础是水相平衡关系，水有三种相态，即固态、液态和气态。三种相态之间达到平衡时要有一定的条件，称为相平衡关系。水分子之间的相互位置随温度、压强的改变而改变，由量变到质变，产生相态的转变。当压强下降到某一值时，沸点与冰点重合，此时的压强为三相点压强，相应的温度为三相点温度。真空冷冻干燥的基本原理是在低温、低压下使食品中的水分升华而脱水，即含水食品的冷冻干燥在水的三相点以下。由于脱水时的温度较低，在脱水过程中不改变食品本身的物理结构，其化学结构变化也很小，故能最大限度地保持食品的形状以及色、香、味和营养成分。

物料冷冻干燥时首先要将原料进行冻结，现在常用的有自冻法和预冻法两种。自冻法就是利用物料表面水分蒸发时从它本身吸收气化潜热，促使物料温度下降，直至它达到冻结点时物料水分自行冻结的方法。如果能将真空干燥室迅速抽成高真空状态，即压力迅速下降，物料水分就会因水分瞬间大量蒸发而迅速降温冻结。大部分预煮的蔬菜可用此法冻结。不过水分蒸发时常会出现变形或发泡等现象。如果真空度调整适宜，这种变化就可以减轻到最低的程度。因此，此法对外观和形态要求高的食品并不适宜。此法的优点是可降低每蒸发 1 kg 水分所需的总热耗量。

预冻法就是干燥前用一般的冻结方法，如高速冷空气循环法、低温盐水浸渍法、低温金属板接触法、液氮或氟利昂喷淋法或制冷剂浸渍法等将物料预先冻结，为进一步冷冻干燥做好准备的方法。一般蔬菜能在较低温度下形成冰晶体，用此法较为适宜。

目前对冷冻干燥中冷冻速度的重要性看法并不一致。冻结速度对于制品的多孔性产生影响，孔隙的大小、形状和曲折性将影响蒸气的外逸。冻结速度越快，物料内形成冰晶体越微小，孔隙越小，冷冻干燥的速度越慢。冷冻速度还会影响原材料的弹性和持水性。缓慢冻结时形成的颗粒粗大的冰晶体会破坏干制品的质地并引起细胞膜和蛋白质的变性。

3. 实验器材

恒温培养箱（温度范围 20～60℃），冷藏柜，冷冻干燥机，血球计数板，过滤装置，高压均质机，加热装置，盛奶容器。

4. 试剂和材料

乳酸菌菌种（采用嗜热链球菌和保加利亚乳杆菌混合固体发酵剂），鲜牛乳，白糖。

5. 步骤操作

1）生产工艺流程

本实验采用凝固型酸乳冷冻升华干燥生产酸乳粉的方法，其工艺过程如下：

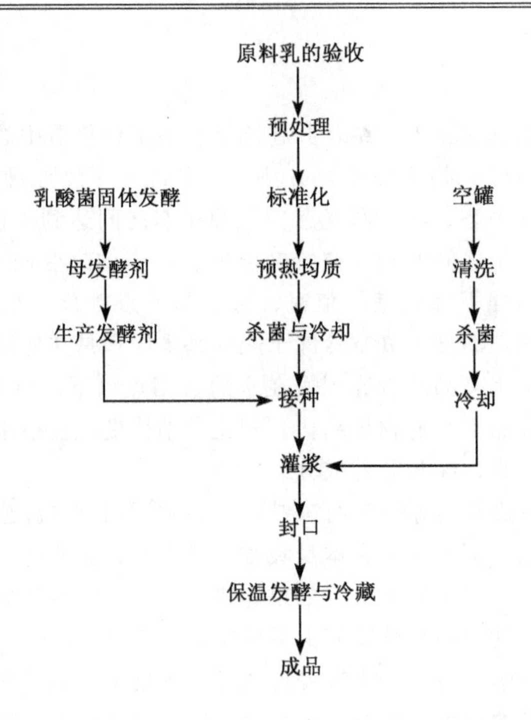

2）工艺技术要求

（1）原料乳的验收　采用健康奶牛的新鲜乳汁，乳脂肪含量＞3.4%，全脂乳固体≥11.5%，相对密度≥1.030，70%乙醇实验阴性，TTC（2，3，5-氯化三苯基四氮唑）检验阴性。合格后过滤待用。

（2）标准化　在牛乳中添加全脂淡乳粉和蔗糖，使酸牛乳固形物含量＞20%，以减少乳清的析出，便于干燥。

（3）预热均质　牛乳经均质处理后，脂肪球破碎，或获得口感细腻、质地滑润和风味良好的制品。另外，牛乳经均质能增强酪蛋白的水合能力，提高酸奶的黏稠度和稳定性。预热温度为50～60℃，采用两段式均质，第一段均质压强为17.64～22.54 MPa，第二段均质压强为3.43～4.9 MPa。

（4）杀菌与冷却　牛乳杀菌前加入7%的蔗糖，杀菌条件为85℃、10 min或95℃、5 min，杀菌结束后迅速冷却到45℃进行接种。

（5）接种　①发酵剂的制备。取鲜乳1 000 mL，脱脂后装入1 500 mL的三角瓶中，经95℃、20 min灭菌，冷却到45℃时，以无菌方法接种0.1%～0.2%乳酸菌固体发酵剂，在40℃±1℃保温培养8～12 h，牛乳凝固后在冰箱中于0～5℃保存备用。②生产发酵剂的制备。取鲜乳2 000 mL于3 000 mL三角瓶中，经90℃、10 min杀菌，冷却到45℃时，添加2%～3%的母发酵剂，在42～44℃条件下培养4～6 h，牛乳凝固后在冰箱中于0～5℃保存备用，将制备好的生产发酵剂搅拌成糊状，以3%～4%的接种于牛乳中，充分混合均匀后灌装。

（6）灌装　空罐洗干净后，用高压蒸气于121℃经15 min杀菌，冷却到室温后灌装，并立即封口，装箱发酵。

（7）保温发酵与冷藏　在 42～44℃下保温发酵 3～4 h，成熟的酸牛乳应凝块结实、表面光滑、风味良好、无明显乳清分离现象。发酵结束后，在冷藏柜中于 0～5℃冷藏 12～36 h。

（8）冷冻升华干燥　冷冻升华干燥是酸乳粉生产的关键工序。所采用的技术条件为：①冻结。酸乳结晶温度为－30～－25℃，降温时间为 130 min；②抽真空。真空度 100 Pa，保持 2.5 h；③升华供热。真空度 100～250 Pa，升华时间为 17 h，升华温度为－20～－15℃，产品品温为 50～60℃，供热达到的温度一般为 30～60℃。

（9）出粉与包装　升华与干燥后的产品呈疏松多孔状，出粉后立即进行真空包装，防止潮粉和微生物污染。包装后可在室温下储藏。

6. 结果与讨论

检查冻干酸乳粉的复水性，并讨论影响其质量的因素。

参 考 文 献

陈红章等. 2004. 生物过程工程与设备. 北京：化学工业出版社

陈惠黎. 1990. 生物化学检验技术. 北京：人民卫生出版社

陈钧辉，陶力，李俊等. 2003. 生物化学实验. 第三版. 北京：科学出版社

陈毓荃. 2002. 生物化学实验方法和技术. 北京：科学出版社

达世禄. 1988. 色谱学导论. 武汉：武汉大学出版社

大矢晴彦. 1999. 分离的科学与技术. 北京：中国轻工业出版社

单熙滨. 1994. 制药工程. 北京：北京医科大学、中国协和医科大学联合出版社

冯芳. 2003. 药物分析. 北京：化学工业出版社

顾觉奋. 2000. 分离纯化工艺原理. 北京：中国医药科技出版社

郭勇. 2000. 生物制药技术. 北京：中国轻工业出版社

贾士儒. 2002. 生物工艺与工程实验技术. 北京：中国轻工业出版社

贾士儒. 2004. 生物工程专业实验. 北京：中国轻工业出版社

坎普 R M，威特曼 B，乔里-帕帕多普洛 T. 2000. 蛋白质结构分析：制备、鉴定与微量测序. 施蕴渝，饶子和，陈常庆等译. 北京：化学工业出版社

劳为德. 2003. 动物细胞与转基因动物制药. 北京：化学工业出版社

李建武. 1997. 生物化学实验原理和方法. 北京：北京大学出版社

李建武. 1997. 生物化学实验原理和方法. 北京：北京大学出版社

李津，俞詠霆，董德祥. 2003. 生物制药设备和分离纯化技术. 北京：化学工业出版社

李可彬. 1999. 乳状液膜分离技术及其应用概述. 四川轻化工学院学报，12（4）：72～78

厉朝龙. 2000. 生物化学与分子生物学实验技术. 杭州：浙江大学出版社

梁世中. 1995. 生物分离技术. 广州：华南理工大学出版社

林秀丽，主沉浮，陆维玮. 1999. 高效液相色谱法的进展及其在生化医药方面的应用. 中国生化药物杂志，20（3）：155～157

刘红，潘红春. 1998. 液膜萃取技术在生物工程领域的应用研究进展. 膜科学与技术，18（3）：10～14

刘茉娥. 2000. 膜分离技术. 北京：化学工业出版社

吕宏凌，王宝国. 2004. 液膜分离技术在生化产品提取中的应用进展. 化工进展，23（7）：696～700

毛忠贵. 1999. 生物工业下游技术. 北京：中国轻工出版社

缪晖. 2004. 膜分离技术的发展及应用. 天然气与石油，3（22）：47～48

聂菲，李宗孝. 2004. 液膜技术在医药化工中的应用. 当代化工，33（2）：7～14

欧阳平凯. 1999. 生物分离原理及技术. 北京：化学工业出版社

潘太安，徐桂花，张惠玲，高飞云. 1994. 发酵酸奶粉的研制. 食品科学，（3）：18～21

平郑骅. 渗透蒸发的原理和应用（上）. 上海化工，1995，20（5）：4～6

平郑骅. 渗透蒸发的原理和应用（下）. 上海化工，1995，20（6）：3～6

师治贤，王俊德. 1999. 生物大分子的液相色谱分离和制备. 北京：科学出版社

苏拔贤. 1998. 生物化学制备技术. 北京：科学出版社

天津大学. 2005. 制药工程专业实验指导. 北京. 化学工业出版社

孙彦. 1998. 生物分离工程. 北京：化学工业出版社

王俊九，褚立强，范广宇，金美芳. 2001. 支撑液膜分离技术. 水处理技术，27（4）：187～191

王文燕. 1996. 液膜分离技术的发展. 化工时刊，10（10）：13～15

王秀奇. 1999. 基础生物化学实验. 北京：高等教育出版社
王湛. 2000. 膜分离技术基础. 北京：化学工业出版社
吴梧桐. 2001. 生物制药工艺学. 北京：中国医药科技出版社
吴学明，赵玉玲，王锡. 2001. 分离膜高分子材料及进展. 塑料，2 (30)：13～15
向纪明，李金灿，柳林等. 2003. 吸附法提取分离葛根素的研究. 天然产物研究与开发，15 (3)：242～244
向益生，孙小梅，柳畅先，李步海. 1999. 液膜萃取技术在医药化工中的研究进展. 中南民族学院学报（自然科学版)，18 (3)：87～89
许培援，刘大勇，戚俊清等. 2004. 乳状液膜分离技术的研究进展. 郑州轻工业学院学报，19 (2)：11～13
严希康. 2001. 生化分离工程. 北京：化学工业出版社
燕启社，李明玉，马同森，李桂敏. 2003. 液膜分离技术及其研究应用进展. 南阳师范学院学报（自然科学版)，2 (6)：53～57
扬继生. 1998. 液膜分离技术及其应用. 湖南化工，28 (5)：8～10
俞俊棠. 1991. 生物工艺学. 上海：华东理工大学出版社
张镜澄. 2000. 超临界流体萃取. 北京：化学工业出版社
张玉奎. 2002. 现代生物样品分离分析方法. 北京：科学出版社
张玉忠. 2004. 液体分离膜技术及应用. 北京：化学工业出版社
赵永芳. 1994. 生物化学技术原理及其应用. 武汉：武汉大学出版社
周加祥，刘铮. 2000. 生物分离技术与过程研究进展. 化工进展，(6)：38～41
朱素贞. 2000. 微生物制药工艺. 北京：中国医药科技出版社
《化学工程手册》编辑委员会. 1989. 干燥. 北京：化学工业出版社
Garcia A A. 2002. 生物分离过程科学. 北京：清华大学出版社